动物解剖生理

◎向　铮　主编

中国农业科学技术出版社

图书在版编目（CIP）数据

动物解剖生理 / 向铮主编. -- 北京 : 中国农业科学技术出版社，2024. 10. -- ISBN 978-7-5116-7127-1

Ⅰ. Q954.5；Q4

中国国家版本馆 CIP 数据核字第 2024DU6041 号

责任编辑 任玉晶
责任校对 马广洋
责任印制 姜义伟　王思文

出 版 者 中国农业科学技术出版社
北京市中关村南大街 12 号　　邮编：100081
电　　话 （010）82106641（编辑室）（010）82106624（发行部）
（010）82109709（读者服务部）
网　　址 https：// castp.caas.cn
经 销 者 各地新华书店
印 刷 者 中煤（北京）印务有限公司
开　　本 185 mm × 260 mm　1/16
印　　张 13.25
字　　数 311 千字
版　　次 2024 年 10 月第 1 版　2024 年 10 月第 1 次印刷
定　　价 38.00 元

编委会

主　编　向　铮

副主编　杨启林　　张丽芳　　郭志明

参　编　（以姓氏笔画为序）

牛玉丰　　朱　倩　　杨永宁

常占英　　崔　旭　　景建武

前 言

本书是在《教育部关于加强高职高专教育人才培养工作的意见》《关于加强高职高专教育教材建设的若干意见》《国家职业教育改革实施方案》《职业教育提质培优行动计划（2020—2023 年）》等文件精神指导下而编写的。高职高专作为我国高等教育的组成部分，是介于中职和本科教育之间的一种教育形态，培养目标是“复合型技术技能人才”。因此，其使用的教材，既不能是本科教材的压缩，即理论过多，过分强调系统性，又不能是中职教材提升的“培训”版，即内容过于简单，不利于学生的可持续发展，而是要求以应用型高级技能为主线，构建课程内容和教材内容。

“动物解剖生理”是高等农业职业院校动物医学、畜牧兽医专业的一门专业基础课。在教材编写中始终遵循职业教育“以能力为本位，以岗位为目标”的原则，淡化学科体系，重视能力培养。本教材以牛（羊）为主线，其他畜禽为比较，进行系统解剖学叙述，重点以体现学生职业综合能力的培养、专业技术能力的培养和发展需求的理念，紧紧围绕岗位群的需要组织教材内容，根据知识点间的联系，构建教材的结构体系。根据教学计划将一个系统划分为一个模块、每个模块划分为不同的项目、每个项目划分为不同的任务。每个项目设计了知识目标、技能目标和素养目标，以便于教师和学生抓住教学的重点，掌握本课程的核心内容和基本技能。

本书内容充实，理论联系实际，在内容编排上也做了大胆的尝试。但由于编写时间仓促，编者水平有限，不足之处在所难免，恳请广大师生提出宝贵意见。

编　者

2024 年 4 月 9 日

目 录

项目一 动物体的基本结构

项目导读

动物体是一个形态结构复杂、生理机能繁多的有机体。动物体的基本结构是指动物身体的组织和器官的整体构造，它决定了动物的生理功能和行为表现。本项目将介绍动物体的基本结构，包括细胞、组织、器官和系统等方面的内容。

知识目标

（1）掌握并熟记细胞形态结构及生命活动规律。
（2）掌握动物体基本组织的概念、种类、主要成分及形态结构特点。
（3）了解器官、系统、有机体的概念。

技能目标

（1）通过实训，认识光学显微镜的组成和构造，初步学会其使用方法和保养方法。
（2）通过实训，掌握四大基本组织的构造，并熟记其分布。
（3）通过观察，明确动物有机体是如何组成的。

素质目标

（1）培养学生“局部与整体”的学习观点。
（2）树立理论联系实际、形态与功能结合、局部与整体相统一的世界观。

思政目标

（1）引导学生热爱科学，尊重生命的价值观。
（2）培养学生具有正确的科学态度和科学素养。
（3）教育学生崇尚生命、热爱科学。

任务一　动物的细胞

任务导入

细胞的形态多种多样，与其所处环境与执行的生理机能密切相关。如肌细胞具备收缩机能，外形呈长梭形或圆柱形；红细胞执行在血液中运输氧气的任务，形态为圆形；神经细胞具有传递神经冲动的机能，形态上有许多细长的突起；还有许多形态各异的细胞。

细胞的大小也差异很大，除禽的卵细胞直径可达数厘米外，动物体其他部位的细胞，一般在显微镜下才能看到。体内最小的细胞，如小脑内的颗粒细胞，直径约为 4 μm；最大的细胞是成熟的卵细胞，直径可达 200 μm；最长的是神经细胞，其突起可达 1 m 左右。

通过显微镜可以清晰地观察细胞的大小、形态、数量、结构及极性等，从而能更准确地判断细胞内部的结构变化，推测对其功能的影响。

请使用显微镜观察血涂片，列出显微镜使用方法与注意事项，并绘制出血液中白细胞的一般结构。

任务准备

- **知识准备**

一、动物细胞的结构

动物细胞由细胞膜、细胞质和细胞核三部分组成。

（一）细胞膜

细胞膜是位于细胞表面具有一定通透性的薄膜。

1. 细胞膜的化学成分与分子结构

细胞膜的化学成分主要是脂类（约占细胞膜总量的 50%）、蛋白质（约占细胞膜总量的 40%）和少量多糖类（占细胞膜总量的 2%～10%）。在光学显微镜下，细胞膜经染色后，只能看到不清晰的膜状界限。在电子显微镜下，可以看到细胞膜分为内、中、外三层，内、外两层色暗，中间较明亮。在电镜下的这种两暗一明的结构，称为单位膜。

细胞膜的分子结构（图 1-1），学术界说法众多，目前普遍公认的是“液态镶嵌模型”学说。该学说认为细胞膜是由两层类脂分子和嵌入的球状蛋白质构成，其中类脂分子处于液态，嵌入的蛋白质可以做横向运动。细胞膜的许多功能就是靠这些膜蛋白来完成的。

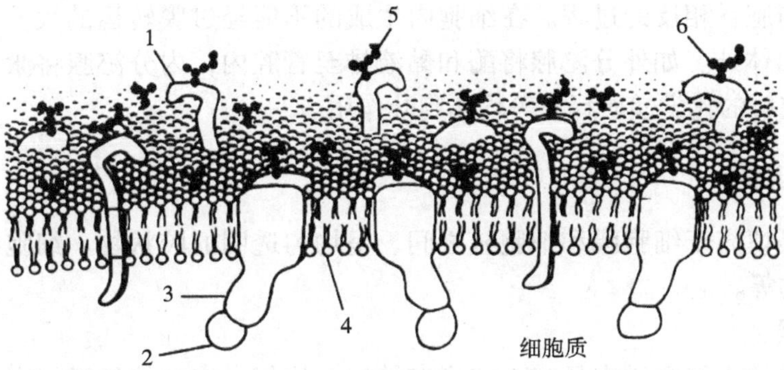

1. 内在蛋白；2. 外周蛋白；3. 内在蛋白；4. 脂双层；5. 糖蛋白；6. 糖。

图 1-1　细胞膜的结构模式图

2. 细胞膜的生理功能

（1）维持细胞形态。

（2）构成细胞屏障，限制外界某些物质的进入，防止细胞内某些物质的丢失。

（3）构成细胞的支架。

（4）细胞膜上的膜蛋白有多种功能，与细胞识别、细胞粘连和细胞运动等有关。

（5）选择性进行物质交换。

物质交换方式有以下几种。

①被动转运。当同种物质、不同浓度的两种溶液相邻地放在一起时，溶质的分子会顺着浓度差或电位差（二者合称电化学梯度）产生净流动叫被动转运。被动转运时的动力是电化学势能。不需要细胞膜或细胞提供其他形式的能量。被动转运又可有以下两种形式。单纯扩散，是分子或离子从浓度高的一侧透过细胞膜，向浓度低的一侧移动，这是一种不消耗能量的被动的物理过程。如氧和二氧化碳（CO_2）即是靠单纯扩散到膜外，所以单纯扩散也叫溶解扩散；易化扩散，指不溶于脂质的物质，借助蛋白的帮助，由膜的高浓度一侧向低浓度一侧转运，所以这种扩散也叫帮助扩散。葡萄糖、氨基酸及各种无机离子就是靠帮助扩散通过细胞膜的。

②主动转运。细胞通过本身的某种耗能过程将某种物质分子或离子逆着电化学梯度由膜的一侧移向另一侧的过程。主动转运中所需要的能量是由细胞膜或细胞膜所属的细胞提供。主动转运也有两种形式，即原发性主动转运和继发性主动转运。在主动转运中如果所需的能量是由三磷酸腺苷（ATP）直接提供的主动转运过程，则称为原发性主动转运，也称“钠泵”，继发性主动转运：载体蛋白必须与 Na^+ 和待转运物质的分子同时结合，才能顺着 Na^+ 浓度梯度的方向将它们的分子逆着浓度梯度转运到细胞内。转运的能量间接来自于 ATP。

③胞吞作用和胞吐作用。胞吞作用和胞吐作用是细胞运输大分子物质如蛋白质、脂肪及异物（细菌、病毒或衰老的红细胞）等进出细胞的一种重要方式。胞吞作用是指细胞外的这些大分子的物质团块进入细胞内的过程。胞外物质通过质膜包裹，质膜内陷并形成膜包被的囊泡，囊泡与质膜脱离进入胞内；胞吞作用分为吞噬作用和吞饮作用，如进入的物质为固体物，称为吞噬作用；如进入的物质为液体，称为吞饮作用。

胞吐是与胞吞相反的过程。在细胞内生成的不能经过膜转运的大分子物质，则借胞吐作用排出体外。如外分泌腺将酶和黏液排至管腔内；内分泌腺将激素分泌到细胞外液中去；突触的化学递质释放等均属胞吐作用。

（二）细胞质

细胞质是填充于细胞膜和细胞核之间、呈均匀透明的胶状物。细胞质中悬浮有细胞器和内含物等。

1. 细胞器

细胞器是位于细胞质内具有一定形态结构并执行一定功能的微器官，好像动物体内的器官一样，所以叫细胞器。

2. 内含物

内含物是指贮存于细胞内的营养物质和细胞的代谢产物。如糖原、脂类、蛋白质和色素等。

（三）细胞核

在哺乳动物体内，除成熟的红细胞外，所有细胞（包括禽类的红细胞）均有核。细胞核的形态有圆形、椭圆形、杆形和分叶状等。如肝细胞、心肌细胞可以有两个核，骨骼肌细胞则可有几百个核。细胞核是由核膜、核基质、核仁和染色质构成。

核膜是包于细胞核表面的一层薄膜，上面有许多散在的微孔，称核孔。核孔是细胞核与细胞质之间进行物质交换的通道。

核基质又称核液，是无定形的液态基质，内含水、各种酶和无机盐等。核仁和染色质即位于核基质内。

核仁一般为球形，每个核内有1～2个核仁。核仁是形成核蛋白体的地方，核蛋白体形成后，便通过核孔进入细胞质内，参与蛋白质的合成。

染色质存在于细胞未繁殖期间，呈长纤维状结构，上面附有许多大小不等的染色颗粒。当细胞进入有丝分裂时，长纤维状的染色质就浓缩为一条条粗短的棒状或条状结构，这时称染色体。可见染色质和染色体是同一物质不同时期的不同形态而已。染色体的主要成分是脱氧核糖核酸（DNA），携带大量遗传信息，控制细胞的分化、机体的形态发育和代谢，决定子代细胞的遗传性状，对生物的遗传变异有十分重要的意义。

总之，细胞核的功能主要表现在两个方面，既是细胞内蛋白质合成的“控制台”，又是遗传信息传递的中枢。所以细胞失去核，便失去生长和分裂的能力。

二、细胞的生命活动

（一）新陈代谢

新陈代谢是细胞生命活动的基础。细胞不断地从外界摄取营养物质，经过加工、合成细胞本身所需要的物质，这一过程称为合成代谢。同时又不断地分解、释放能量供细胞各种功能活动的需要，并把细胞代谢产物排出细胞外，这一过程称为分解代谢。总之，细胞的一切活动都建立在新陈代谢的基础上；新陈代谢停止，细胞也就死亡。

（二）感应性

细胞生活在不断变化的环境中，对于周围环境的刺激都能产生相应的反应，从而适应环境的变化。细胞对外界刺激发生反应的能力称为感应性。如肌细胞受刺激后会发生收缩。

（三）运动

体内有些细胞在不同环境条件刺激下，能产生不同形式的运动。如白细胞的变形运动，肌肉细胞的舒缩运动。

（四）生长与繁殖

当细胞的合成代谢超过分解代谢时，细胞体积增大，称生长。细胞生长到一定阶段，在一定条件下就以分裂的方法进行增殖，产生新细胞，促进机体的生长发育和补充衰老死亡的细胞，称繁殖。

（五）细胞的分化、衰老与死亡

细胞分化是指胚胎细胞或幼稚细胞（未分化细胞）转变为各种形态、功能不同细胞的过程。在胚胎发育早期，细胞的功能和形态相似，随着细胞的增殖，在数量增多的同时，细胞的形态、功能和生化特性也逐渐出现差异，最后形成各种不同形态和功能的成熟细胞。动物出生后，体内仍保留一些幼稚型细胞，如红骨髓内造血干细胞，结缔组织内的间充质细胞，睾丸内的精原细胞等，它们都具有很强的分裂增殖能力，并能转变为某种成熟和稳定的细胞。

衰老和死亡是细胞生命活动过程中的必然结局。不同类型的细胞，其衰老进程也不一致，衰老的细胞主要表现为代谢活动降低，生理功能减弱，并出现形态结构的改变。如细胞质膨胀或缩小，嗜酸性增强，脂肪增多，出现空泡或色素沉积等；细胞核则出现固缩，染色质溶解等，最后整个细胞解体死亡。

三、显微镜的使用

（一）显微镜的构造

生物显微镜的种类很多，但基本构造可分为两大部分。

1. 机械部分

机械部分有镜座、镜柱、镜臂、镜筒、活动关节、粗准焦螺旋、载物台、压夹、转换器、聚光器、聚光器升降螺旋等。

2. 光学部分

光学部分包括目镜、物镜、反光镜和聚光器。

（二）显微镜的使用

（1）取放显微镜时，必须右手握镜臂，左手托镜座，靠在胸前，轻轻将其放在实验台上或显微镜箱内。

（2）先用低倍镜对光（避免光线直射），直至获得清晰、均匀、明亮的视野为止。

（3）将组织切片置于载物台上（有盖玻片的组织切片，盖玻片朝上），将组织切片中的组织块对准通光孔的中央，用压夹固定。

（4）旋动粗调节器，使显微镜载物台徐徐上升，将头偏于一侧，用眼睛注视载物台的上升程度，防止压碎组织切片。在转换高倍镜或油镜时更要注意。

（5）观察组织切片时，应先将低倍镜旋至镜筒正下方，用左眼自目镜观察，右眼睁开，同时转粗调节器，物镜上升到一定的程度，就会出现模糊的物像，再慢慢转动细调节器进行调节，直到物体清晰为止。

（6）在调节光线时，可扩大或缩小光圈的开孔；也可调节聚光器的螺旋，使聚光器上升和下降，有的还可以直接调节灯光的强度。

- **材料准备**

收集细胞结构相关资料，重点是关于血液细胞的细胞结构；搜集常用染色法，重点了解细胞各部位所着颜色；红细胞苏木精－伊红染色（HE 染色）图片，白细胞 HE 染色图片、显微镜、血涂片、绘图本、绘图铅笔。

- **人员准备**

人员分组，每组 5 人，明确职责分工。

任务角色	任务内容
组长：	任务：
组员 1：	任务：
组员 2：	任务：
组员 3：	任务：
组员 4：	任务：

任务实施

第一步：深入学习显微镜的使用方法。

第二步：自行操作显微镜。

第三步：总结归纳显微镜使用方法与注意事项。

第四步：熟练操作显微镜后进行血涂片的观察。

第五步：绘制白细胞的结构概括图。

任务评价

班级：＿＿＿＿＿＿　组别：＿＿＿＿＿＿　姓名：＿＿＿＿＿＿

<table>
<tr><th>项目</th><th>评分标准</th><th>自我评价</th><th>小组评价</th><th>教师评价</th></tr>
<tr><td rowspan="6">显微镜的使用</td><td>取镜，一手握住镜臂，一手托住镜座，置于胸腹前，且不能过于倾斜（1 分）</td><td></td><td></td><td></td></tr>
<tr><td>安放，把显微镜放在实验桌上，距实验桌边缘一掌宽（1 分）</td><td></td><td></td><td></td></tr>
<tr><td>对光，转动转换器使低倍镜对准通光孔；转动光源调节按钮、聚光器，从目镜中可以看见一白亮的视野（1 分）</td><td></td><td></td><td></td></tr>
<tr><td>移动载玻片，使观察切片正中对准通光孔的中心（1 分）</td><td></td><td></td><td></td></tr>
<tr><td>观察，在低倍镜下，调节粗准焦螺旋，使镜筒慢慢上升，直到看清物象为止（1 分）</td><td></td><td></td><td></td></tr>
<tr><td>切换镜头，通过转换器完成低倍镜高倍镜之间切换，并配合细准焦螺旋使看到的物象更加清晰。（1 分）</td><td></td><td></td><td></td></tr>
<tr><td rowspan="3">细胞结构绘制</td><td>在显微镜下准确辨别出红细胞和白细胞（1 分）</td><td></td><td></td><td></td></tr>
<tr><td>在高倍镜下准备识别出白细胞的细胞膜、细胞质、细胞核三种结构（1 分）</td><td></td><td></td><td></td></tr>
<tr><td>绘制出白细胞结构图（2 分）</td><td></td><td></td><td></td></tr>
<tr><td colspan="2">合计</td><td></td><td></td><td></td></tr>
<tr><td>自我评价与总结</td><td colspan="4"></td></tr>
<tr><td>教师点评</td><td colspan="4"></td></tr>
</table>

课程思政专栏

微生物研究第一人——列文虎克

人类历史上第一个发现活细胞的是列文虎克。列文虎克本来是个布匹商，尽管他缺少正规的科学训练，但他对肉眼看不到的微小世界的细致观察、精确描述和众多的惊人发现，对 18 世纪和 19 世纪初期细菌学和原生动物学研究的发展，起了奠基作用。在他的一生当中磨制了超过 500 个镜片，并制造了 400 种以上的显微镜，其中有 9 种至今仍有人使用。他不仅亲自磨制透镜，还装配了高倍显微镜，观察的细胞有野外的、有室内的，有真核的、有原核的，而且列文虎克还将其所见绘成模式图报告给英国皇家学会，得到英国皇家学会的充分肯定，并成为皇家学会会员，很快成为世界知名人士。

【启示】从列文虎克身上，我们看到了一个普通人只要对自己所从事的行业充满热爱，以及坚持不懈、持之以恒的实干精神，就能实现自己的价值，为社会作贡献。同时也提醒我们在学习过程中对一些好的想法或实验结果要注意做好记录，一方面要相信自己，另一方面要勇于探索，勇于发现。

任务二　动物的四大基本组织

任务导入

组织是由来源、形态和机能相似或相关的细胞和细胞间质组成。动物的受精卵经过细胞分裂、细胞分化，形成了上皮组织、肌肉组织、结缔组织、神经组织四大基本组织。这些基本组织都分布在动物体的什么位置呢？同一种组织中细胞的形态结构有什么相同点？不同组织中细胞的形态结构有什么不同？组织中细胞之间彼此是怎样联系的？请整理出一份四大基本组织分布树状图。

任务准备

- **知识准备**

在胚胎发生过程中，细胞的形态和机能逐渐分化，细胞之间产生了细胞间质。分化后的一些起源、形态和机能相似的细胞和细胞间质结合在一起，构成组织。动物体内的组织可分为四种类型，即上皮组织、结缔组织、肌肉组织和神经组织。

一、上皮组织

由一层或数层紧密排列的细胞和少量细胞间质构成，覆盖在整个有机体的表面和体内，一切管状器官的内表面以及某些内脏器官的表面。具有保护、呼吸、排泄、分泌、感觉和生殖等机能。

按照上皮组织的形态和机能的不同，可分为被覆上皮、腺上皮和特殊上皮。

被覆上皮分布最广泛，根据其形态和分布位置不同又分为以下六种。腺上皮是由具有分泌功能的细胞组成。感觉上皮是一种特殊上皮，是由具有接受刺激、形成神经冲动的上皮细胞组成。

（一）单层扁平上皮

单层扁平上皮很薄，只由一层扁平细胞组成。从表面看，细胞呈不规则形或多边形，核椭圆形，位于细胞中央，细胞边缘呈锯齿状或波浪状，互相嵌合。由上皮的垂直切面看，细胞核呈扁形，胞质很薄，只有含核的部分略厚。衬贴在心、血管和淋巴管腔面的单层扁平上皮称内皮。内皮细胞很薄，大多呈梭形，游离面光滑，有利于血液和淋巴液流动及物质透过。分布在胸膜、腹膜和心包膜表面的单层扁平上皮称间皮，细胞游离面湿润光滑，便于内脏运动（图 1-2）。

（二）单层立方上皮

单层立方上皮由一层立方形细胞组成。从上皮表面看，每个细胞呈六角形或多角形；由上皮的垂直切面看，细胞呈立方形。细胞核圆形、位于细胞中央。这种上皮见于肾小管等处（图 1-3）。

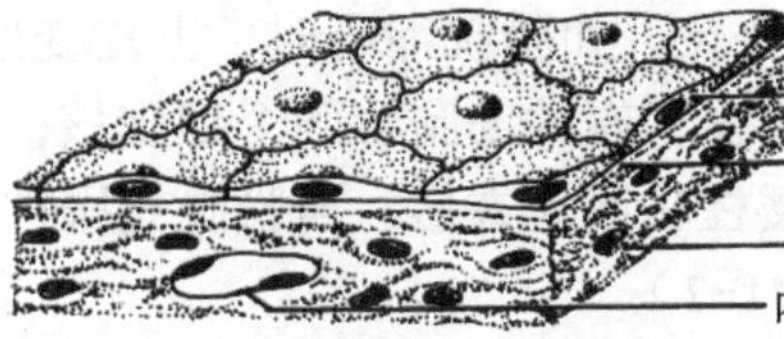

图 1-2　单层扁平上皮模式图（间皮）

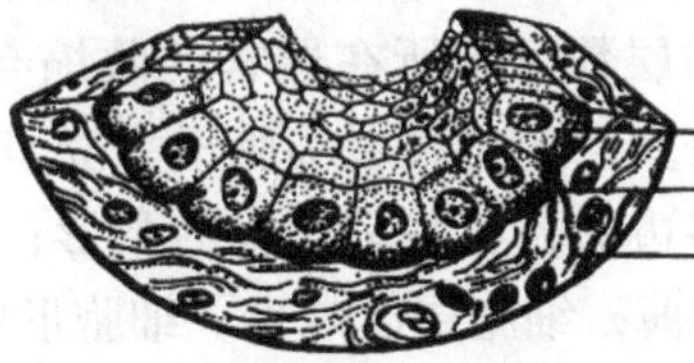

图 1-3　单层立方上皮模式图（肾小管）

（三）单层柱状上皮

单层柱状上皮由一层棱柱状细胞组成。从表面看，细胞呈六角形或多角形；由上皮垂直切面看，细胞呈柱状，细胞核长圆形，多位于细胞近基底部。此种上皮大多有吸收或分泌功能。在小肠和大肠腔面的单层柱状上皮中，柱状细胞间有许多散在的杯状细胞，分泌黏液，有滑润上皮表面和保护上皮的作用（图 1-4）。

（四）假复层纤毛柱状上皮

假复层纤毛柱状上皮由柱状细胞、梭形细胞和锥体形细胞等几种形状、大小不同的细胞组成。柱状细胞游离面具有纤毛。上皮中也常有杯状细胞。由于几种细胞高矮不等，只有柱状细胞和杯状细胞的顶端伸到上皮游离面，细胞核的位置也深浅不一，故从上皮垂直切面看很像复层上皮。但这些高矮不等的细胞基底端都附在基膜上，故实际仍为单层上皮。这种上皮主要分布在呼吸管道的腔面（图 1-5）。

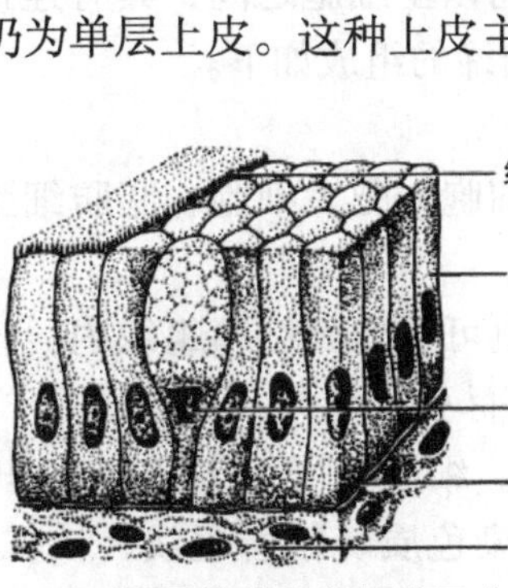

图 1-4　单层柱状上皮模式图（小肠黏膜）

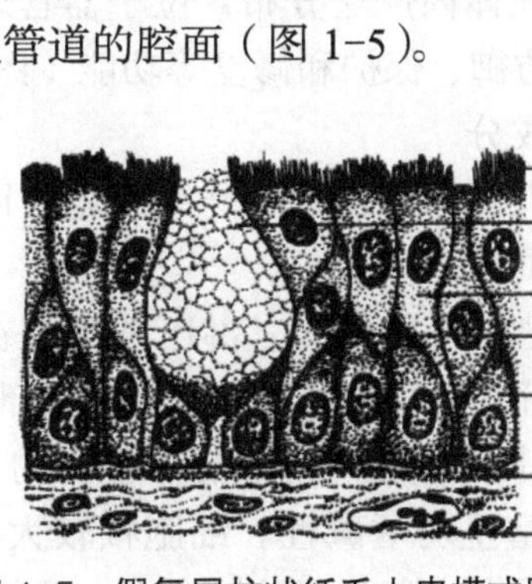

图 1-5　假复层柱状纤毛上皮模式图（气管黏膜）

（五）复层扁平上皮

复层扁平上皮由多层细胞组成，是最厚的一种上皮。从上皮的垂直切面看，细胞的形状和厚薄不一。紧靠基膜的一层细胞为立方形或矮柱状，此层以上是数层多边形细胞，再上为梭形细胞，浅层为几层扁平细胞。最表层的扁平细胞已退化，并不断脱落。基底层的细胞较幼稚，具有旺盛的分裂能力，以补充表层脱落的细胞（图 1-6）。

复层扁平上皮具有很强的机械性保护作用，分布于口腔，食管和阴道等的腔面和皮肤表面，具有耐摩擦和阻止异物侵入等作用，受损伤后，有很强的修复能力。

（六）变移上皮

变移上皮又称移行上皮，衬贴在排尿管道（输尿管和膀胱）的腔面。变移上皮的细胞形状和层数可随所在器官的收缩与扩张而发生变化。如膀胱缩小时，上皮变厚，细胞层数较多，此时表层细胞呈大立方形，细胞质丰富，有的细胞含两个细胞核；中层细胞为多边形，有些呈倒置的梨形；基底细胞为矮柱状或立方形。当膀胱充尿扩张时，上皮变薄，细胞层数减少，细胞形状也变扁（图 1-7）。

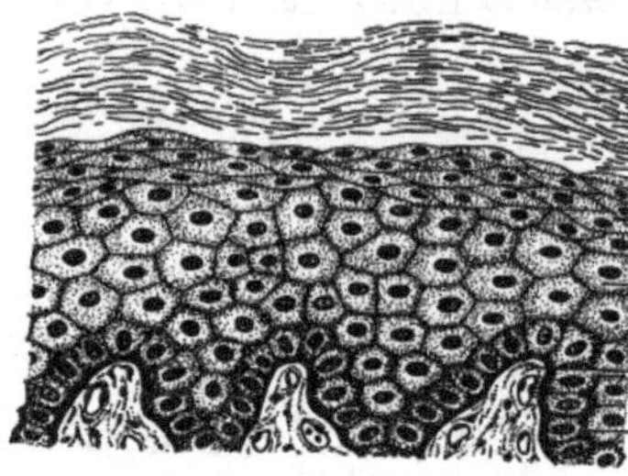

图 1-6 复层扁平上皮（皮肤）

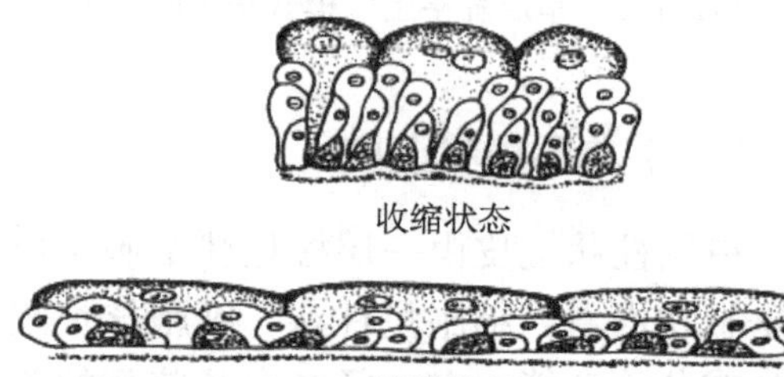

图 1-7 变移上皮（膀胱、输尿管黏膜）

二、结缔组织

（一）疏松结缔组织

疏松结缔组织又称蜂窝组织，其特点是细胞种类较多，纤维较少，排列稀疏。疏松结缔组织在体内广泛分布，位于器官之间、组织之间以至细胞之间，具有连接、支持、营养、防御、保护和修复等功能（图 1-8）。疏松结缔的组成如下。

1. 细胞成分

细胞种类较多，包括成纤维细胞、巨噬细胞、浆细胞、肥大细胞、脂肪细胞、未分化的间充质细胞。

此外，嗜酸性粒细胞、淋巴细胞等在炎症反应时也可游走到结缔组织内。各类细胞的数量和分布随疏松结缔组织存在的部位和功能状态而不同。

（1）成纤维细胞。疏松结缔组织的主要细胞成分。细胞扁平，多突起，呈星状，细胞质较丰富呈弱嗜碱性。细胞核较大，扁卵圆形，染色质疏松着色浅，核仁明显。成纤维细胞既合成和分泌胶原蛋白，弹性蛋白，生成胶原纤维、网状纤维和弹性纤维，也合成和分泌糖聚多糖、糖蛋白等基质成分。

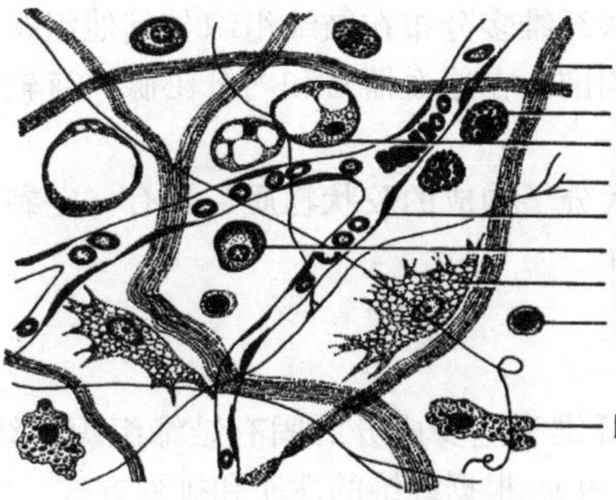

图 1-8　疏松结缔组织结构

（2）巨噬细胞。是体内广泛存在的具有强大吞噬功能的细胞。在疏松结缔组织内的巨噬细胞又称为组织细胞，常沿纤维散在分布，在炎症和异物等刺激下活化成游走的巨噬细胞。巨噬细胞形态多样，随功能状态而改变，通常有钝圆形突起，功能活跃者，常伸出较长的伪足而形态不规则。巨噬细胞是由血液内单核细胞穿出血管后分化而成。

巨噬细胞有重要的防御功能，它具有趋化性定向运动、吞噬和清除异物及衰老伤亡的细胞、分泌多种生物活性物质以及参与和调节免疫应答等功能。

（3）浆细胞。通常在病原菌或异性蛋白易于入侵的部位，如消化道、呼吸道固有层结缔组织内及慢性炎症部位较多。细胞卵圆形或圆形，核圆形，多偏居细胞一侧，染色质成粗块状沿核膜内面呈辐射状排列。

浆细胞来源于 B 淋巴细胞，具有合成、贮存与分泌抗体即免疫球蛋白的功能，参与体液免疫应答。

（4）肥大细胞。较大，呈圆形或卵圆形，胞核小而圆，多位于中央。胞质内充满异染性颗粒，颗粒易溶于水。分布很广，常沿小血管和小淋巴管分布。肥大细胞与变态反应有密切关系。

（5）脂肪细胞。常沿血管分布，单个或成群存在。细胞体积大，常呈圆球形或相互挤压成多边形。胞质被一个大脂滴推挤到细胞周缘，包绕脂滴。核被挤压成扁圆形，连同部分胞质呈新月形，位于细胞一侧。在 HE 染色标本中，脂滴被溶解，细胞呈空泡状。脂肪细胞有合成和贮存脂肪、参与脂质代谢的功能。

2. 纤维成分

（1）胶原纤维。数量最多，新鲜时呈白色，有光泽，又名白纤维。HE 染色切片中呈嗜酸性，着浅红色。纤维粗细不等，直径 1～20 μm，呈波浪形，并互相交织。胶原纤维由直径 20～200 nm 的胶原原纤维黏合而成。胶原纤维的韧性大，抗拉力强。

（2）弹性纤维。新鲜状态下呈黄色，又名黄纤维。在 HE 标本中，着色轻微，不易与胶原纤维区分。弹性纤维较细，直行、分枝交织，粗细不等（0.2～1.0 μm），表面光滑，断端常卷曲。弹性纤维富于弹性而韧性差，与胶原纤维交织在一起，使疏松结缔组织既有弹性又有韧性，有利于器官和组织保持形态位置的相对恒定，又具有一定的可变性。

（3）网状纤维。较细，分枝多，交织成网。具有嗜银性，用银染法，网状纤维呈黑色，故又称嗜银纤维。网状纤维多分布在结缔组织与其他组织交界处，如基膜的网板、肾小管周围、毛细血管周围。在造血器官和内分泌腺，有较多的网状纤维，构成它们的支架。

（4）基质。一种由生物大分子构成的胶状物质，具有一定黏性。构成基质的大分子物质包括蛋白多糖和糖蛋白。

（二）致密结缔组织

致密结缔组织是一种以纤维为主要成分的固有结缔组织，纤维粗大，排列致密，具有支持和连接的功能（图 1-9）。根据纤维的性质和排列方式，可分为以下三种类型。

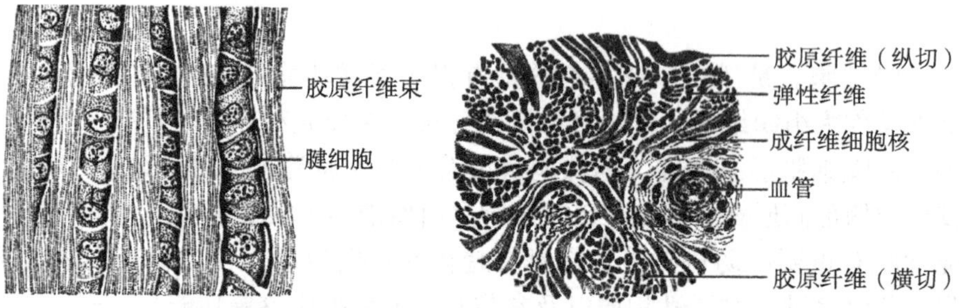

图 1-9 致密结缔组织结构（肌腱、真皮）

1. 规则的致密结缔组织

规则的致密结缔组织主要构成肌腱和腱膜。大量密集的胶原纤维顺着受力的方向平行排列成束，基质和细胞很少，位于纤维之间。细胞成分主要是腱细胞，它是一种形态特殊的成纤维细胞，细胞体伸出多个薄翼状突起插入纤维束之间，细胞核扁椭圆形，着色深。

2. 不规则的致密结缔组织

不规则的致密结缔组织见于真皮、硬脑膜、巩膜及许多器官的被膜等，由方向不一的粗大胶原纤维彼此交织成致密的板层结构，纤维之间含少量基质和成纤维细胞。

3. 弹性组织

弹性组织是以弹性纤维为主的致密结缔组织。粗大的弹性纤维或平行排列成束，如项韧带和黄韧带，以适应脊柱运动；或编织成膜状，如弹性动脉中膜，以缓冲血流压力。

（三）脂肪组织

脂肪组织由大量群集的脂肪细胞构成。

1. 黄（白）色脂肪组织

黄（白）色脂肪组织由大量单泡脂肪细胞聚集而成，主要分布在皮下、网膜和系膜等处，是体内最大的贮能库。

2. 棕色脂肪组织

棕色脂肪组织由多泡脂肪细胞组成。组织呈棕色，含丰富毛细血管。细胞核圆，位于细胞中央，细胞质内有许多小脂滴。棕色脂肪组织见于新生儿及冬眠动物。

（四）网状组织

网状组织由网状细胞、网状纤维和基质组成（图 1-10）。网状细胞为星形多突细胞，突出互相连接成网，网状细胞的功能主要为形成网状纤维。网状纤维含量多，紧贴在网状细胞的表面，网孔内充满淋巴液或组织液。网状组织分布在淋巴结、脾、胸腺和骨髓等组织器官中，构成支架。

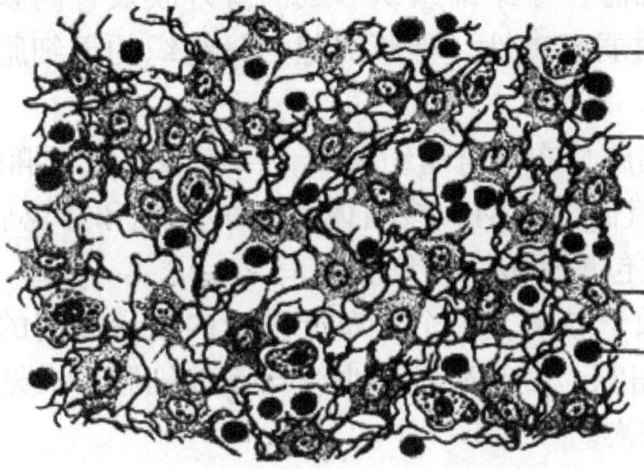

图 1-10　网状组织结构

（五）软骨组织

软骨组织由软骨和软骨膜构成。

1. 透明软骨

透明软骨由软骨细胞、基质和纤维构成，分布于关节软骨、肋软骨、气管等处。

2. 纤维软骨

纤维软骨含大量平行或交错排列的胶原纤维束，细胞小而少，成行分布于纤维束之间，分布于椎间盘、关节盘及耻骨联合等处。

3. 弹性软骨

弹性软骨含有大量交织分布的弹性纤维，分布于耳廓、会厌等处。

（六）骨

骨组织由几种细胞和大量钙化的细胞间质（也称骨基质）组成（图 1-11、1-12）。

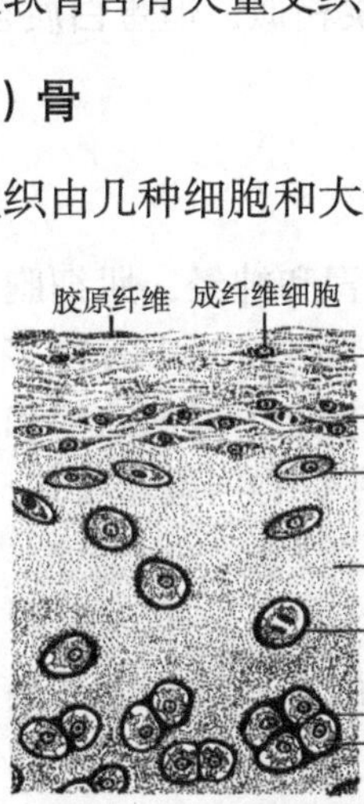

图 1-11　透明软骨结构

图 1-12　骨组织结构

1. 骨基质

骨基质呈固体状。有机成分（35%）包括大量胶原纤维和少量凝胶状无定形基质（骨黏蛋白）。无机成分（65%）称骨盐，主要为羟磷灰石结晶，呈细针状，沿胶原纤维排列并与之结合。骨基质呈板层状，称为存骨板。相邻骨板的纤维相互垂直，有效地增强了骨的支持力。

2. 骨细胞

（1）骨原细胞。骨原细胞位于结缔组织形成的骨外膜及骨内膜贴近骨组织处。细胞小，梭形，核椭圆，胞质弱嗜碱性。骨原细胞为骨组织的干细胞，随着骨生长、改建、分化为成骨细胞。

（2）成骨细胞。成骨细胞分布在骨组织表面，细胞矮柱状或椭圆形，有细小突起，细胞核，细胞质嗜碱性，粗面内质网、核糖体多。可合成和分泌骨基质的有机成分，称类基质，当本身被类基质包埋后成为骨细胞。

（3）骨细胞。骨细胞数量较多，单个分布于骨板内或骨板间的骨陷窝内。为有许多细长突起的扁椭圆形小细胞，突起通过骨小管与其他细胞形成缝隙连结，与陷窝及小管中的组织液进行物质交换。

（4）破骨细胞。破骨细胞分布于骨组织表面浅凹中，是一种由多个单核细胞融合而成的多核细胞。无分裂能力，细胞质嗜酸性，含丰富的酶和酸，通过胞吐释放后可溶解骨基质，并通过内吞重吸收骨基质。

（七）血液及淋巴

血液与淋巴是流动在血管和淋巴管内的液体性结缔组织，由细胞成分和大量的细胞间质组成。

1. 血液

血液和骨组织不同，血液是呈液态的结缔组织，也具有细胞（血细胞和血小板）、基质（血浆）和纤维（纤维蛋白原）。

2. 淋巴

淋巴是流动在淋巴管内的透明液体，淋巴的成分与血浆相似，但蛋白质含量较少，其细胞成分主要是淋巴细胞。

三、肌组织

由肌细胞组成，肌细胞之间有少量的结缔组织以及血管和神经，肌细胞呈长纤维形，又称为肌纤维。肌纤维的细胞膜称肌膜，细胞质称肌浆，肌浆中有许多与细胞长轴相平行排列的肌丝，它们是肌纤维舒缩功能的主要物质基础。根据结构和功能的特点，将肌组织分为三类，分别为骨骼肌、心肌和平滑肌（图 1-13、表 1-1）。

（一）骨骼肌

大多数骨骼肌借肌腱附着在骨骼上，肌纤维为长柱形的多核细胞，一条肌纤维内含有几十个甚至几百个细胞核，位于肌浆的周边即肌膜下方。肌纤维呈现明暗交替的横纹，故又称为横纹肌；受躯体神经支配，为随意肌。

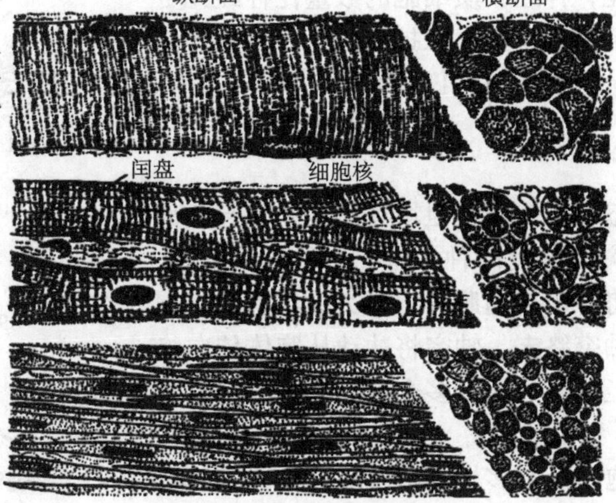

图 1-13 三种肌组织

表 1-1 三种肌组织比较

肌纤维	形态	细胞核	横纹	分布	性质
骨骼肌纤维	长圆柱状，长 1～40 mm，直径 10～100 μm	椭圆形，可达几百个细胞核，位于肌纤维边缘，染色质少，核仁明显	有	骨骼上	随意肌
心肌纤维	短圆柱状，有分枝，彼此吻合，两个心肌纤维的连接处称闰盘	椭圆形，1 个细胞核，偶见 2 个，位于细胞中央	有	心脏	不随意肌
平滑肌纤维	长梭形，平均长约 100 μm，平均直径 10 μm	椭圆形，1 个细胞核，位于细胞中央，1～2 个核仁	无	血管 内脏器官	不随意肌

（二）心肌

分布于心脏和邻近心脏的大血管近段。心肌纤维呈短柱状，多数有分枝，相互连接成网状。心肌纤维的连接处有着色较深的横形或阶梯状粗线称闰盘，核呈卵圆形，位居中央，有的细胞含有双核。心肌纤维也有横纹，但不如骨骼肌纤维的明显；受植物性神经支配，为不随意肌。

（三）平滑肌

广泛分布于血管壁和许多内脏器官，又称内脏肌。平滑肌纤维呈长梭形，无横纹。细胞核一个，呈长椭圆形或杆状，位于中央。平滑肌纤维大小不一，平滑肌纤维可单独存在，绝大部分是成束或成层分布；受植物性神经支配，为不随意肌。

四、神经组织

神经组织由神经细胞和神经胶质细胞组成。神经细胞是神经系统的结构和功能单位，亦称神经元。神经元数量庞大，具有接受刺激、传导冲动和整合信息的能力，有些还有内分泌功能；神经胶质细胞的数量比神经元更多，功能是对神经元起支持、保护、分隔、营养等作用，两者的关系十分密切（图 1-14）。

（一）神经元

神经元的形态多种多样，但均有胞体和突起两部分；突起又分树突和轴突两种。树突多呈树状分枝，它可接受刺激并将冲动传向胞体；轴突呈细索状，末端常有分枝，称轴突终末，轴突将冲动从胞体传向终末。通常一个神经元有一个至多个树突，但轴突只有一条。

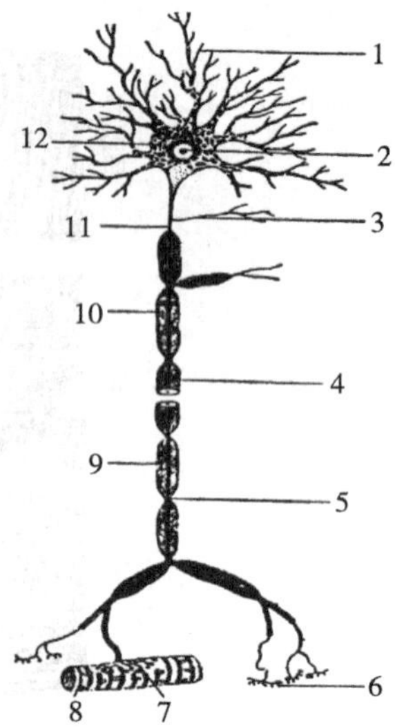

1. 树突；2. 神经细胞核；3. 侧枝；4. 雪旺氏鞘；5. 郎飞氏节；6. 神经末梢；7. 运动终板；8. 肌纤维；9. 雪旺氏细胞核；10. 髓鞘；11. 轴突；12. 尼氏小体。

图 1-14 运动神经元模式图

（范作良，2001. 家畜解剖）

（1）胞体。胞体形态多样，有圆形。锥体形、梭形及星形等。大小不等，直径 2～120 μm。胞体位于脑、脊髓及神经节内。

①细胞膜。细胞膜也是生物膜结构，具有接受刺激和传导兴奋的功能。

②细胞质。细胞质除含有一般细胞器外，还有两种特有的细胞器即嗜染质（又称尼氏小体）和神经原纤维。

③嗜染质。嗜染质光镜下呈小块状或颗粒状，分散在胞质内，近核周部较多，HE 染色片上，染成蓝色。脊髓腹角的运动神经元，嗜染质形如虎皮花纹，称虎斑；与蛋白质合成有关。

④神经原纤维。光镜下，在镀银染色切片中，神经原纤维被染成黑色，相互交织成网，伸入轴突和树突内。神经原纤维除具有支持神经元的作用外，还与营养物质、神经递质及离子运输有关。

⑤细胞核。神经元的细胞核大而圆，位于胞体中央，染色质较细呈颗粒状，着色较浅，核仁明显。

（2）突起。

①树突。树突有多个，比较短，呈树枝状分布。树突内有神经原纤维和嗜染质。树突可接受由感受器或其他神经元传来的冲动，并将其传至胞体。

②轴突。每个神经元只有一根轴突，它细而长，直径均一。主干上常有侧支分出。轴突起始部呈丘状隆起称轴丘。轴突末端分枝较多，形式多样。轴突表面的胞膜称轴膜，轴突内的细胞质称轴浆。轴突可将胞体传来的冲动传至另一神经元或效应器。

（二）神经胶质细胞

简称胶质细胞，广泛分布于中枢和周围神经系统，其数量比神经元的数量多，胶质细胞与神经元数目之比为（10～50）：1。胶质细胞与神经元一样具有突起，但其胞突不分树突和轴突，亦没有传导神经冲动的功能。

包括中枢神经系统中的星形胶质细胞、少突胶质细胞、小胶质细胞、室管膜细胞和周围神经系统中的施万细胞、卫星细胞等。

- **材料准备**

动物体主要器官组织切片图的相关资料：

消化系统、呼吸系统、心血管系统、泌尿系统和运动系统的器官切片图。

- **人员准备**

人员分组，每组 5 人，明确职责分工。

任务角色	任务内容
组长：	任务：
组员 1：	任务：
组员 2：	任务：
组员 3：	任务：
组员 4：	任务：

任务实施

第一步：深入了解四大基本组织的构造。

第二步：根据四大基本组织的构造特点，查找相关的资料。

第三步：从查找到的资料中找出四大基本组织的分布位置。

第四步：绘制出四大基本组织位置分布树状图。

任务评价

班级：________　组别：________　姓名：________

项目	评分标准	自我评价	小组评价	教师评价
四大组织切片位置分布树状图	准确识别四大基本组织（3 分）			
	能将四大基本组织与相应分布位置对应（3 分）			
	归纳总结绘制树状图（4 分）			
合计				
自我评价与总结				
教师点评				

课程思政专栏

张仲景的《伤寒杂病论》——中医药学的璀璨瑰宝

《伤寒杂病论》说："腠者，是三焦通汇元真之处；理者，是皮肤藏府之纹理也。"这其实就是指疏松结缔组织。不过，西方医学把结缔组织区分为两大类，一类是疏松结缔组织，另一类是致密结缔组织。另外，把血液、骨髓和骨质都划归结缔组织范畴。通汇元真是结缔组织的一个基本的功能。什么叫通汇元真呢？简单说就是沟通气血，好比一个国家社会的交通运输行业。这是结缔组织的主要功能之一。《伤寒杂病论》中寥寥几句就将结缔组织形态与功能描述清楚，充分显示了古人的智慧。

东汉末年，连年战争，百姓流离失所，导致了疾疫流行，死的人很多。张仲景家族是拥有两百多人口的南阳大族，在疫情的危害下，还不到十年时间就死亡了三分之二的人口，其中死于伤寒的则占十分之七。

张仲景在序文中曾哀叹地说："感往昔之沦丧，伤横夭之莫救"，从而激发了他著书救人的志愿。为了著书济世，他勤求古训，博采众方，广泛地吸收了汉以前的医学成就，并结合自己的体会，在前人的基础上而又有所创新。经过了辛勤的劳动和反复的印证，终于写出了《伤寒杂病论》十六卷。张仲景结合自己的临床经验，系统地阐述了多种外感疾病及杂病的辨证论治，理法方药俱全，在中医发展史上具有划时代的意义和承前启后的作用，对中医学发展作出了突出贡献。

【启示】从张仲景身上，我们看到了他为了拯救百姓生命，潜心著书，默默奉献的医者仁心。同时也激励我们在学习过程中，在学习过硬的专业技能的同时更应具有高度的责任心和使命感，培养自己的职业素养和爱国情怀。

任务三　动物器官、系统和有机体

任务导入

动物体是一个精密、有机的整体，各部分通力协作、密不可分。无论多微小的组织出现了损伤或者疾病，都会引起全身的反应，正所谓"牵一发而动全身"。而若干个形态结构不同，但功能密切相关的器官，联合在一起，彼此分工合作来完成体内某一方面的生理机能，这些器官就构成一个系统。动物体可被分为几个系统？这些系统分别有什么功能？各大系统之间有无功能联系？

请根据动物体的不同生理功能，整理分析相关器官，整理归纳出动物体十大系统。

任务准备

- **知识准备**

一、器官

器官是由几种不同组织按一定规律有机结合在一起构成的。每种器官都能完成一定生理功能。器官分为两大类：中空性器官和实质性器官。

（一）中空性器官

中空性器官是内部有较大腔体的器官，如食管、胃、肠、气管、膀胱、血管等。它们的基本结构是：内表面有一层上皮，周围为结缔组织与肌组织。肌组织一般为平滑肌，在心脏是心肌。肌组织夹在结缔组织之间，呈层状结构。

（二）实质性器官

实质性器官是内部没有大腔的器官，如肝、脾、肾、肌肉等。它们的基本结构分两部分：实质部分和间质部分。

1. 实质部分

实质部分是指直接代表这个器官主要机能特征的组织。如肌肉的实质部分是肌肉组织，脑的实质部分是神经组织等。

2. 间质部分

间质部分是指器官内的辅助部分。一般均由结缔组织构成，是血管、神经等通过的地方，对实质部分有支持和营养等作用。

二、系统

由若干个形态结构不同，但功能密切相关的器官，联合在一起，彼此分工合作来完成体内某一方面的生理机能，这些器官就构成一个系统。

三、有机体

由上述各器官、系统构成动物有机体。各器官、系统之间有着密切联系，在机能上互相影响，协调配合组成一个完整统一体。同时，动物与其生活的周围环境间也必须经常保持着动态的平衡。这种平衡均要靠神经调节、体液调节来实现。

（一）神经调节

神经调节的基本方式是反射。反射是指机体在中枢神经系统参与下对刺激产生的规律性的应答反应。反射的结构基础为反射弧，包括五个基本环节：感受器、传入神经、神经中枢、传出神经和效应器。

反射调节是机体重要的调节机制，神经系统功能不健全时，调节将发生混乱。

反射分为非条件反射与条件反射两类。非条件反射是先天遗传的，同类动物都具有的，是一种初级的神经活动。条件反射是后天获得的，是个体在生活过程中按照它的生活条件而建立起来的，是一种高级的神经活动。条件反射形成的数量是无限的，且可改变。所以，条件反射是更具有适应性意义的调节。

（二）体液调节

体液调节是指机体某些细胞产生某些特殊的化学物质，借助于血液循环的运输，到达全身或局部器官组织，从而引起这器官组织的某些特殊的反应。许多内分泌细胞所分泌的各种激素，就是通过体液循环的通路对机体的功能进行调节。

有些内分泌细胞可以直接感受内环境中某种理化因素的变化，直接作出相应的反应。如血钙离子的浓度降低引起甲状旁腺细胞感受并分泌甲状旁腺激素（PTH），甲状旁腺激素直接作用于骨和肾，使骨钙释放入血和促进肾小管对钙的重吸收，从而使血钙升高。也有些内分泌腺本身直接或间接地受到神经系统的调节，在这种情况下，体液调节是神经调节的一个传出环节，是反射传出道路的延伸。这种情况可称为神经-体液调节。如神经冲动作用于下丘脑和垂体，从而使其分泌肾上腺素和去甲肾上腺，因此可以认为神经调节是机体最主要的调节方式，处于主导地位。

除激素外，某些组织、细胞产生的一些化学物质，只在局部组织液内扩散，改变邻近组织细胞的活动，称为局部性体液调节，或旁分泌调节。

神经调节的特点是比较迅速而精确，范围局限、持续时间短暂；体液调节则出现比较缓慢、作用持久而弥散，两者相互配合使生理功能调节更趋于完善。

- **材料准备**

收集牛主要器官及其功能的相关资料；收集常见器官（口腔、胃、肠、肺、肾等器官）资料。

- **人员准备**

人员分组，每组 5 人，明确职责分工。

任务角色	任务内容
组长：	任务：
组员 1：	任务：
组员 2：	任务：
组员 3：	任务：
组员 4：	任务：

任务实施

第一步：深入了解系统的分类标准。

第二步：根据器官功能，查找相关的资料。

第三步：从查找到的资料中整理功能相似相关器官。

第四步：梳理出动物体系统图。

任务评价

班级：＿＿＿＿＿＿＿　组别：＿＿＿＿＿＿＿　姓名：＿＿＿＿＿＿＿

项目	评分标准	自我评价	小组评价	教师评价
动物体系统图分析整理	准确了解系统的分类标准（3分）			
	能根据器官功能进行分类（3分）			
	分析总结出动物体系统图（4分）			
合计				
自我评价与总结				
教师点评				

课程思政专栏

“两弹一星”精神

“两弹一星”的精神是热爱祖国、无私奉献，自力更生、艰苦奋斗，大力协同、勇于登攀。

“两弹一星”工程是中国于20世纪50—60年代组织实施的，以研制导弹、原子弹和科学试验卫星为主要内容的重大国防工程。研制导弹、原子弹和科学试验卫星就像动物体中的各大系统，而组成该系统的是一个个像邓稼先、钱学森这样伟大的科学家，怀着强烈的报国之志，自觉把个人理想与祖国命运，把个人志向与民族振兴联系在一起。许多功成名就、才华横溢的科学家放弃国外优厚的条件回到祖国。许多人甘当无名英雄，隐姓埋名，默默奉献，有的甚至献出了宝贵的生命。他们用自己的热血和生命，写就了一部为祖国为人民鞠躬尽瘁、死而后已的壮丽史诗。

【启示】“两弹一星”的研制者，在极其艰苦的环境中，克服了各种难以想象的艰难险阻，经受住了生命极限的考验。他们运用有限的科研和试验手段，依靠科学，顽强拼搏，发愤图强，锐意创新，突破了一个个技术难关。他们所具有的惊人毅力和勇气，显示了中华民族在自力更生的基础上自立于世界民族之林的坚强决心和能力。

项目检测

项目一检测一

项目一检测二

项目二 动物运动系统

项目导读

动物运动系统由骨、骨连结（关节）和肌肉三部分组成。在神经系统的支配下，与其他系统密切配合，对动物体起着运动、支持和保护作用。

骨对动物体除支持、保护和作为杠杆外，还具有造血和贮藏钙、磷的作用。关节是运动的枢纽，全身的骨通过骨连接构成骨骼，构成动物体的坚固支架。肌肉牢固地附着在骨上，肌肉收缩时，以关节为支点，引起骨的位置移动而产生各种运动。因此，在运动中，骨起杠杆作用，骨连结是运动的枢纽，肌肉则是运动的动力。

运动系统构成动物体的基本轮廓，占动物体重量相当大的比例。它不仅直接关系到役用动物的使役能力，而且也影响到肉用动物的屠宰率和品质，在动物体的鉴定上有重大意义。位于皮下的一些骨突和肌肉，可以在体表看到和摸到，在畜牧兽医实践中常用作定位标志。

知识目标

（1）了解骨和骨骼的含义以及骨的类型、结构和理化特性。

（2）掌握动物体全身骨和关节的名称，比较各种动物骨的特点。

（3）掌握骨连结的概念和类型，认识关节的构造。

（4）了解肌器官的结构、肌肉的作用和命名其辅助器官。

（5）认识动物体全身肌肉的名称和位置。

技能目标

（1）能在活体上触摸到临床上常用的骨性标志。

（2）能在活体上触摸到临床上常用的肌性标志。

素质目标

（1）培养学生的观察能力及思维能力。

（2）培养学生对身体构造的兴趣，增强学生强身健体的意识。

思政目标

（1）培养学生的团结友爱、尊重他人、团队协作的能力，增强团队合作意识；熟练运用健康知识，提高安全意识，树立健康观念。

任务一　动物骨骼

任务导入

青海省某动物医院接诊一病例，病牛因圈舍地面湿滑导致跌倒，出现站立时不愿负重，运步时三蹄跳，左前肢出现肿胀并伴有疼痛感，现初步怀疑为前肢骨折，但需对具体位置进行鉴别诊断。

请对牛全身主要骨、关节和骨性标志进行识别，为该动物医院提供一份牛全身骨骼分布图。对全身骨骼进行标注，并对骨骼进行分类整理，形成思维导图，帮助动物医院进行鉴别诊断。

任务准备

- **知识准备**

骨骼是由全身的骨通过骨连接互相连接在一起，构成动物体的坚固支架，在维持体型、支持体重和保护脏器等方面起着重要的作用。

一、骨

（一）骨的形态

骨可分为长骨、扁骨、短骨和不规则骨等四种类型。长骨分布于四肢，起支持和杠杆作用；扁骨常围成腔体，对腔内器官有支持和保护作用，如颅骨等；短骨如腕骨、跗骨等，主要起支持和缓冲作用；不规则骨如椎骨，起支持、保护和供肌肉附着等作用。

（二）骨的构造

骨由骨膜、骨质、骨髓和血管神经构成（图 2-1）。

1. 骨膜

骨膜是覆盖在骨表面（关节面除外）的一层结缔组织膜。内含有成骨细胞及丰富的血管神经，故骨膜呈粉红色，且有感觉。对骨有保护、营养、新生等重要作用。因此，在处理骨折等手术时，要更好地保护骨膜。

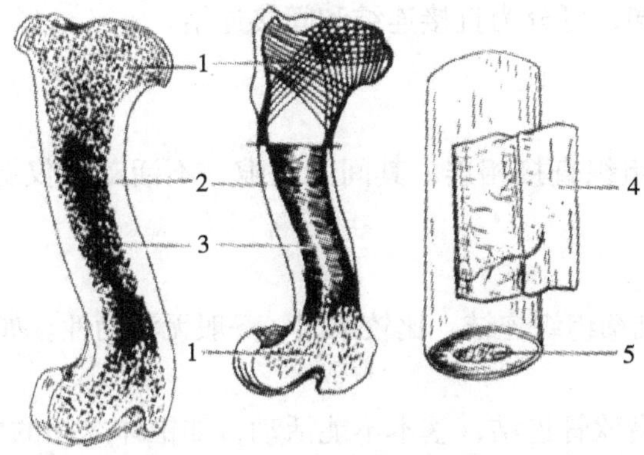

1. 骨松质；2. 骨密质；3. 骨髓；4. 骨膜；5. 骨髓。

图 2-1　骨的构造

注：左侧示马的肱骨纵断面，中示骨松质的结构，右侧示骨膜。

2. 骨质

骨质是构成骨的主要成分，有骨密质和骨松质两种。骨密质坚硬，耐压性强，分布在骨的外层；骨松质呈海绵状，分布在长骨两端和其他类型骨的内部。

3. 骨髓

骨髓位于长骨的骨髓腔和骨松质的间隙内。正常成畜的骨髓有红骨髓和黄骨髓两种（幼畜的全是红骨髓），红骨髓分布在长骨两端、短骨、扁骨以及不规则骨的骨松质内，是重要的造血器官；黄骨髓填充在长骨的骨髓腔内，主要由脂肪组织构成，无造血功能，具有贮存营养的作用。

4. 血管和神经

骨具有丰富的血液供应，分布在骨膜上的小血管经骨表面的小孔进入并分布于骨密质。较大的血管称滋养动脉，穿过骨的滋养孔分布于骨髓。

骨膜、骨质和骨髓均具有丰富的神经分布。

（三）骨的化学成分和物理性质

骨是体内最坚硬的组织，它能承受相当大的压力和张力，又具有一定的韧性和弹性。骨的这种物理性质不仅决定于骨的形状和内部结构，而且与它的化学成分有很大关系。

骨的化学组成包括有机质和无机质。有机质主要是骨胶原（蛋白质），使骨具有弹性和韧性；无机质主要是钙盐（磷酸钙、碳酸钙等），使骨具有坚韧性和脆性。成年家畜的骨约含 1/3 的有机质和 2/3 的无机质，这样的比例使骨具有最大的坚固性。幼畜的骨内有机质含量较多，骨弹性较大，不易骨折而易变形；老龄家畜的骨则相反，无机质较多，故脆性较大，易发生骨折。妊娠和泌乳母畜骨内的钙质可被胎儿吸收或随乳汁排出，或饲料调配失调时，可因无机质较少而发生软骨病。因此，应注意饲料成分的合理调配，以预防软骨病的发生。

二、骨连结

骨和骨之间借纤维结缔组织、软骨或骨组织相连，形成骨连结。根据骨间的连结方式及其运动情况不同，可分为直接连结和间接连结。

（一）直接连结

两骨之间借结缔组织直接相连，其间无腔隙，不活动或仅有小范围活动。直接连结分为三种类型。

1. 纤维连结

两个之间以纤维结缔组织连结，比较牢固，一般无活动性。如颅骨骨缝间的缝韧带。

2. 软骨连结

两骨相对面之间借软骨连结，基本不能活动，如锥体之间的椎间盘。

3. 骨性结合

两骨之间以骨组织连结，完全不能运动。骨性结合常由软骨连结或纤维连结骨化而来，如髂骨、坐骨和耻骨之间的结合。

（二）间接连结

人们通常所说的关节（图 2-2），即是间接连结，骨与骨之间可以进行灵活的运动，如四肢关节。其基本构造包括关节面、关节软骨、关节囊和关节腔四部分。

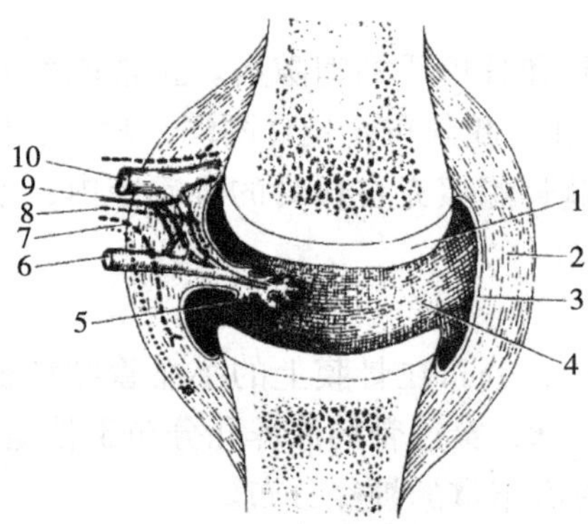

1. 关节软骨；2. 关节囊的纤维层；3. 关节囊的滑膜层；4. 关节腔；5. 滑膜绒毛；6. 动脉；7、8. 感觉神经纤维；9. 植物性神经（交感神经节后纤维）；10. 静脉。

图 2-2 关节构造模式图

1. 关节面

关节面是骨与骨相接触的光滑面，骨质致密，形状彼此互相吻合，其中一个略凸或呈球形，称关节头；另一个略凹，称关节窝。

2. 关节软骨

关节软骨是附着在关节面上的一层透明软骨，光滑而有弹性和韧性，可减少运动时的冲击和摩擦。

3. 关节囊

关节囊是包围在关节周围的结缔组织囊。囊壁分内外两层，外层是纤维层，厚而坚韧，有保护作用；内层是滑膜层，薄而柔润，有丰富的血管网，能分泌滑液。

4. 关节腔

关节腔是关节软骨和关节囊之间的腔隙，内有少量淡黄色的滑液，起润滑关节和营养关节软骨的作用。

三、全身骨及骨连结

全身骨骼可分为头部骨骼、躯干骨骼、前肢骨骼和后肢骨骼四部分（图 2-3）。

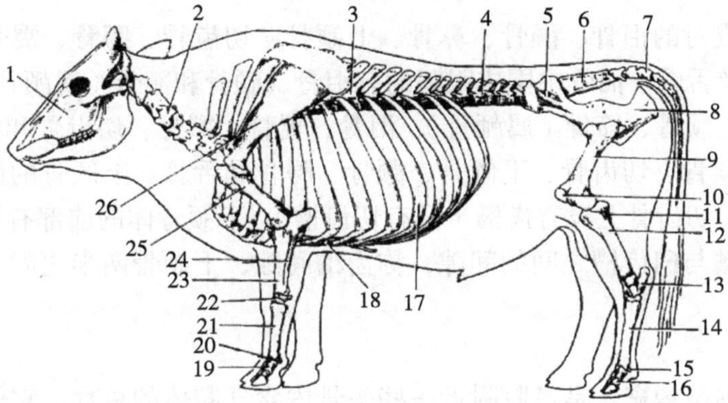

1. 头骨；2. 颈椎；3. 胸椎；4. 腰椎；5. 髂骨；6. 荐骨；7. 尾椎；8. 髋骨；9. 股骨；10. 膝盖骨；11. 腓骨；12. 胫骨；13. 跗骨；14. 跖骨；15. 近籽骨；16. 趾骨；17. 肋骨；18. 胸骨；19. 指骨；20. 近籽骨；21. 掌骨；22. 腕骨；23. 桡骨；24. 尺骨；25. 肱骨；26. 肩胛骨。

图 2-3　牛的全身骨骼

（范作良，2005. 家畜解剖）

（一）头骨及其连结

头骨主要为扁骨和不规则骨，除下颌骨和舌骨外，均以缝或软骨互相紧密结合成为一个整体（图 2-4）。一部分头部骨骼围成颅腔，容纳和保护脑，称颅骨；另一部分头部骨骼构成眼眶、鼻腔和口腔的骨性支架，称面骨。

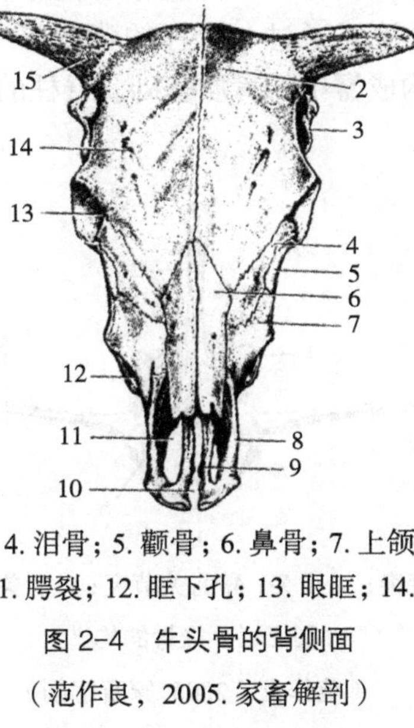

1. 额隆起；2. 额骨；3. 颞骨；4. 泪骨；5. 颧骨；6. 鼻骨；7. 上颌骨；8. 切齿骨；9. 切齿骨的腭突；10. 切齿裂；11. 腭裂；12. 眶下孔；13. 眼眶；14. 眶上孔；15. 角突。

图 2-4　牛头骨的背侧面

（范作良，2005. 家畜解剖）

1. 颅骨

颅骨包括成对的额骨（位于颅腔顶壁）、颞骨（位于颅腔两侧壁）、顶骨（位于颅腔后壁）和不成对的顶间骨、枕骨（位于颅腔后壁）、蝶骨（位于颅腔底壁）以及筛骨（位于颅腔前壁，介于颅腔与鼻腔之间）。

2. 面骨

面骨包括成对的泪骨、颧骨、鼻骨、上颌骨、切齿骨、腭骨、翼骨和不成对的下颌骨、犁骨以及舌骨。面骨中围成眼眶的有泪骨、颧骨和额骨（属颅骨）；构成鼻腔支架的有鼻骨、上颌骨、筛骨（属颅骨）、泪骨、翼骨、犁骨、切齿骨和鼻甲骨；构成口腔支架的有上颌骨、切齿骨、下颌骨、颧骨、腭骨和舌骨。上颌骨的齿槽缘上有臼齿槽，容纳臼齿。切齿骨上没有齿槽（马有切齿槽）。下颌骨体的前部有切齿槽，后部有臼齿槽。切齿槽与臼齿槽之间的间隙，称齿槽间隙，下颌骨两半之间的间隙，称下颌间隙。

3. 副鼻窦

副鼻窦又称鼻旁窦，是鼻腔附近一些头骨内含气腔体的总称。它们直接或间接与鼻腔相通，主要有额窦、上颌窦、颚窦和筛窦。

4. 头骨的连结

头骨大部分为不动连结，只有颞下颌关节是头部唯一的活动关节，由下颌骨与颞骨构成。能作开口、闭口和左右活动等动作。

（二）躯干骨及其连结

躯干骨包括脊椎、肋和胸骨。躯干骨除具有支持头部和传递推动力外，还可作为胸腔、腹腔和骨盆腔的支架，容纳并保护内部器官。

1. 椎骨

椎骨（图 2-5）可分为颈椎、胸椎、腰椎、荐椎和尾椎，各椎骨相互连结起来，形成脊柱。脊柱中央有纵行的椎管，是由各椎骨的椎孔相连而成，内藏骨髓。椎管两侧各有一排椎间孔，有脊神经通过。脊柱的背侧正中有一排棘突，第 2～6（马为第 3～10）胸椎棘突最高，构成鬐甲的骨质基础。脊柱的两侧各有一排横突，腰椎的横突最长，可以在体表触摸到。

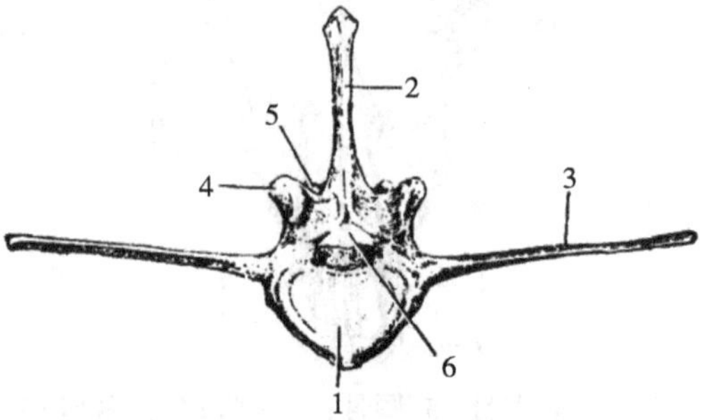

1. 椎头；2. 棘突；3. 横突；4. 前关节突；5. 后关节突；6. 椎孔。

图 2-5　椎骨的构造

（范作良，2005. 家畜解剖）

2. 肋

肋为左右成对的弓形长骨，连于胸椎与胸骨之间，构成胸廓的侧壁。两相邻肋之间的间隙，称肋间隙。肋的对数与胸椎枚数一致。每根肋包括肋骨和肋软骨。肋骨的上端与相邻胸椎成关节，肋骨的下端接肋软骨。第 1～8 对肋以肋软骨直接与胸骨相连，称真肋，其余的肋，以肋软骨依次连于前位肋软骨上，称假肋。最后肋骨和假肋肋软骨依次连结所形成的弓状结构，称为肋弓。

3. 胸骨

胸骨位于胸廓底壁的正中，由 6～8 块胸骨片借软骨相结而成。胸骨由前向后分为胸骨柄、胸骨体和剑状软骨（剑突）三部分。

4. 胸廓

胸廓由胸椎、肋骨和胸骨共同构成。呈前小后大的圆锥形，胸廓前口由第一胸椎、第一对肋和胸骨柄围成；胸廓后口由最后一个胸椎、左右肋弓和剑状软骨围成。胸廓前部的肋骨短而粗，具有较大的坚固性，以保护心、肺，并便于连结前肢；胸廓后部的肋骨细而长，具有较大的活动性，以适应呼吸运动。

5. 躯干骨的连结

躯干骨的连结包括脊柱连结（椎体间连结和椎弓间连结）和胸廓连结（肋椎关节和肋胸关节）。

（三）前肢骨及其连结

前肢骨（图 2-6）及其连结包括肩胛骨、肱骨、前臂骨（包括桡骨和尺骨）和前脚骨（包括腕骨、掌骨、指骨和籽骨）。

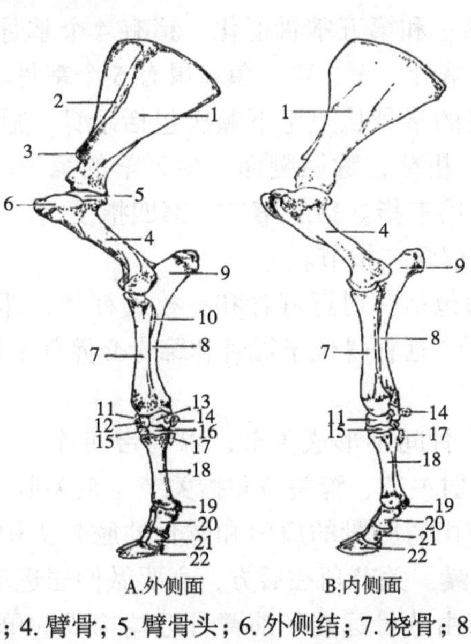

1. 肩胛骨；2. 肩胛冈；3. 肩峰；4. 臂骨；5. 臂骨头；6. 外侧结；7. 桡骨；8. 尺骨；9. 肘突；10. 前臂骨间隙；11. 桡腕骨；12. 中间腕骨；13. 尺腕骨；14. 副腕骨；15. 第二、第三腕骨；16. 第四腕骨；17. 第五掌骨；18. 大掌骨；19. 近籽骨；20. 系骨；21. 冠骨；22. 蹄骨。

图 2-6　牛前肢骨

（马仲华，2010. 家畜解剖学及组织胚胎学，第三版）

1. 前肢骨

（1）肩胛骨。肩胛骨为三角形扁骨，外侧面有一纵向隆起，称肩胛冈。中部较粗大处称为冈结节；牛、兔和猫肩胛冈远端突出明显称为肩峰，猪的冈结节特别发达且弯向后方，肩峰不明显。肩胛冈前方称冈上窝，后方为冈下窝。肩胛骨内侧面中、下部凹窝叫肩胛下窝。骨的上缘附有肩胛软骨，远端圆形浅凹叫肩臼与肱骨头成关节，肩臼前方突出部为肩胛结节。

（2）肱骨。肱骨又称臂骨，为管状长骨，近端后部球状关节面是肱骨头，前部内、外侧分别是小结节和大结节。骨干呈扭曲的圆柱形，形成一螺旋状沟为臂肌沟，外侧上部有三角肌粗隆。肱骨远端有内、外侧髁，髁间是肘窝（鹰嘴窝），容纳鹰嘴（肘突）。

（3）前臂骨。前臂骨包括位于前方较粗的桡骨和在后外侧较细的尺骨。在马、牛和羊等动物，桡骨发达；尺骨显著退化，仅近端发达，骨体向下逐渐变细，与桡骨愈合，近端有间隙，称前臂骨间隙。尺骨近端突出部称肘突。在猪、犬、兔和鼠等动物，尺骨比桡骨长。

（4）腕骨。短骨，有两列，近列腕骨自内向外为桡腕骨、中间腕骨、尺腕骨和副腕骨；远列自内向外依次为第一、第二、第三和第四腕骨。第一和第二腕骨在马愈合为一块；牛缺第一腕骨，而第二和第三腕骨愈合。

（5）掌骨。长骨，由内向外分别称为第一、第二、第三、第四和第五掌骨，有蹄动物的掌骨有不同程度的退化。牛和羊有3块掌骨，有发达的大掌骨（第三、第四掌骨相互愈合而成），第五掌骨为一圆锥形小骨，附于第四掌骨的近端外侧，第一、第二掌骨退化。马有三个掌骨，中间是大掌骨（第三掌骨），内侧和外侧是小掌骨（即第二和第四掌骨），第一和第五掌骨退化。猪有4个掌骨，第三、第四掌骨大，第二、第五掌骨小，缺第一掌骨。犬、猫、兔和鼠有5个掌骨。

（6）指骨。每一完整的指骨从上至下顺次包括系骨、冠骨和蹄骨。蹄骨近端前缘突出称伸腱突，底面凹且粗糙，称屈腱面。牛、羊的第三、第四指发育完全，第二、第五指仅留痕迹。马只有第三指。猪的第三、第四指发达，第二、第五指小。犬、猫、兔和鼠有五指，但第一指仅含二指节。

（7）籽骨。每个指均包括一对近籽骨和一枚远籽骨，即每指有3枚籽骨。近籽骨位于掌骨远端掌侧（2枚），远籽骨位于冠骨和蹄骨交界部掌侧（1枚）。

2. 前肢的连结

前肢的肩胛骨与躯干骨间不形成关节，以肩带肌连结。其余各骨间均形成关节，由上向下依次为肩关节、肘关节、腕关节和指关节（系关节、冠关节和蹄关节）。

（1）肩关节。肩关节由肩胛骨的肩臼和肱骨的肱骨头构成，为多轴单关节。没有侧韧带，具有松大的关节囊。关节角在后方，主要做伸屈运动。

（2）肘关节。肘关节由肱骨远端和前臂骨近端构成的单轴复关节。关节囊后壁宽松，有关节内、外侧韧带，肘关节角在前方，可做伸屈运动。

（3）腕关节。腕关节由桡骨远端、近列和远列腕骨以及掌骨近端构成，为单轴复关节。关节角在后方，它包括桡腕关节、腕间关节和腕掌关节，其关节囊纤维层包住整个腕关节。关节囊后壁厚而紧，使之只能向掌侧屈；腕关节有长的侧韧带和短的腕骨间韧带。

（4）指关节。指关节包括系关节、冠关节和蹄关节。系关节又称球节，是由掌骨远端、系骨近端和一对近籽骨构成的单轴关节。冠关节由系骨的远端和冠骨近端的关节面组成，仅能作小范围的屈伸运动。蹄关节由冠骨的远端、蹄骨的近端和远籽骨组成。只能进行屈、伸运动。

（四）后肢骨及其连结

后肢骨及其连结包括髋骨（髂骨、坐骨和耻骨）、股骨、膝盖骨（髌骨）、小腿骨（胫骨和腓骨）和后脚骨（跗骨、跖骨、趾骨和籽骨）。

1. 后肢骨（图 2-7）

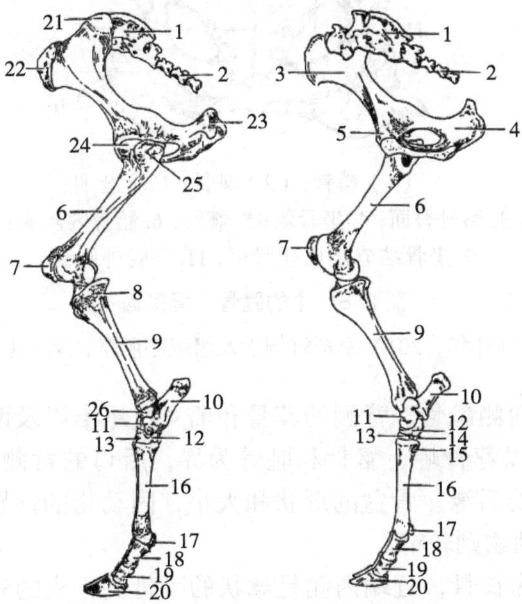

1. 荐骨；2. 尾椎；3. 髂骨；4. 坐骨；5. 耻骨；6. 股骨；7. 膝盖骨；8. 腓骨；9. 胫骨；10. 腓跗骨；11. 距骨；12. 中央第四跗骨；13. 第二、第三跗骨；14. 第一跗骨；15. 第二跖骨；16. 大跖骨；17. 近籽骨；18. 系骨；19. 冠骨；20. 蹄骨；21. 荐结节；22. 髋结节；23. 坐骨结节；24. 股骨头；25. 大转子；26. 踝骨。

图 2-7　牛后肢骨

（马仲华，2010. 家畜解剖学及组织胚胎学，第三版）

（1）髋骨。髋骨（图 2-8）由髂骨、坐骨和耻骨结合而成，3 块骨在外侧中部结合处形成髋臼，与股骨头成关节。

①髂骨。髂骨位于前上方，分髂骨体和髂骨翼，髂骨翼外侧角称为髋结节，内侧角为荐结节。髂骨体的背侧凹陷处称为坐骨大切迹，与荐结节阔韧带（荐坐韧带）间构成坐骨大孔。

②坐骨。坐骨位于后下方，构成骨盆底的后部。左、右坐骨的后缘连成坐骨弓，弓的两端突出是坐骨结节。两侧坐骨在骨盆底壁正中由软骨或骨结合在一起，称坐骨联合，是骨盆联合的一部分。

③耻骨。耻骨位于前下方，构成骨盆底的前半部。两侧耻骨的内侧缘由软骨或骨结合形成耻骨联合，耻骨联合和坐骨联合统称为骨盆联合；坐骨和耻骨共同围成闭孔。

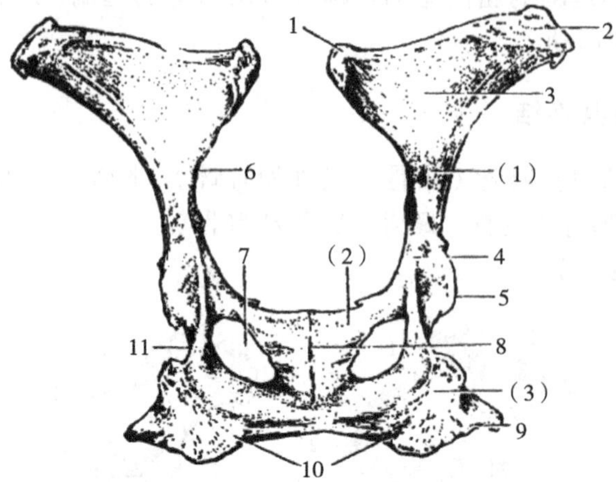

（1）髂骨；（2）耻骨；（3）坐骨。

1. 荐结节；2. 髋结节；3. 髂骨臀面；4. 坐骨棘；5. 髋臼；6. 髂骨内侧缘；7. 闭孔；8. 骨盆联合；9. 坐骨结节；10. 坐骨弓；11. 坐骨外侧缘。

图 2-8 牛的髋骨（背侧面）

（马仲华，2010. 家畜解剖学及组织胚胎学，第三版）

④骨盆。骨盆由两侧髋骨、背侧的荐骨和前 4 枚尾椎以及两侧的荐结节阔韧带共同围成的结构。前口以荐骨岬、髂骨和耻骨为界，后口的背侧为尾椎，腹侧为坐骨，两侧为荐结节阔韧带的后缘。骨盆的形状和大小，因动物的性别而异，雌性动物骨盆的底壁平而宽，雄性动物则较窄。

（2）股骨。股骨为长骨，近端内侧是球状的股骨头，头的外侧粗大的突起是大转子。骨干呈圆柱状，内侧近上 1/3 处的嵴称为小转子。外侧缘在与小转子相对处有一较大的突，称第三转子（马），牛、猪和犬的第三转子不明显。股骨远端前部是滑车关节面，与膝盖骨成关节。后部为股骨内、外侧髁，与胫骨成关节。

（3）膝盖骨。膝盖骨又称髌骨，呈顶端向下的楔形，后面为与股骨滑车形成关节的关节面。

（4）小腿骨。小腿骨包括胫骨和腓骨。胫骨位于前方，较大，呈三棱柱状，近端有胫骨内、外侧髁，前方呈嵴状隆起是胫骨嵴，供膝直韧带附着；远端有螺旋状滑车。腓骨细小，位于胫骨近端后外侧；牛、羊腓骨退化只剩近端的腓骨头，腓骨远端退化成一小骨块，称踝骨。猪的腓骨发达。

（5）跗骨。跗骨由数块短骨构成，一般分为三列。由近列跗骨、近列跗骨有 2 块内侧是距骨，外侧是跟骨，跟骨近端粗大，称跟结节。中列仅有 1 块中央跗骨；远列跗骨有 4 块由内向外依次是第一、第二、第三和第四跗骨。

（6）跖骨。与前肢掌骨相似，但较细长。

（7）趾骨。分系骨、冠骨和蹄骨，与前肢指骨相似。

（8）籽骨。近籽骨 2 枚，远籽骨 1 枚，位置、形态与前肢籽骨相似。

2. 后肢的连结

家畜的后肢在推动身体前进方面起主要作用。包括荐髂关节、髋关节、膝关节、跗关节和趾关节。

（1）荐髂关节。荐髂关节由荐骨翼和髂骨翼构成。囊壁短，其周围有短纤维束固定。因此，荐髂关节运动范围很小。在荐骨与髋骨之间还有荐结节阔韧带（又称荐坐韧带），起自荐骨侧缘和第一、第二尾椎横突，止于坐骨。其前缘与髂骨形成坐骨大孔，下缘与坐骨形成坐骨小孔。

（2）髋关节。髋关节由髋臼和股骨头构成的多轴关节，关节囊宽松。在髋臼与股骨头之间有一短而强的圆韧带。

（3）膝关节。膝关节包括股胫关节和股髌关节，属单轴关节，可做伸屈动作。

①股髌关节。股髌关节由膝盖骨和股骨远端前部滑车关节面组成。关节囊宽松，有侧韧带。在前方有 3 条强大的直韧带（即膝外直韧带、膝中直韧带和膝内直韧带）将膝盖骨连于胫骨近端。

②股胫关节。股胫关节由股骨远端后部的内外侧髁与胫骨近端构成。其间有两个半月状软骨板。除有侧韧带外，关节中央还有一对交叉的十字韧带。另有半月状板韧带连于股骨和胫骨。

（4）跗关节。跗关节又称飞节，由小腿骨远端、跗骨和跖骨近端构成的单轴复关节，有内、外侧韧带和背、跖侧韧带。

（5）趾关节。趾关节分为系关节、冠关节和蹄关节，其构造与前肢指关节相同。

- **材料准备**

收集牛常见骨折症状的相关资料，重点收集四肢骨折等疾病病例；牛全身骨骼标本；牛骨骼图谱。

- **人员准备**

人员分组，每组 5 人，明确职责分工。

任务角色	任务内容
组长：	任务：
组员 1：	任务：
组员 2：	任务：
组员 3：	任务：
组员 4：	任务：

任务实施

第一步：深入了解运动系统骨的构造，关节的组成，全身骨骼的形态、位置。

第二步：根据病例，查找相关的资料。

第三步：从查找到的资料中找出鉴别诊断关键点。

第四步：为动物医院提出相关诊断意见。

任务评价

班级：________ 组别：________ 姓名：________

项目	评分标准	自我评价	小组评价	教师评价
牛全身骨骼标本的识别	准确识别牛头部骨骼及关节（2分）			
	准确识别牛躯干骨骼及关节（2分）			
	准确识别牛前肢骨骼及关节（2分）			
	准确识别牛后肢骨骼及关节（2分）			
	分类整理形成思维导图（2分）			
合计				
自我评价与总结				
教师点评				

课程思政专栏

人民英雄永垂不朽，中华民族真正的脊梁

人民英雄纪念碑屹立在天安门广场中心，纪念碑分碑身、须弥座和台基三个部分。其中，纪念碑碑身正面镌刻着毛泽东题写的“人民英雄永垂不朽”八个鎏金大字，背面镌刻着由毛泽东起草、周恩来题写的碑文，碑文全文如下：

三年以来，在人民解放战争和人民革命中牺牲的人民英雄们永垂不朽！

三十年以来，在人民解放战争和人民革命中牺牲的人民英雄们永垂不朽！

由此上溯到一千八百四十年，从那时起，为了反对内外敌人，争取民族独立和人民自由幸福，在历次斗争中牺牲的人民英雄们永垂不朽！

【启示】碑文是纪念碑的核心和灵魂，是一部中国近现代历史的浓缩，反映了中国人民争取民族独立和自由幸福的历史，是中国人民和中华民族站起来的真实记录。人民英雄纪念碑是为了纪念为中华民族作出贡献的人，他们甚至连名字都已经永远消逝在了时间里。但是，他们是民族的脊梁。每个热爱自己国家的人都是民族脊梁。

任务二　动物骨骼肌

任务导入

青海省某动物医院接诊一病例，病牛因圈舍地面湿滑导致跌倒，出现站立时不愿负重，运步时三蹄跳，左前肢出现肿胀并伴有疼痛感，现初步怀疑为前肢骨折。经过鉴别诊断为前肢臂骨骨折，需对该病牛进行骨折手术修复。

请对牛全身主要肌肉和肌性标志进行识别，为该动物医院提供一份牛前肢肌肉分布图。对主要肌肉进行标注，并进行分类整理，形成思维导图，帮助动物医院进行手术切口与路径选择。

任务准备

- **知识准备**

骨骼肌主要附着在骨骼上，其肌纤维在显微镜下呈明暗相间的横纹，故又称为横纹肌。它是运动系统的动力部分，在神经系统支配下，能随意志而收缩，故也叫随意肌。

一、概述

（一）肌肉的形态和构造

肌肉的形态有各种各样，主要有长肌、短肌、阔肌和环形肌四种。长肌多分布于四肢，短肌主要存在于脊柱相邻椎骨之间；阔肌多见于胸、腹壁；环形肌环绕在口孔的周围。每块肌肉就是一个器官，可分为两个部分，即能收缩的部分——肌腹和不能收缩的部分——腱。

肌腹是肌器官的主要部分，由无数横纹肌纤维借结缔组织结合而成。肌纤维在肌肉内集合成从小肌束到大肌束的各级肌束。包围在肌肉表面的结缔组织叫肌外膜，肌外膜向内延包围着大小不等的肌束，叫肌束膜。肌束膜向肌纤维之间延伸，最后包着个别肌纤维表面，称肌内膜。血管和神经就沿着这些结缔组织进入肌肉内，分布到肌纤维上。肌的一端或两端以腱牢固地附着于骨上。腱由平行排列的腱纤维构成，致密而坚韧，与肌腹的结构相似，也形成各级腱纤维束，腱束之间也有柔软的结缔组织腱膜。梭形肌肌腱呈索状，阔肌呈薄膜状，称腱膜。

（二）肌肉的起止点

肌肉的两端通常分别附着在两块或两块以上的骨上，跨过一个或数个关节。肌肉收缩时，不动的一端为起点，活动的一端为止点。起点一般都靠近躯干或四肢的近端，止点则远离躯干或靠近四肢的远端。起点和止点是相对的，随着活动的改变二者可以互换，如臂头肌，当头颈不动时可牵引前肢，前肢不动时，可拉头颈向后下方。有些肌肉，如口、孔的环形肌，是分不出其起止点的。

（三）肌肉的分布和作用

肌肉大多成群分布在关节周围。根据其作用不同，可分为屈肌和伸肌、内收肌和外展肌、旋肌。肌肉的协调运动，是通过神经系统的调节来实现的，如果支配肌肉的神经受到损害，肌肉便丧失了运动的机能。

（四）肌肉的辅助器官

肌肉的辅助器官包括筋膜、黏液囊和腱鞘。

1. 筋膜

筋膜分浅筋膜和深筋膜。

（1）浅筋膜。浅筋膜位于皮下（也称皮下组织），由疏松结缔组织构成，覆盖在全身肌的表面，有些部位的浅筋膜中有皮肌，营养良好的家畜在浅筋膜内蓄积有脂肪；浅筋膜发达的部位，皮肤具有较大的移动性。

（2）深筋膜。深筋膜由致密结缔组织构成，位于浅筋膜下。在某些部位深筋膜形成包围肌群的筋膜鞘；或伸入肌间，附着于骨上，形成肌间隔；或提供肌肉的附着面。主要起保护、固定肌肉位置的作用。

2. 黏液囊

黏液囊是封闭的结缔组织囊。壁内衬有滑膜，腔内有滑液。多位于骨的突起与肌肉、腱和皮肤之间，起到减少摩擦的作用。位于关节附近的黏液囊多与关节腔相通。

3. 腱鞘

腱鞘由黏液囊卷折形成的双层筒形结构。包在腱外面，以减少肌腱活动时的摩擦。

（五）肌肉的命名

主要根据肌肉的功能、形态、位置、结构及肌纤维方向等来命名。

二、全身主要肌肉的公布

（一）皮肌

分布于皮肤下浅筋膜中的薄板状肌，间接附着于骨骼上；分布于面部（面皮肌）、颈部（颈皮肌）、臂部（肩臂皮肌）和胸腹部（胸腹皮肌）。皮肌收缩时，可使皮肤震颤，以驱赶蚊蝇和抖掉皮肤上的灰尘水滴。

（二）头部肌

分为面部肌和咀嚼肌。面部肌位于口和鼻腔周围，主要有鼻唇提肌、上唇固有提肌、鼻翼开肌、下唇降肌、口轮匝肌和颊肌。咀嚼肌包括闭口肌（咬肌、颞肌和翼肌）和开口肌（枕颌肌和二腹肌），以闭口肌较发达（因闭口肌是咀嚼食物的动力来源）。

（三）躯干部主要肌肉

包括脊柱肌、颈腹侧肌、胸廓肌和腹壁肌。

1. 脊柱肌

支配脊柱活动的肌肉，根据其位置分为脊柱背侧肌群（背最长肌髂肋肌）和脊柱腹侧肌群（腰大肌、腰小肌）。

2. 颈腹侧肌

颈腹侧肌包括胸头肌、胸骨甲状舌骨肌、肩胛舌骨肌。

3. 胸廓肌

胸廓肌位于胸侧壁和胸腔后壁。参与呼吸运动，可分为吸气肌（肋间外肌、膈肌）和呼气肌（肋间内肌）。

4. 腹壁肌

腹壁肌由浅至深分别是腹外斜肌、腹内斜肌、腹直肌和腹横肌。

（1）腹外斜肌。腹外斜肌为腹壁肌最外层，起于肋骨的外侧面，肌纤维由前上方斜向后下方，在肋弓下约一掌处变为腱膜，止于腹底壁正中纵向的腹白线。

（2）腹内斜肌。腹内斜肌位于腹外斜肌深面，起自髋结节，呈扇形向前下方扩展，逐渐变为腱膜，主要止于腹白线。

（3）腹直肌。左、右腹直肌并列于腹腔底的白线两侧，肌纤维纵行，起于胸骨及肋软骨，止于耻骨前缘。肌腹上有数条横向的腱划将肌纤维分成数段。

（4）腹横肌。腹横肌是腹壁的最内层肌，起自腰椎横突及假肋下端的内侧面，肌纤维横行，走向内下方，以腱膜止于腹白线。

腹壁肌各层肌纤维走向不同，彼此重叠，再加上腹黄膜，形成了柔韧的腹壁，对腹脏内器官起着重要的支持和保护作用。腹肌收缩时，可增大腹压，有助于呼气、排便和分娩等活动。

（5）腹股沟管。腹股沟管位于腹底壁后部，耻前腱两侧，是腹内斜肌与腹外斜肌之间的斜行裂隙。管的内口通腹腔，称腹环，外口通皮下，称为皮下环。

（四）前肢主要肌肉

按部位分为肩带肌、肩部肌、臂部肌、前臂部肌和前脚部肌。

1. 肩带肌

肩带肌是连接前肢与躯干的肌肉。多数起于躯干，止于肩部和臂部，分为背侧肌群（斜方肌、菱形肌、背阔肌、臂头肌）和腹侧肌群（胸肌和腹侧锯肌），牛、羊、猪还有肩胛横突肌。

2. 肩部肌

肩部肌分布于肩胛骨的内侧及外侧面，起自肩胛骨，止于肱骨，跨越肩关节。可分为外侧组（冈上肌、冈下肌、三角肌）和内侧组（肩胛下肌、大圆肌）。

3. 臂部肌

臂部肌分布于肱骨周围，主要作用于肘关节。可分伸、屈两组。伸肌组（臂三头肌、前臂筋膜张肌）位于肱骨后方，屈肌组（臂二头肌、臂肌）在前方。

4. 前臂部肌及前脚部肌

前臂部肌和前脚部肌可分为背外侧肌群（腕桡侧伸肌、腕斜伸肌、指总伸肌、指外侧伸肌、指内侧伸肌）和掌侧肌群（腕外侧屈肌、腕尺侧屈肌、腕桡侧屈肌、指浅屈肌、指深屈肌）。

（五）后肢主要肌肉

可分为臀部肌、股部肌、小腿和后脚部肌。

1. 臀部肌

臀部肌分布于臀部，肌肉丰厚，常在此进行肌内注射。跨越髋关节，止于股骨，可伸、屈髋关节及外旋大腿。主要有臀浅肌（牛、羊无此肌）、臀中肌、臀深肌、髂肌。

2. 股部肌

股部肌分布于股骨周围，可分为股前（阔筋膜张肌、股四头肌）、股后（股二头肌、半腱肌、半膜肌）和股内侧（股薄肌、耻骨肌、内收肌、缝匠肌）肌群。

3. 小腿和后脚部肌

小腿和后脚部肌一般为纺锤形肌，肌腹位于小腿部，作用于跗关节和趾关节。可分为背外侧肌群（趾长伸肌、趾外侧伸肌、第三腓骨肌、胫骨前肌、腓骨长肌）和跖侧肌群（腓肠肌、趾浅屈肌、趾深屈肌、腘肌）。

- **材料准备**

主要包括：收集牛常见骨折症状的相关资料，重点收集骨折手术病例手术路径图；牛的前肢肌肉图谱；牛全身肌肉标本。

- **人员准备**

人员分组，每组 5 人，明确职责分工。

任务角色	任务内容
组长：	任务：
组员 1：	任务：
组员 2：	任务：
组员 3：	任务：
组员 4：	任务：

任务实施

第一步：深入了解运动系统骨骼肌的构造，全身骨骼肌的形态、位置。

第二步：准确识别全身主要骨骼肌。

第三步：根据病例，查找相关的资料。

第四步：从查找到的资料中找出手术创口选择关键点。

第五步：为动物医院提出相关诊断意见。

任务评价

班级：____________　　组别：____________　　姓名：____________

项目	评分标准	自我评价	小组评价	教师评价
牛全身主要肌肉的识别	准确识别牛头部主要肌肉（2 分）			
	准确识别牛躯干主要肌肉（2 分）			
	准确识别牛前肢主要肌肉节（2 分）			
	准确识别牛后肢主要肌肉（2 分）			
	分类整理形成思维导图（2 分）			
合计				
自我评价与总结				
教师点评				

课程思政专栏

步履蹒跚却坚持为患者多赢一秒——张定宇

2020 年春节前夕，一场突如其来的疫情席卷武汉，给这座城市顿时摁下了暂停键。疫情初发之时，在武汉市金银潭医院里，院长张定宇终日迈着紧张局促的步伐，亲自带领所有医护人员奋斗在一线，为挽救病人生命和病毒争分夺秒地做抗争。在张定宇的带领下，金银潭医院成功治愈 2 000 多名患者。可鲜为人知的是，在医院内疾步如风、救死扶伤的张定宇院长，其实早在 2018 年就被确诊患上了渐冻症。渐冻症，目前的医疗水平无法治愈的绝症，表现为进行性加重的骨骼肌无力、萎缩等。患病者只能看着自己的生命一点点流逝。

【启示】张定宇舍小家顾大家，不顾渐冻之躯，顾不上感染病毒的妻子，以“我必须跑得更快，才能从病毒手里抢回更多病人”的责任担当和医者仁心，坚守在抗击疫情最前沿，用渐冻之身与时间赛跑，托起信心与希望。

项目检测

项目二检测一　　项目二检测二

项目三 动物被皮系统

项目导读

皮肤被覆于动物体的体表，直接与外界接触，是一层天然屏障。在天然孔（口裂、鼻孔、肛门和尿生殖道外口等）处与黏膜相接，一般可分为表皮、真皮和皮下组织三层。

知识目标

（1）熟悉被皮系统的组成及功能。
（2）掌握皮肤构造和功能。

技能目标

（1）能进行皮内注射、皮下注射的定位。
（2）熟悉蹄叶炎、腐蹄病、乳房炎的发生部位。

素质目标

（1）通过对皮肤的结构与功能相适应的讨论，进一步培养学生建立“结构与功能相适应”的学习观点。
（2）帮助学生养成良好的卫生习惯。

思政目标

培养学生的辩证思维能力，学会科学运用马克思主义世界观和方法论，树立唯物主义科学世界观；感受中华文化魅力，传承历史文化，树立文化自信。

任务一 动物皮肤

任务导入

春季是畜禽传染性疾病的多发季节，也是有效预防和控制重大动物疫病传播的重要时期，现有青海省一兽医站，需进行动物疫病集中防疫行动。

请为该兽医站提供一份疫苗注射操作指南，根据皮肤结构详细介绍不同的疫苗注射方式区别及适用范围，帮助牛场进行群体检疫。

任务准备

• **知识准备**

皮肤不论厚薄、颜色及有毛无毛均由表皮、真皮和皮下组织三层构成（图 3-1）。

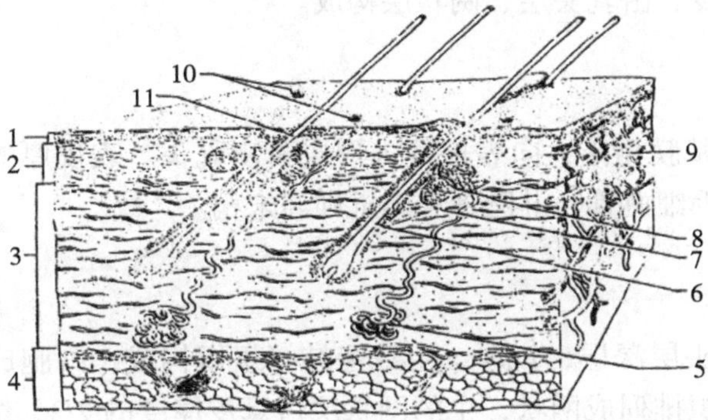

1. 表皮；2. 真皮浅层（乳头层）；3. 真皮深层（网状层）；4. 皮下组织；5. 汗腺；6. 毛和毛囊；7. 竖毛肌；8. 皮脂腺；9. 真皮内的血管层；10. 汗腺开口；11. 毛。

图 3-1 皮肤结构模式图

一、表皮

表层位于最表层，由角化的复层扁平上皮构成，由内向外分为五层：基底层、棘层、颗粒层、透明层和角质层。

（一）基底层

表皮的最深层，由数层细胞组成，其深层细胞直接与真皮相连。该层细胞增殖能力很强，能不断分裂产生新细胞，以补充角质层脱落的细胞。

（二）棘层

棘层位于基底层细胞的上方，由数层大的多角形细胞组成。棘层深部的细胞也有分裂增生的能力，故将基底层和棘层合称为生发层。

（三）颗粒层

颗粒层位于棘层的上方，由 1～5 层梭形细胞构成，胞核渐趋退化消失，胞质内含有许多大小形态不一的透明胶质颗粒。

（四）透明层

只有鼻镜、乳头、足垫等无毛皮肤才有，由几层扁平细胞组成，细胞开始死亡，细胞器及细胞核已消失，因此细胞界限不清，呈均质透明状。

（五）角质层

角质层位于表皮最表层，由多层角化的扁平细胞构成，越是耐磨的部位，角质层越厚。浅层角质化细胞不断死亡，形成皮屑而脱落。

二、真皮

真皮是皮肤最厚的一层，由不规则致密结缔组织构成，含有大量的胶原纤维和弹性纤维，细胞成分少，由乳头层、网状层构成。

（一）乳头层

乳头层与表皮基膜相接，向表皮伸入形成真皮乳头。表皮厚的无毛皮肤其乳头高而细，乳头层富有毛细血管、淋巴管和感觉神经末梢。

（二）网状层

网状层位于乳头层深层，较厚，由致密结缔组织构成，细胞成分比乳头层少，粗大的胶原纤维束交织排列成网状，牛的网状层占真皮厚度的 2/3，绵羊的网状层占真皮厚度的 1/3 左右。

三、皮下组织

皮下组织位于皮肤的最深层，由疏松结缔组织构成。营养良好的动物，皮下组织内含有大量的脂肪细胞，形成脂肪组织。皮肤借皮下组织与深部的肌肉或骨膜相连。

四、皮肤的机能

皮肤是畜体最外层组织，也参与全身的机能活动，维持着畜体和外界环境的对立统一，保障机体的健康。皮肤有以下重要功能。

（一）屏障功能

皮肤能保护机体免受各种外界损伤，能避免细菌等微生物的伤害，能阻止营养物质、电解质和水分的流失。

（二）感觉功能

皮肤可以感知并传导触觉、痛觉、冷觉、温觉、压痛这五种基本感觉，以及形体、潮湿、干燥、软硬等各种复合感觉。皮肤内分布着许多神经，它控制着皮肤血管的收缩、扩展以及汗腺的分泌。皮肤还能发生多种神经反射，以保护机体不受伤害。

（三）调节体温功能

皮肤是机体调节体温的重要器官，它主要以辐射、对流、蒸发和传导四种方式工作。

（四）吸收功能

皮肤的吸收功能不仅对维护身体健康是不可或缺的，也是现代皮肤美容学中皮肤护理和保健以及皮肤病治疗的理论依据。

（五）分泌和排泄功能

主要通过汗腺和皮脂腺囊发挥这一重要功能的，皮肤的排泄作用有类似肾脏的部分排泄功能，皮脂腺能分泌皮脂，具有形成皮脂膜和润滑皮肤及毛发的作用。

- **材料准备**

皮下注射、皮内注射和肌内注射的注射器、皮肤模型标本。

- **人员准备**

人员分组，每组 5 人，明确职责分工。

任务角色	任务内容
组长：	任务：
组员 1：	任务：
组员 2：	任务：
组员 3：	任务：
组员 4：	任务：

任务实施

第一步：收集整理不同注射方式。

第二步：分析方法步骤，提出操作注意事项。

第三步：掌握皮内注射和皮下注射的区别。

第四步：为兽医站提出相关防疫意见。

任务评价

班级:________________ 组别:________________ 姓名:______________

项目	评分标准	自我评价	小组评价	教师评价
注射操作指南制作	准确了解皮内注射、皮下注射、肌内注射三种注射方式的适用范围（2分）			
	准确了解皮内注射、皮下注射、肌内注射三种注射方式操作方法（2分）			
	准确了解皮内注射、皮下注射、肌内注射三种注射方式注射位点的区别（3分）			
	注射操作指南的编制（3分）			
合计				
自我评价与总结				
教师点评				

课程思政专栏

皮之不存，毛将焉附

春秋时期，晋国有一次发生内乱，公子夷吾逃到秦国。为了取得秦国的支持，回国夺取君位，夷吾允诺事成之后，献给秦国五座城池。后来，他果然在秦国的帮助下当上了国君，称晋惠公，但并没有履行诺言，割地给秦国。

不久，晋国遭到灾害，粮食歉收，晋惠公向秦国商量求购粮食。秦国没有因他背约失信而拒绝，仍然答应了他的要求。不料过了一年，秦国也闹饥荒，派人到晋国去求购粮食。晋惠公却幸灾乐祸，不想答应秦国的要求。大夫庆郑联想到以前的事，对晋惠公的做法不满，气愤地说："背弃恩惠就没有亲人，幸灾乐祸就是不仁，贪图所爱惜的东西就是不祥，使邻国愤怒就是不义。这四种道德都丢掉了，用什么来保卫国家?"

晋惠公的舅父、大夫虢射却说："早先我们晋国不履行割让五城给秦的诺言，是根本的问题，它导致我们与他们关系破裂。如果这个根本问题不解决，而只答应给粮食，就好比只有毛而没有皮。现在皮都不存在了，毛又依附在哪里呢!"

庆郑反对虢射的观点，继续说："我们要是抛弃诚信、背弃邻国，一旦发生祸患，谁来救济呢？失掉了救援，就会灭亡。"

虢射坚持自己的观点，说："即使给粮食，对怨恨也不会有所减少，反而使敌人增加实力，不如不给。”

庆郑说：“背弃恩惠，幸灾乐祸，是百姓所唾弃的。亲近的人还会因此结仇，何况是敌人呢？”晋惠公不听。庆郑叹气说：“国君要后悔的！”果然，第二年秦晋两国之间发生了战争，晋惠公兵败，成了秦军的俘虏。

成语“皮之不存，毛将焉附”从这个故事演变而来，比喻事物失去其基础将无所依附或不能存在。常用于书面语，也作“皮之不存，毛将安附”。

【启示】这个成语指出一个道理：事物的本质是不能单独存在的，必须要依托其他事物才能发挥作用，因此我们要看到事物的整体而不是局部。我们要科学运用马克思主义世界观和方法论。

任务二　动物皮肤衍生物

任务导入

修蹄是牛、羊四肢保健的一项重要工作，尤其对体重较大、四肢短小、负担较重的羊，修蹄工作尤其重要。蹄是皮肤的衍生物，生长赘，若长期不修蹄则会导致蹄甲过长，噗蹄，严重者产生跛行，甚至使四肢残废，种公羊失去配种能力。

请结合蹄的结构整理分析出一份牛、羊修蹄操作指南，详细描述修蹄方法与注意事项。

任务准备

- **知识准备**

一、毛

由角化的上皮细胞构成，分毛干、毛根两部分。毛根外包有毛囊，毛根末端膨大称为毛球，毛球底部凹陷的部分称毛乳头。

（一）毛的结构

毛露于皮肤表面的部分称毛干，埋在皮肤内的部分称毛根，毛根末端膨大呈球状为毛球，毛球细胞分裂能力强，是毛的生长点。毛球的顶端内陷呈杯状，真皮结缔组织伸入其内形成毛乳头，相当于真皮的乳头层，含有丰富的血管和神经。由髓质、皮质、毛小皮三部分构成。

1. 髓质

髓质是构成毛的中轴，由一层或数层纵行排列的扁平或立方形的角化细胞构成，胞核退化，萎缩，毛干部分的细胞间充满气泡，胞核完全消失。细毛或幼畜的毛缺髓质。

2. 皮质

皮质包在髓质外面，由数层多边形或梭形的角化细胞构成，细胞顺着毛的长轴方向紧密排列。

3. 毛小皮

毛小皮位于毛的最外层，由一层扁平无核完全角化的细胞构成，细胞排列成覆瓦状，游离缘向上，外观呈锯齿状，毛越细，毛小皮的数量越多。

（二）毛囊和竖毛肌

毛囊是包在毛根周围的管状鞘，由表皮和真皮构成。表皮构成毛根鞘（上皮鞘），真皮构成真皮鞘（结缔组织鞘）。

1. 上皮鞘

上皮鞘位于内层，分内根鞘和外根鞘。

（1）内根鞘由毛囊到皮脂腺开口处，由数层角化上皮细胞构成。

（2）外根鞘由低柱状或多边形的致密结缔组织构成。

2. 结缔组织鞘

结缔组织鞘位于外根鞘的周围，由致密结缔组织构成。

3. 毛囊

毛囊包围于毛根周围，可分成表皮层和真皮层。表皮层是皮肤表皮向真皮内陷入，包围于毛根之外，称根鞘；真皮层构成结缔组织鞘，包于根鞘之外，在毛囊的一侧有一束斜行的平滑肌，称为立毛肌，受交感神经支配，收缩时使毛竖立。毛囊分为初级毛囊和次级毛囊两种。

（1）初级毛囊。粗长，发生早，附属结构有皮脂腺，汗腺和竖毛肌。

（2）次级毛囊。细短，发生晚，近旁有皮脂腺。

初级毛囊旁通常有一对大的皮脂腺，在两个皮脂腺的夹角中，有汗腺导管通过，在汗腺导管旁有竖毛肌。竖毛肌是位于毛囊一侧的一束平滑肌，由毛囊中部斜向上行，止于真皮的乳头层。

二、皮肤腺

皮肤腺包括汗腺、皮脂腺和乳腺。

（一）汗腺

汗腺为单管状腺，主要功能是分泌汗液，以散发热量调节体温。汗液中除水（占98%）外，还含有盐和尿素、尿酸、氨等代谢产物，故汗腺分泌还是畜体排泄代谢产物的一个重要途径。汗液的排出量及成分随体内代谢和环境温度而变化。

（二）皮脂腺

皮脂腺为分枝泡状腺，分泌物为皮脂，是一种不定形的脂肪性物质，有滋润皮肤和被毛的作用。绵羊分泌的皮脂与汗液混合成脂汗，脂汗对羊毛的质量影响很大，若缺乏，则被毛粗糙、无光泽，而且易折断。从洗毛废液中可回收纯胆固醇（精毛脂），为医药软膏底剂、化妆品和皮革润滑剂的高级用料。

（三）乳腺

乳腺是哺乳动物特有的皮肤腺，雌雄均有，但只有雌性动物能充分发育，形成发达的乳房，分娩后具有分泌乳汁的功能。

乳腺的结构常处于变化过程中，其基本结构特征与动物的年龄、性周期有直接关系。在性成熟前及两个泌乳期之间的乳腺，无分泌功能，称为静止期乳腺。妊娠后期和授乳期的乳腺，有泌乳功能，称为泌乳期乳腺。

乳腺有间质和实质构成。乳腺间质由富含血管、淋巴管和神经纤维的疏松结缔组织构成，对腺泡起支持和营养作用。实质由许多腺叶构成，每个腺叶是一个复管泡状腺，由分泌部和导管部组成。

三、蹄

蹄是指（趾）端着地的部分，由皮肤演变而成。蹄包括蹄匣和肉蹄两部分，蹄匣是蹄的角质层；肉蹄套于蹄匣的内面，为蹄的真皮和皮下层，内含丰富的血管、神经，呈鲜红色，可提供蹄匣营养，并有感觉作用。蹄有单蹄和偶蹄两种类型。

马属动物为单蹄，每肢只有一个蹄。蹄匣可分蹄壁、蹄底和蹄叉三部分。蹄壁是站立时可见的蹄匣部分，有三层结构，其内层是由许多纵行排列的角质小叶构成的，称为小叶层。小叶层的角质小叶色白而较柔软，与肉壁上的肉小叶互相嵌合。蹄壁的近侧缘，称蹄冠；蹄冠与皮肤相连接的部分，称蹄缘；蹄缘的角质柔软而有弹性，以减少蹄壁对皮肤的压迫。蹄壁的底缘直接接触地面，在底缘和蹄底之间有一浅色的环形线，称为蹄白线。蹄白线是确定蹄壁厚度的标准，装蹄时，蹄钉不得钉在蹄白线以内，否则就会损伤肉蹄引起钉伤。蹄底是蹄向着地面而略凹陷的部分，位于蹄壁底缘与蹄叉之间。蹄叉位于蹄底的后方，呈楔形，角质较软，当对家畜（马、骡）管理不良时，可发生蹄叉腐烂。

肉蹄的形态与蹄匣相似，可分为肉壁、肉底和肉叉三部分。肉壁、肉底和肉叉分别与蹄匣的蹄壁、蹄底和蹄叉相嵌合。

牛（羊、猪）是偶蹄动物，每肢有两个主蹄和两个悬蹄。主蹄位于第三指（趾）和第四指（趾）端，与地面接触，其形态和蹄骨相似，相当于马蹄的一半，呈三面棱形。它的蹄匣由蹄壁、蹄底和蹄球三部分组成，没有蹄叉。肉蹄的形态与蹄匣相似，分肉壁、肉底和肉球三部分。母牛在产犊季节常发生肉蹄的无菌性炎症（蹄叶炎）。

悬蹄小而呈圆锥状，位于主蹄的后上方，不与地面接触，其构造与主蹄相似。

四、角

反刍动物的角是皮肤的衍生物，套在额骨的角突上。角的表面有呈环状的隆起，称角轮。母牛角轮的出现与怀孕有关，每次产犊之后，角根就出现新的角轮。水牛和羊的角轮明显，几乎遍及全角。

- **材料准备**

收集牛蹄部修剪的相关资料，重点收集修剪位置确定、修剪手法、修剪注意事项等；牛蹄模型、修蹄工具、测量工具。

- **人员准备**

人员分组，每组 5 人，明确职责分工。

任务角色	任务内容
组长：	任务：
组员 1：	任务：
组员 2：	任务：
组员 3：	任务：
组员 4：	任务：

任务实施

第一步：深入了解牛羊蹄部结构。
第二步：根据资料，分析整理牛羊修蹄步骤及注意事项。
第三步：根据资料，绘出牛羊蹄部修剪示意图。
第四步：整理制作一份修蹄指南。

任务评价

班级：____________ 组别：____________ 姓名：____________

项目	评分标准	自我评价	小组评价	教师评价
修蹄指南制作	理解修蹄的目的（2 分）			
	了解修蹄的步骤与注意事项（2 分）			
	结合牛羊蹄部结构准确掌握修蹄的标准（3 分）			
	修蹄指南的编制（3 分）			
合计				
自我评价与总结				
教师点评				

课程思政专栏

文明印记——铜奔马

20 世纪 60 年代在甘肃省武威市雷台汉墓出土的珍贵文物——东汉时期的青铜器铜奔马，又称“马踏飞燕”“马超龙雀”等。马高 34.5 cm，长 44.5 cm，重 7.15 kg。1983 年铜奔马形象被确定为中国旅游标志。

铜奔马马身着力点集中于超蹑飞鸟的一足之上，既表现了奔马腾跃于飞鸟之上时风驰电掣般的速度，又巧妙地利用飞鸟的躯体以及展开的双翅，扩大了着地面积，稳定了重心，其造型完全符合现代力学的平衡原理。

马儿如在空中飞驰，一足踏上飞鸟的刹那，飞鸟回首惊顾。细细观之，马的口、眼、鼻均张开，鬃毛和尾丝后扬，令人仿若听见马儿奔腾的嘶鸣和风啸声，静态的青铜器充满灵动之感。

【启示】这只铜奔马展示了古人的智慧与文明，中国文物绚若星辰，承载灿烂文明，传承历史文化，维系民族精神，融合中外交流，应树立文化自信。

项目检测

项目三检测

项目四　动物消化系统

项目导读

消化系统是动物体内完成消化和吸收的器官统称。消化系统的基本功能是摄取、转运、消化食物和吸收营养、排泄废物。即口腔摄取食物，由咽和食管将食物运送到胃肠道内，混入由消化腺分泌的消化液，加之口腔的咀嚼和胃肠道肌肉的运动，在胃肠道完成复杂的消化和吸收过程后，最后将其剩余部分经肛门排出体外，以此保证机体新陈代谢的正常进行。

知识目标

（1）掌握消化系统的组成。
（2）理解消化管的一般构造。

技能目标

（1）能够按顺序指出消化系统各器官。
（2）能够准确识别消化系统各器官的体内位置和体表投影位置。

素质目标

（1）培养学生“局部与整体”的学习观点。
（2）培养学生空间思维能力。

思政目标

树立热爱动物医学与献身动物医学的理想信念，形成科学严谨和求真务实的学风。

任务一　动物消化器官的解剖特征

任务导入

青海省某动物医院接诊一病例，病牛症状表现出反刍和嗳气停止，食欲明显下降，脉搏和呼吸加深加快，病牛呻吟不止，现怀疑为前胃消化功能迟缓，但需对具体位置进行鉴别诊断。

请在掌握消化系统的组成，熟悉消化器官体表投影位置的基础上画出消化系统概括图。并为该动物医院提供一份四胃位置、结构、功能区别分析图，帮助动物医院进行鉴别诊断。

任务准备

- **知识准备**

一、消化系统的组成

消化系统包括两部分——消化管和消化腺。消化管多呈管状，是食物通过的通道，由口腔、咽、食管、胃、小肠（十二指肠、空肠和回肠）、大肠（盲肠、结肠和直肠）和肛门组成（图 4-1）。消化腺为能分泌消化液的腺体，因其所在的部位不同，分为壁内腺和壁外腺。壁内腺主要位于消化管壁内，如胃腺、肠腺和黏膜下腺等。壁外腺主要位于消化管壁之外，有导管通消化管，如肝、胰和唾液腺等。

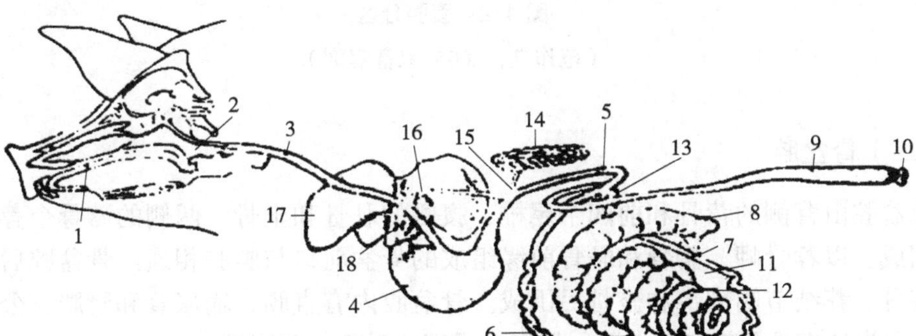

1. 口腔；2. 咽；3. 食管；4. 胃；5. 十二指肠；6. 空肠；7. 盲肠；8. 直肠；9. 肛门；10. 肛门口；11. 向心回；12. 离心回；13. 结肠终袢；14. 胰；15. 胰管；16. 胆管；17. 肝；18. 胆囊。

图 4-1　猪消化器示意图

二、消化管的构造

消化管各段虽然在形态、机能上各有不同，但其管壁的组织结构基本相似，除口腔外，一般均可分为四层，由内向外分别为黏膜、黏膜下层、肌层、外膜。

三、腹腔、骨盆腔、腹膜

（一）体腔

体腔是指身体内部的腔洞，一般包括胸腔、腹腔和骨盆腔。

（二）腹腔

腹腔（图 4-2）是动物体内最大的腔，位于胸腔的后方，与胸腔之间以膈为界，后通骨盆腔。腹腔内有胃、肠、胰等大多数内脏器官。

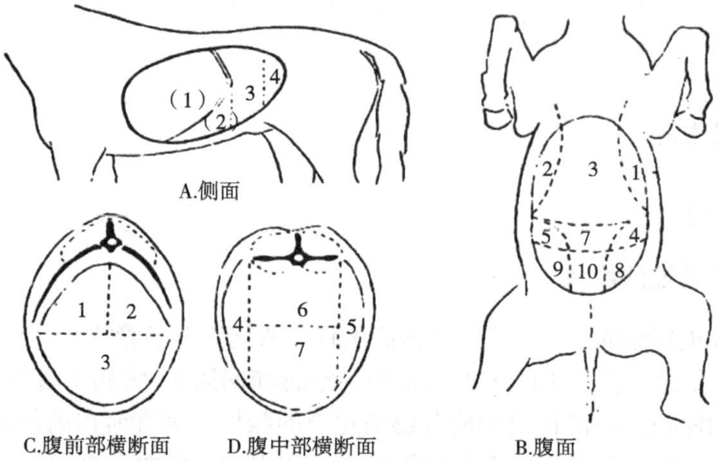

1. 左季肋部；2. 右季肋部；3. 剑状软骨部；4. 左髂部；5. 右髂部；6. 腰下部；7. 脐部；8. 左腹股沟部；9. 右腹股沟部；10. 耻骨部。A 中（1）为季肋部；（2）为剑状软骨部。

图 4-2　腹腔分区

（范作良，2005. 家畜解剖）

（三）骨盆腔

骨盆腔由背侧的荐骨和前四个尾椎、腹侧的耻骨和坐骨、两侧的髂骨个荐坐韧带共同围成。以荐骨岬、髂骨和耻骨前缘组成的骨盆前口与腹腔相通。骨盆腔后口由尾椎、髂骨、荐结节阔韧带和坐骨弓围成。骨盆腔内有直肠、输尿管和膀胱，公畜有输精管、尿生殖道骨盆部和副性腺，母畜有子宫（后部）和阴道。

四、消化器官

（一）口腔

口腔是消化管的起始部。具有采食、咀嚼、吸吮、味觉、吞咽和分泌消化液等功能。口腔的前壁为唇，两侧为颊，背侧壁为硬腭，底壁为舌和下颌骨、后壁为软腭，前由口裂与外界相通，后接咽的口咽部。唇、颊与齿（齿弓）、齿龈之间称为口腔前庭，齿弓以内的部分称为固有口腔。口腔内表面有光滑，湿润，呈粉红色的黏膜被覆，口腔黏膜由复层扁平上皮及薄层结缔组织构成。

1. 唇

唇分上唇和下唇。上下唇的游离缘共同围成口裂，口裂两端会合为口角，黏膜深层有唇腺，腺管直接开口于唇黏膜表面。口唇有神经末梢，较敏感。

牛唇短而厚，不灵活，上唇中部和两鼻孔之间的无毛区，称为鼻唇镜，表面有唇腺分泌的液体。唇黏膜上有角质化锥状乳头，尖端向后。羊的口唇薄而灵活，为采食器官。上唇中间有明显的纵沟，在鼻孔间形成鼻镜，在牛、羊的颊黏膜上有许多尖端向后的锥状乳头。

马的上唇灵活，是采食的主要器官，下唇短厚，其后下方有一明显的丘形隆起，称为颏，由肌肉、脂肪和结缔组织构成。

猪的颊部较短，口裂大，唇的活动性小，上唇与鼻连在一起构成吻突，有掘地觅食作用。

2. 颊

颊位于口腔两侧，构成口腔侧壁。主要是颊肌，外被皮肤，内衬以黏膜，在颊肌的上缘和下缘均有颊腺，颊腺管和腮腺管直接开口于颊黏膜表面。

3. 硬腭

硬腭构成固有口腔的顶壁，向后与软腭相延续。硬腭黏膜层厚而坚实，黏膜下层有丰富的静脉丛。硬腭正中有一条腭缝，腭缝两侧有多条横行腭褶。在腭缝前端有一突起，称为切齿乳头。牛、羊的硬腭前端无切齿，该处黏膜形成厚而致密的角质层称为齿枕或齿板。马的切齿乳头和乳头两侧的切齿管口不明显。

4. 软腭

软腭位于硬腭后方，为一含肌组织和腺体的黏膜褶，前缘附着于腭骨水平部上；后缘凹入为游离缘，称为腭弓，包围在会厌之前。软腭可活动，在吞咽时可以上提盖住鼻后口，防止食物进入鼻腔，呼吸时下垂，使空气顺利经过咽部。

马的软腭长，游离缘达于舌根。因此难以用口呼吸。呕吐时，胃内容物易从鼻孔逆出。

5. 口腔底和舌

（1）口腔底。口腔底大部分被舌占据。口腔底的前部，舌尖下面有一对突出物称为舌下肉阜，为下颌腺管的开口处。猪无舌下肉阜。

（2）舌。舌由舌骨、舌肌和舌黏膜构成。舌肌属横纹肌，肌纤维走向不一，所以舌的运动灵活。舌黏膜上皮为复层扁平上皮，黏膜层内有腺体。黏膜表面有多种乳头，其中丝状乳头和锥状乳头（牛）起机械作用，轮廓乳头、菌状乳头和叶状乳头为味觉乳头，乳头内有味觉感受器——味蕾，以辨别食物的味道。

舌可分为舌尖、舌体和舌根三部分。舌尖为舌的前端游离部分，活动性大，向后延续为舌体。舌体是位于左、右列臼齿之间、附着于口腔底壁的部分。在舌尖与舌体交界处的腹侧有一条与口腔底相连的黏膜褶，称舌系带。舌根为附着于舌骨的部分，它与软腭间构成咽峡或口咽部，其背侧黏膜内含有大量的淋巴组织，称为舌扁桃体。牛舌宽厚有力，是采食的主要器官。

6. 齿

（1）齿。齿位于切齿骨、上颌骨和下颌骨的齿槽内，由于齿排列成弓状，故分别称为上齿弓和下齿弓。齿具有切断，撕裂和磨碎食物的作用。

①齿的名称。根据齿的位置和结构特征，可分为切齿，犬齿和颊齿（臼齿）。颊齿又可分为前臼齿和臼齿。切齿由内向外依次称为门齿、中间齿和隅齿。

②乳齿和恒齿。幼畜初生的齿叫乳齿，到一定年龄，除犬齿及臼齿外，切齿及前臼齿均先后脱换为恒齿或永久齿。乳齿较小，磨损快，颜色较白。

③齿的分部。齿通常分为齿冠、齿颈和齿根三部分。齿冠为露在齿龈以外的部分，随着年龄的增长，逐渐从齿槽内长出。齿根为埋于齿槽内的部分。齿颈为齿龈包围的部分。马的乳切齿齿颈明显而恒切齿则不明显。

④齿的结构。齿主要由齿质构成，位于齿腔周围，坚硬，呈黄白色。在齿冠部分的齿质外面被覆有光滑而坚硬的乳白色釉质，对齿起保护作用，当釉质被破坏时，微生物才容易侵入，使齿发生蛀孔。在齿根的齿质表面被有黏合质，表面粗糙。齿根的末端有孔通齿腔，齿腔内的血管、神经与结缔组织一起称为齿髓。

7. 唾液腺

能分泌唾液的腺体叫唾液腺。存在于唇、颊黏膜内的腺体属壁内腺，有唇腺、颊腺和舌腺。存在于口腔壁外，通过导管开口于口腔壁的腺体属壁外腺，如腮腺、下颌腺和舌下腺。唾液具有浸润饲料，便于咀嚼和吞咽，清洁口腔及参与消化等作用。

（1）腮腺。腮腺位于耳的下方，下颌骨后缘，狭长的三角形。腮腺管开口于颊黏膜上的颊黏膜乳头。

（2）下颌腺。下颌腺位于腮腺深层，其后部被腮腺覆盖，下颌腺管在下颌支内侧前行，开口于舌下肉阜。

（3）舌下腺。舌下腺位于舌体和下颌骨之间的黏膜下，舌下腺管有 30 多条，均开口于口腔底舌下黏膜褶上。

（二）咽

咽为消化管和呼吸道的公共通道，位于口腔和鼻腔后方，喉和食管的上方。咽有七个孔与邻近器官相通：前上方有两个鼻后孔通鼻腔，两侧壁上各有一个咽鼓管咽口，经咽鼓管与中耳相通。前下方由咽峡与口相通，在喉口背侧，上有食管口通食管，下有喉口通喉。咽是消化管和呼吸道的交叉通道，吞咽时，软腭提起，隔开鼻咽部和口咽部，喉头前移，关闭喉门，食物由口腔经咽入食管；呼吸时，软腭下垂，空气经咽到喉或由喉经咽到鼻腔。

（三）食管

食管是连于咽和胃之间的肌质管，其主要功能是运送食物入胃。牛、马的食管在颈部起始段位于喉和气管的背侧，向后方延伸，逐渐转到气管的左侧，形成食管襻，到胸前口处又重新转到气管背侧进入胸腔。食管入胸腔后，在纵隔内后行，经膈的食管裂孔进入腹腔，沿肝的背缘与胃的贲门相接，牛的食管较宽，肌层全为横纹肌。食管壁内的食管腺不属于消化腺。

（四）胃

1. 单室胃

马属动物和猪只有一个胃，呈弯曲的扁椭圆囊状，胃的腹缘凸出称胃大弯，背缘短而凹入称胃小弯。前方与膈和肝相邻；后方接大结肠、空肠和胰。胃的左端膨大形成胃盲囊，是胃的最高点。

猪胃比马胃相对容积大。胃大弯可达腹腔底壁，胃的左端大而圆凸，有一盲突称胃憩室。右端幽门部较细，在幽门处自小弯一侧胃壁向胃的内腔凸出，呈一纵向长的鞍形隆起，称为幽门圆枕，它与对侧的唇形隆起相对，具有关闭幽门的作用。

胃壁的一般结构，由内向外为黏膜、黏膜下层、肌层和浆膜。

（1）黏膜。根据黏膜内有无腺体将其分为有腺部和无腺部。无腺部的黏膜上皮为复层扁平上皮。有腺部黏膜上皮细胞下陷形成胃小凹，是胃腺的开口。固有膜由富含网状纤维的结缔组织构成。黏膜肌层由内环、外纵两层平滑肌组成，有紧缩黏膜和帮助排出胃腺分泌物的作用。

有腺部又分成贲门腺区、胃底腺区和幽门腺区。其中，贲门腺区和幽门腺区主要分泌碱性黏液，起润滑和保护胃黏膜的作用。胃底腺区是分泌消化液的主要部位，位于胃底部固有膜内，为单管或分枝管状腺，其组成细胞主要有四种类型。

①主细胞。主细胞又称胃酶原细胞。分布于腺体部和腺底部，细胞矮柱状或锥体形，胞核圆形，位于基底部，胞质嗜碱性。分泌胃蛋白酶原和凝乳酶（幼畜），前者在盐酸作用下，被激活成胃蛋白酶，水解蛋白质为胨和多肽；后者沉降凝固乳中的酪蛋白，使之轻微水解，以防迅速入小肠，引起消化不良。

②壁细胞。壁细胞分泌盐酸，又称盐酸细胞。分布于腺体的颈部和体部，介于主细胞间或位于其外侧。体积大，圆形或钝角三角形，核圆形，位于细胞中央，胞质颗粒状，强嗜酸性，其游离面的细胞膜向细胞质内凹陷形成大量迂曲分枝的小管，称为细胞内小管，盐酸经细胞内小管排入胃底腺腺腔。

③颈黏液细胞。颈黏液细胞又称副细胞。一般成群分布于腺颈部，猪的黏液细胞分布于腺体各段，并以底部最多。与主细胞相似，特点为胞核扁平或新月形，细胞质染色浅。该细胞分泌黏液，保护胃黏膜。

④内分泌细胞。内分泌细胞分泌激素，其分泌物能调节消化器官的功能活动。

（2）黏膜下层。黏膜下层由疏松结缔组织构成，胃扩张时起缓冲作用，其中含有较大的血管、淋巴管和神经丛。

（3）肌层。肌层由三层平滑肌组成。内层为斜行肌，分布于无腺部，形成贲门括约肌；中层为环形肌，发达，是肌层的主要部分，形成幽门括约肌；外层为不完整的纵行肌层，肌纤维多集中在胃大弯、胃小弯和幽门窦处。

（4）浆膜。浆膜光滑、湿润，被覆于胃的表面。

2. 多室胃（复胃）

牛、羊胃是由瘤胃、网胃、瓣胃和皱胃组成。前三个胃黏膜层无腺体，不分泌消化液，称为前胃。第四个胃为有腺胃，能分泌胃液，称真胃。

（1）瘤胃。瘤胃容积最大，占腹腔的 3/4，约占四个胃总容积的 80%。瘤胃前端与第7～8肋间隙相对，后端达骨盆腔前口。瘤胃向左、右稍压扁，前后伸长，呈椭圆形。左侧面贴腹壁称为壁面，右面与其他内脏相邻称为脏面。瘤胃前端和后端表面有明显的前沟、后沟、左右侧面有不太明显的左纵沟和右纵沟。纵沟将瘤胃分成背囊和腹囊，由于前沟和后沟很深，故形成前背盲囊、前腹盲囊、后背盲囊及后腹盲囊。在瘤胃胃壁的黏膜面，有与其外表各沟相对应的肉柱，如左纵柱、右纵柱等。肉柱由瘤胃胃壁环形肌束集中形成，在瘤胃运动中起重要作用。瘤胃黏膜面上密布大小不等的叶状、棒状乳头，瘤胃腹囊及盲囊中的乳头密而大。肉柱上无乳头，黏膜层无腺体。

（2）网胃。网胃呈梨状，四个胃中容积最小，约占四个胃总容积的5%，位置最前，位于瘤胃的前下方，向前后稍压扁，与6～8肋骨相对。网胃前方紧贴膈，膈的胸腔面邻心包和肺。网胃的后面较平，与瘤胃背囊相连，上端经瘤网胃口与瘤胃相通，下端经网瓣口与瓣胃相通。网胃黏膜面有蜂窝状褶，褶上密布角质乳头。网胃与心包之间仅以膈相隔，加之牛用舌采食，混杂于饲草中的金属异物易落入网胃底部。由于胃壁肌肉强力收缩，尖锐的金属异物会刺穿胃壁，造成创伤性网胃炎，并有可能刺破膈进入胸腔，刺伤心包或肺。

食管沟由两个隆起的黏膜厚褶组成，后者称为食管沟唇，沟唇起于瘤胃贲门，沿瘤胃及网胃右侧壁下行，达网瓣胃口。两唇稍呈交叉状，当幼畜吸吮乳汁或水时，可通过食管沟两唇闭合后形成的管道，经瓣胃底直达皱胃，随着牛年龄的增大、饲料性质的改变，食管沟闭合的机能逐渐减退。

（3）瓣胃。瓣胃牛的瓣胃外形为圆形，向左、右稍压扁。羊的则为卵圆形。占四个胃总容积的7%～8%，位于右季肋部，与第7～11、第12肋骨相对。瓣胃黏膜上有各种不同高度的褶称为瓣叶，瓣叶表面粗糙，密布小乳头。根据瓣叶的宽度，可分为大叶、中叶、小叶和最小叶四级，各级瓣叶有规律的相间排列，共百余片，瓣叶游离缘呈弓形凹入，凹缘朝向小弯。瓣叶的附着缘与胃壁黏膜层相延续。在网瓣胃口与瓣皱胃口之间的胃壁部分又称为瓣胃底或瓣胃沟，后者一端通网胃和食管沟，另一端通皱胃。

（4）皱胃。皱胃四个胃中唯一的有腺胃，外形长而弯曲，呈前大后小的葫芦形，占四个胃总容积的7%～8%，位于右季肋部和剑状软骨部，与8～12肋相对。邹胃可分为胃底部、胃体部和幽门部三个部分，胃底部在剑状软骨部稍偏右，邻接网胃并部分地与网胃相附着，胃体部沿瘤胃腹囊与瓣胃之间向右后方伸延，幽门部沿瓣胃后缘（大弯）斜向背后方延接十二指肠。皱胃腹缘称为大弯，背缘称为小弯，皱胃与十二指肠的通口称为幽门。皱胃黏膜形成12～14条与皱胃长轴平行的黏膜褶，由此增加了黏膜的内表面积。黏膜内有大量胃腺存在，分泌胃液，参与消化。其中主要是胃底腺，而贲门腺（靠近瓣皱胃口附近）和幽门腺都很少。

出生后的犊牛约从第八周开始，前胃约等于皱胃的一半，10～12周后，由于瘤胃发育较快，约相当于皱胃容积的两倍。这时，瓣胃因无机能活动，仍然很小。4个月后，随着消化植物性饲料能力的出现，前胃迅速增大，瘤胃和网胃的总容积约为瓣胃和皱胃总容积的4倍，到1岁左右，瓣胃和皱胃的容积几乎相等。这时，四个胃的容积已达到成年胃的比例。

（五）小肠

小肠是消化吸收食物最主要的部位，前接胃的幽门，后以回盲口通盲肠，包括十二指肠、空肠和回肠。它们在腹腔内形成许多半环状盘曲，因其系膜较长（十二指肠除外），在腹腔内的活动范围较大。

1. 小肠的形态和位置

（1）十二指肠。十二指肠起于幽门，后接空肠，向背侧走，靠近肝的脏面形成乙状弯曲，进而转向后行，到右侧髋结节位置折转向前内侧，重新回到肝的脏面，延接空肠。其主要特点是系膜短，肠管平直，位置比较固定。它在起始部形成乙状弯曲，十二指肠与小结肠起始部之间有短的浆膜褶相连，该浆膜褶称为十二指肠（小）结肠韧带，该韧带可作为十二指肠与空肠的分界标志。

（2）空肠。空肠是小肠中最长的一段，空肠系膜长，盘曲多，在腹腔内活动范围大。马空肠主要位于腹腔左髂部上 1/3 处，一部分可达后腹部，与小结肠混在一起，由发达的空肠系膜集中固定于腰椎下方，称空肠系膜根（内有动脉、静脉、神经和淋巴管等）。牛的空肠位于腹中部右侧，由较短的系膜固定在结肠旋袢的周围，肠壁内淋巴集结较大。

（3）回肠。回肠是小肠的后段，较短，与空肠无明显分界，肠管平直，管壁较厚，回肠通入盲肠的开口称回盲口。回肠与盲肠底之间有回盲韧带。一般将回盲韧带附着于小肠的部分肠段算作回肠。

2. 小肠的构造

小肠壁的一般结构：分为黏膜、黏膜下层、肌膜和浆膜四层。

（1）黏膜。小肠黏膜形成许多环形皱褶和微细的肠绒毛，深入肠腔内。肠绒毛以固有层为中轴，表面被覆单层柱状上皮。小肠黏膜是最靠近管腔的一层，由黏膜上皮、固有层和黏膜肌层组成。

①黏膜上皮。由三种形态和功能不同的细胞组成。第一，柱状细胞，数量最多，呈高柱状，底面附于基膜上，细胞核为椭圆形，位于细胞基底部。细胞顶端有明显的纹状缘，它由细胞的微小突起（微绒毛）并列形成，具有吸收功能。第二，杯状细胞，数量较少，散在于柱状细胞间，无纹状缘，有一层薄的细胞膜。该细胞能分泌黏液，有润滑和保护上皮的作用。第三，内分泌细胞，分布于肠腺腺上皮细胞之间，在肠绒毛上皮内很少。

②固有层。由富含网状纤维的结缔组织构成，其中含有大量的肠腺、血管、淋巴管、神经、淋巴小结等（淋巴孤结，淋巴集结）。

上皮覆盖在绒毛的表面，固有层存在于绒毛的中轴，其中央有一条贯穿绒毛全长的毛细淋巴管，称中央乳糜管，中央乳糜管壁由一层内皮细胞构成，无基膜，通透性大，利于物质吸收。在中央乳糜管周围有毛细血管网丛，小肠中消化后的营养物质穿过黏膜上皮进入中央乳糜管和毛细血管丛。固有层内还有分散的平滑肌与绒毛长轴平行，收缩时绒毛缩短，绒毛毛细血管丛和中央乳糜管中所吸收的营养物质随血液和淋巴液进入深层的血管和淋巴管中。绒毛不断伸展与收缩，促进营养物质的吸收和运输。

③黏膜肌层。一般由内环、外纵两层平滑肌组成。

（2）黏膜下层。黏膜下层由疏松结缔组织构成，内有较大的血管、淋巴管、神经丛、淋巴小结等结构，在十二指肠的黏膜下层内有十二指肠腺，为分枝管泡状腺（反刍动物为管状腺）。其分泌部由矮柱状细胞和杯状细胞组成，导管开口于肠腺底部或直接开口于绒毛间的黏膜表面。反刍动物为黏液腺，猪、马为浆液腺，其分泌物形成保护屏障，并含有淀粉酶和二肽酶。

（3）肌膜。肌膜由内环、外纵两层平滑肌组成，两肌层间由结缔组织连接，其中有血管和神经丛。

（4）浆膜。浆膜与胃的浆膜相同。

3. 小肠各段的主要特征

（1）十二指肠。十二指肠绒毛密集，短宽，呈叶片状，上皮中杯状细胞较少，黏膜下层有十二指肠腺。

（2）空肠。空肠环形皱褶发达，绒毛密集，细长柱状，上皮中杯状细胞增多，固有层内有淋巴小结，无肠腺。

（3）回肠。回肠皱褶较低矮，数量少，绒毛杆状，向后逐渐减少，至盲结口处消失。上皮中杯状细胞更多，固有层内有淋巴孤结和淋巴集结。

（六）大肠

大肠包括盲肠、结肠、直肠和肛门。大肠在外观上与小肠明显不同，管径明显增粗或者有许多囊状膨隆。肠管的长度和各段形态，因动物种类不同而有差异。

大肠壁也有黏膜层、黏膜下层、肌层和浆膜四层结构。

其中，黏膜层表面光滑，不形成环形皱褶，无肠绒毛；上皮细胞高柱状，纹状缘不明显，在柱状细胞间夹有大量的杯状细胞。固有膜发达，内有排列整齐、长而直的大肠腺。淋巴孤结多，杯状细胞特别多，无潘氏细胞；分泌碱性黏液，分泌物不含消化酶，但有溶菌酶。肌层发达，由内环、外纵两层构成。

黏膜下层由疏松结缔组织构成，含较多脂肪细胞，还有血管、淋巴管和神经丛等。

肌层由内环、外纵两层平滑肌组成，马、猪大肠外的纵向肌形成纵肌带，内环形肌形成肛门内括约肌。

浆膜是指除直肠的腹膜外部以及马的盲肠底和右上大结肠的无浆膜部外，其余均有浆膜。

1. 盲肠

牛、羊的盲肠向后以盲端伸向骨盆腔前口，羊的则伸入骨盆腔内。盲肠表面平滑，无纵带和肠袋，沿盲肠内侧有韧带附着，但盲端部分游离，回盲口可作为盲肠与结肠的分界标志，回盲韧带作为回肠和空肠的分界标志。

马的盲肠特别发达，外形呈逗点状。盲肠后缘隆凸称大弯，前缘凹陷称小弯。回肠的入口和盲肠的出口都在小弯部分，分别称为回盲口和盲结口。盲肠上部膨大、钝圆，称为盲肠底，下部称盲肠尖，中部为盲肠体。盲肠上有 4 条由外纵肌层集中所形成的纵带，由于纵带的牵引，使盲肠肠壁形成许多囊状肠袋。盲肠位于腹腔右侧，自右髂部伸向腹腔底壁，盲肠尖达于剑状软骨后方。盲肠底位于第 14～15 肋骨中上部与髋结节之间，紧贴右腹壁。其背侧借结缔组织附着于腹腔背侧壁，并与右肾、胰相接。

盲肠体和盲肠底的腹侧借助韧带与右下结肠相连，仅盲肠尖的部分游离。盲肠与大结肠之间（除盲肠尖外）有盲肠大结肠韧带。

2. 结肠

牛结肠几乎全部位于体中线的右侧，借总肠系膜悬挂于腹腔顶壁，在总肠系膜中盘曲成一圆形肠盘（结肠圆盘），肠盘的中央为大肠，周缘为小肠。牛、羊的结肠较细，无纵带及肠袋，盘曲成一椭圆形盘状。可人为将结肠分为初袢、旋袢和终袢。牛的旋袢，向心回、离心回各 1.5～2.0 圈，羊的向心回、离心回各 3 圈。羊的离心回最后一圈靠近空肠肠袢，肠管内已形成粪球。终袢约在十二指肠末端位置转为直肠。

猪的结肠位于腹腔左侧，胃的后方，分旋袢和终袢两部分。旋袢呈螺旋状回转，盘成圆柱体形，形成一个倒立的结肠圆锥。

马的结肠可分为大结肠和小结肠。大结肠长 3 m 左右，在腹腔内的自然形状，形成一个双层盘曲的马蹄形肠襻，占据整个腹腔的下半部。按照马结肠的走向，可分成 4 段 3 弯曲：从盲肠的小弯处开始，沿着右侧腹壁向前走，叫作右下大结肠；继续向前并向左方弯曲，横过胸骨背侧的一段叫作胸骨曲；再沿左腹壁向后伸延，至骨盆前口处，这一段叫作左下大结肠；后者向背上方折转形成骨盆曲；骨盆曲末端肠管变细，在左下大结肠的背侧（上方），向前伸延，肠管管径逐渐加粗，直到其与左下大结肠相似，该段称左上大结肠；后者向前延伸达于膈的后方，并向右方折转，位于胸骨曲上方的一段肠管称膈曲；最后，从膈曲向后沿右下大结肠的背侧延伸称为右上大结肠，由于该段肠管末段特别膨大又叫作胃状膨大部。后者转向体正中，并骤然缩细延续为小结肠。大结肠肠壁上有纵带和肠袋。右上大结肠末端胃状膨大部，借助疏松结缔组织与盲肠底和胰相连，盲肠与右下大结肠之间有盲肠大结肠韧带，大结肠的其他部分游离。

3. 直肠和肛门

直肠长 30～40 cm，位于骨盆腔荐骨的腹面，直肠前段肠管较细，外面有浆膜被覆；后部膨大称直肠壶腹，该段后部无浆膜被覆，借助疏松结缔组织和肌肉连于盆腔背侧壁。肛门为消化管的末端，其周壁有内、外括约肌，以控制肛门的开张和关闭。

（七）肝

肝是动物体内最大的消化腺，肝大部分位于右季肋部，肝的表面有浆膜被覆，右上端位置最高，与右肾前端接触，形成右肾压迹。前面隆凸，接膈，称膈面。后面凹入，与胃、肠等相接触，称脏面，脏面中央有门静脉、肝动脉、神经、淋巴管和肝管出入肝，该处称为肝门。肝的背缘厚，右侧有后腔静脉通过，静脉壁与肝组织连在一起，其中多条大小不等的肝静脉支直接开口于后腔静脉；肝的腹缘较薄。由左、右冠状韧带、镰状韧带和左、右三角韧带将肝牢牢地固定在膈的腹腔面上。

1. 牛（羊）、马、猪肝的形态

马肝较扁，质脆，色棕红，在肝的腹侧缘有两个叶间切迹将肝明显地分为左叶、中叶和右叶，左叶间切迹内有圆韧带，右叶间切迹处无胆囊。中叶被肝门分为背侧的尾叶和腹侧的方叶。尾叶向右侧的突出部分称为尾状突。左叶的内侧分出一个不明显的左内叶。马无胆囊，胆汁经肝总管直接注入十二指肠。肝总管在肝门的腹侧部由左、右肝管汇合而成，行经十二指肠系膜内，在距幽门 12～15 cm 处，同胰管一起斜穿十二指肠壁，开口于肝胰壶腹（十二指肠憩室）。

牛、羊的肝略呈长方形，分叶不明显，由发达的胆囊和圆韧带将肝分成不明显的左、中、右叶。胆囊具有浓缩和贮存胆汁的作用。牛的肝管与胆囊管汇合成一条胆管，开口于十二指肠“乙状弯曲”肠黏膜乳头上。羊的胆管与胰管合成一条总管开口于十二指肠“乙状弯曲”。

2. 肝的组织结构

肝表面为一层浆膜，深入肝实质内构成支架，将肝实质分成许多肝小叶。

（1）肝小叶。肝小叶为肝的基本结构单位，呈多面棱柱状体，小叶中央为中央静脉，肝细胞以中央静脉为中心，呈索状放射排列，称肝细胞索，从立体结构来看，肝细胞排呈不规则的板状，故称肝板。肝细胞索以中央静脉为中心放射状排列连成网状，网眼内为窦状隙，又称肝血窦。

①肝细胞。肝细胞为多面形，个体大，核圆位于中央，核膜清楚，染色质稀疏着色浅。

②窦状隙。窦壁由扁平的内皮细胞构成，核扁圆形，窦腔内有许多库普弗细胞（体积大，形状不规则，星形，以突起和窦壁相连），此细胞能变形运动，吞噬能力强，是巨噬细胞系统的成分之一。

③胆小管。相邻肝细胞膜凹陷间的裂隙构成的微细管道，管壁为肝细胞膜，以盲端起于中央静脉周围的肝板内，随肝板呈放射状排列，吻合成网，在肝小叶边缘与小叶内胆管连接。

（2）门管区。由肝门进出肝的三个主要管道（门静脉、肝动脉和肝管）以结缔组织包裹，总称为肝门管。它们在肝内分枝，在小叶间结缔组织内伴行，分别称为小叶间静脉、小叶间动脉和小叶间胆管。切片上，几个肝小叶相邻的结缔组织内常可见到这三种伴行管道的切面，称为门管区或汇管区。小叶间静脉管径最大，管腔不规则，壁薄仅由一层内皮和一薄层结缔组织构成。小叶间动脉，管径最小，壁厚，由内皮和数层环行平滑肌纤维构成。小叶间胆管，管径小，管壁由单层立方上皮构成。门管区内还有淋巴管和神经。

（3）肝的排泄管。在非消化期间，肝脏细胞分泌胆汁的过程不停进行，肝细胞分泌的胆汁通过胆小管→小叶内胆管→小叶间导管汇聚入肝管出肝储存入胆囊内（马无胆囊，胆汁不储存直接排入十二指肠）；在消化期，通过胆管将肝脏和胆囊中的胆汁大量排入十二指肠参与消化。

（4）肝的血液循环。肝脏的血液循环是独一无二的，它分别由门静脉和肝动脉两个入口入肝和一个共同的出口肝静脉出肝。

①门静脉。收集胃肠脾胰的血液，其中的营养物质在窦状隙内被肝细胞吸收；毒素被肝细胞结合转化后排出体外；微生物异物可被库普弗细胞吞噬消化而消除。

循环途径：（胃肠脾胰）→门静脉→小叶间静脉→窦状隙（肝小叶内）→中央静脉（小叶中央）→小叶下静脉（小叶间结缔组织内）→肝静脉→后腔静脉。

②肝动脉。腹腔动脉的分枝，经肝门入肝，在小叶间分枝成小叶间动脉，然后部分进入小叶间结缔组织、被膜；部分入肝小叶，在窦状隙内与门静脉的血液混合。

循环途径：（肝门）肝动脉→小叶间动脉→窦状隙（肝小叶内）→中央静脉（小叶

中央）→小叶下静脉（小叶间结缔组织内）→肝静脉→后腔静脉。

3. 肝的生理作用

肝是体内最大的腺体，功能复杂，具有分泌胆汁参与消化的功能，同时还能合成体内重要物质（如白蛋白），贮存糖原、维生素和铁等。此外，肝还具有造血、解毒、排泄、防御等功能。

（1）分泌功能。肝是体内最大的腺体，肝细胞分泌的胆汁，一昼夜可达 6 L（牛、马）、1.7～2 L（20～30 kg 猪）。胆汁的主要成分为水、胆酸盐、胆色素、卵磷脂及其他磷脂、脂肪和矿物质等。这些成分中虽无消化酶，但其中的胆酸盐和碱性无机盐却对消化有重要的意义：①胆酸盐是胰脂酶的辅酶，能增强脂肪酶的活性；②胆酸盐能降低脂肪的表面张力，将脂肪乳化为微滴，增大脂肪与脂肪酶的接触面积，有利于脂肪的消化；③胆酸盐与脂肪酸结合成水溶性复合物，促进脂肪酸的吸收；④促进脂溶性维生素 A、维生素 D、维生素 E、维生素 K 的吸收；⑤胆汁中的碱性无机盐可中和一部分由胃进入小肠中的酸性食糜，维持肠内的正常 pH，有利于小肠的消化；⑥可刺激小肠的运动，使其维持正常的运动水平。

（2）代谢功能。肝细胞内可进行蛋白质、脂肪和糖的分解、合成、转化和贮存，许多代谢过程都离不开肝脏，且能贮存维生素 A、维生素 D、维生素 E、维生素 K 及大部分 B 族维生素。

（3）解毒功能。从肠道吸收的毒物或代谢过程中产生的有毒有害物质，以及经其他途径进入机体的毒物或药物，可被肝细胞吸收，并通过转化和结合作用，将毒物减毒或变成无毒物，然后排出体外。如将氨基酸代谢中脱出的氨（对机体有毒），转化成无毒的尿素，通过肾脏排出体外。

（4）防御功能。窦状隙内的库普弗细胞，具有强大的吞噬作用，能吞噬侵入窦状隙的细菌、异物和衰老的红细胞。

（5）造血功能。肝在胚胎时期是造血器官，可制造血细胞。成年动物的肝则只形成血浆内的一些重要成分，如：血清蛋白、球蛋白、纤维蛋白原、凝血酶原、肝素等。

（八）胰

胰是体内重要的消化腺，分泌胰液参与消化。胰位于胃及十二指肠之间，呈淡粉灰色，外有薄层结缔组织包裹，有明显的小叶结构。胰可分为中叶（胰头）、左叶（胰尾）和右叶。胰管从胰头穿出后与肝管一起开口于十二指肠憩室。牛、羊的胰呈不正四边形，常有一条胰管，从右叶通出，开口于十二指肠。牛的胰管单独开口于胆管开口的后方约 30 cm 处；羊的胰管和胆管合成一条胆总管开口于十二指肠“乙状弯曲”。

胰由占外分泌部和内分泌部组成，前者属消化腺，由许多腺泡细胞和导管组成，分泌胰液，胰液中含有多种消化酶，包括胰蛋白酶、胰脂肪酶、胰淀粉酶等，能发挥极大的消化作用。内分泌部位于外分泌部的腺泡之间，形似小岛，故称为胰岛，分泌胰岛素和胰高血糖素等，能到达靶器官调节血糖。

- **材料准备**

消化系统各器官图片与标本；瘤胃、网胃、瓣胃、皱胃的图片和标本，四个胃的整体标本。

- **人员准备**

人员分组，每组 5 人，明确职责分工。

任务角色	任务内容
组长：	任务：
组员 1：	任务：
组员 2：	任务：
组员 3：	任务：
组员 4：	任务：

任务实施

第一步：深入了解消化系统各器官的形态、结构和位置。
第二步：根据病例，查找相关的资料。
第三步：从查找到的资料中找出鉴别诊断关键点。
第四步：为动物医院提出相关诊断意见。

任务评价

班级：＿＿＿＿＿＿＿＿＿　组别：＿＿＿＿＿＿＿＿＿　姓名：＿＿＿＿＿＿＿

项目	评分标准	自我评价	小组评价	教师评价
四胃位置、结构、功能区别分析	准确识别瘤胃的位置、形态、结构（2 分）			
	准确识别网胃的位置、形态、结构（2 分）			
	准确识别瓣胃的位置、形态、结构（2 分）			
	准确识别皱胃的位置、形态、结构（2 分）			
	整理总结制作分析图（2 分）			
合计				
自我评价与总结				
教师点评				

课程思政专栏

中国人工全合成牛胰岛素，永远被铭记的历史

如今人们对胰岛素并不陌生，但在20世纪50年代，人工合成蛋白质还是一座从未有人攀登上的科学高峰。1958年，在国民经济基础和科研条件还十分薄弱的情况下，我国的科学工作者敢于大胆设想，提出合成一个结构复杂、具有生物功能的蛋白质——胰岛素。在党和国家的大力支持下，组织国内不同学科、不同单位的研究人员协作，1965年9月17日，在历经6年9个月的艰辛之后，中国科学院上海生物化学研究所（生化所）、上海有机化学研究所（有机所）和北京大学化学系的科学家成功获得人工合成的牛胰岛素结晶。这不仅开创了人工合成蛋白质的新纪元，对我国随后的生物大分子研究起了积极的推动作用。

【启示】充分体现了团队协作的集成优势，展示了老一辈科学家们锐意创新、追求卓越、敢为人先的民族气概，同时也证明了我国在尖端科研领域与西方发达国家可以一决高下，极大地增强了民族自豪感。

任务二　动物消化生理规律

任务导入

消化系统疾病是牛羊养殖场发生率相对较高的疾病，而对于消化系统疾病诊断与治疗的前提是掌握理解动物消化生理规律。请以“牛羊消化吸收食物最主要的部位在哪里？”为主题，撰写一份分析报告。

任务准备

- **知识准备**

动物在生命活动中，需要不断从外界环境中摄取饲料，以供给机体正常活动和组织生长所需要的物质和能量。机体所需要的营养物质包括蛋白质、糖类、脂类、水、维生素和无机盐等，但饲料营养物质中的蛋白质、脂肪和糖类，都是结构复杂的大分子物质，不能直接被动物体利用，它们必须经过消化系统的消化分解，变成结构简单的小分子物质，才能通过消化管上皮细胞进入血液，供组织细胞利用。即食物需要经过消化和吸收两个紧密联系的过程才能被动物体利用。

一、消化方式

动物的消化分为机械性消化、化学性消化和生物学性消化三种方式。

（一）机械性消化

机械性消化又称物理性消化，是指动物通过消化器官的运动，改变食物物理性状的一种消化方式，主要是依靠牙齿和肌肉的活动对饲料进行消化。机械消化包括采食、咀嚼、吞咽、反刍和胃肠运动等。其作用是摄取饲料、将饲料磨碎、混合消化液、推动食糜后移，最后将经过消化和吸收后的饲料残渣排到体外。

（二）化学性消化

化学性消化是指依靠消化腺分泌的消化液，将食物中结构复杂的物质进行化学分解，改变其化学性状的一种消化方式。化学性消化主要是依靠消化液中的酶来完成，酶是一种具有催化作用的特殊蛋白质，多为水解酶，能将蛋白质分解为氨基酸，多糖分解为单糖，脂肪分解为甘油和脂肪酸。

（三）生物学性消化

生物学性消化是指利用动物消化管内的微生物对饲料进行消化的一种消化方式。生物学性消化主要是在消化饲料中的纤维素时，动物的消化液中没有消化纤维素的酶，所以需要微生物产生的酶使饲料中的纤维素进行分解，因而生物学消化在草食动物的消化过程中尤为重要。

在整个消化过程中，以上三种消化方式是相互影响、相互联系的。

二、消化道各部的消化特点

（一）口腔的消化

消化过程从口腔开始，饲料在口腔停留的时间很短。饲料在口腔内的消化过程主要是机械性消化和化学性消化，包括采食、咀嚼、吞咽、分泌唾液的作用。

1. 机械性消化

主要进行采食、饮水、咀嚼、混合唾液和形成食丸。

（1）采食。采食是动物消化代谢过程的首要环节。各种动物的食性不同，采食方式也不同，但主要的采食器官都是唇、舌、齿，并配合颌部和头部肌肉的运动。

（2）咀嚼。咀嚼是指饲料进入口腔后便开始咀嚼活动。咀嚼是由咬肌收缩和舌、颊运动配合而实现的。咀嚼可以将饲料粉碎，以增加它与消化液的接触面积；混合唾液，以利于食团的形成和吞咽；刺激口腔黏膜的各种感受器，反射地引起消化腺分泌及胃肠的运动，以利于下一步的消化。

咀嚼是一种复杂的反射运动。咀嚼时，牙齿可向食物施加 10～20 kg 的咀嚼力，却不会损伤参与的舌、齿、颊，而保持协调一致。咀嚼的作用有以下四点。

①破坏植物的细胞壁暴露其内容物；②将食物粉碎，增大消化液作用表面积；③混合唾液，利于形成食团和吞咽；④刺激口腔内的各种感受器，反射性地引起唾液腺、胃腺、胰腺等分泌及胃肠道运动，为随后的消化作好准备。

因此，咀嚼的质量可影响食物的消化率，咀嚼不良影响到动物健康，甚至导致消化系统疾病，咀嚼也会消耗动物大量能量。粗长、干硬的饲料，所需咀嚼次数和时间尤多。因此，对饲料进行适当的加工是有利的。

（3）吞咽。吞咽是指饲料在口腔内经过咀嚼、混合唾液、形成食团后，咽进食管的过程。

2. 化学性消化

口腔中的消化液主要为唾液，唾液是由腮腺、下颌腺、舌下腺及口腔内许多小腺体（唇腺、颊腺等）分泌的混合物。

（1）唾液的性状、组成。唾液为无色透明略带黏性的液体，呈弱碱性，但反刍动物 pH 值为 8.20。唾液由水、无机物和有机物组成。水占 99% 左右，无机物主要为氯化物、碳酸氢盐、磷酸盐和硫酸盐，有机物主要为黏蛋白、溶菌酶，猪还有唾液淀粉酶。

（2）唾液的作用。①润湿口腔和饲料，便于咀嚼和吞咽；②溶解饲料中的某些成分，刺激舌的味觉感受器而产生味觉；③清除口腔内残余食物和异物，可清洁口腔。④猪唾液中含唾液淀粉酶，能催化淀粉水解为麦芽糖；⑤反刍动物的唾液中含大量的碳酸氢钠，进入瘤胃后，可中和微生物发酵所产生的酸，以维持瘤胃内一定的 pH 值；⑥水牛、犬等在高温环境中，依靠蒸发稀薄唾液来帮助散热，从而维持体温的恒定。

（二）咽和食管的消化

咽和食管均是食物通过的管道，食物在此不停留，只是借运动向后推移，不进行其他消化。

（三）胃的消化

1. 单室胃的消化

胃是消化管中最膨大的器官，具有暂时贮存饲料的作用。饲料进入胃后，立即被胃液的化学作用和胃壁肌肉运动的机械作用消化。

（1）化学性消化。

①胃液。胃腺其主要由主细胞、壁细胞和颈黏液细胞。胃腺分泌的混合物称为胃液。纯净的胃液是一种无色透明含黏液的酸性液体，pH 值 0.9～1.5。胃液的成分包括水、无机物（盐酸、钠和钾的氯化物等），以及有机物（黏蛋白、消化酶等）。

②盐酸。胃液中的盐酸也称胃酸，由壁细胞所分泌。

盐酸的生理作用主要有：激活胃蛋白酶原和凝乳酶原，并为胃蛋白酶活动提供所需要的酸性环境；促进蛋白质的膨胀变性，以利于胃蛋白酶对其消化分解；能抑制和杀灭进入胃内的细菌，初生仔猪胃液内不含盐酸，因此容易患胃肠道疾病；盐酸进入小肠后可刺激促胰液素的分泌，从而促进胰液、胆汁和小肠液的分泌，并刺激小肠运动。

③消化酶。消化酶有三种，均由主细胞分泌。

胃蛋白酶：刚分泌时为无活性的酶原，在盐酸或已被激活的胃蛋白酶作用下，变为具有活性的胃蛋白酶。其作用是将蛋白质水解为蛋白际和蛋白胨。胃蛋白酶作用的最适 pH 值为 2，随着 pH 值升高，其活性逐渐下降而消失。

凝乳酶：哺乳期幼畜的胃液内含量较高。刚分泌时亦为无活动状态的酶原，盐酸能将其激活。凝乳酶能将乳中的酪蛋白凝固，从而延长乳汁在胃内的停留时间，以利于胃液对它充分消化。

胃脂肪酶：它能将一部分脂肪分解为甘油和脂肪酸。但胃脂肪酶的含量和活性低，在胃内消化脂肪的作用不大。

④胃腺颈黏液细胞和黏膜表面上皮细胞分泌的一种糖蛋白，覆盖于胃黏膜的内表面，可润滑饲料，使之易于通过；同时保护胃黏膜免受粗糙饲料的机械损伤。

（2）机械性消化。胃壁由平滑肌构成，这些肌肉的舒缩引起胃的运动，胃内较空虚时，胃壁紧缩。采食时，由于饲料刺激了咽和食管等处的感受器，反射性地引起胃底和胃体部肌肉舒张，称容受性舒张，从而使胃容纳一次进食的大量饲料。胃在消化时的运动有两种形式，一种是紧张性收缩，即整个胃壁平滑肌作持久、缓慢而有力的收缩；另一种是蠕动，这是胃壁的环行肌交替收缩和舒张产生的运动形式。蠕动波起始于贲门，到胃体中部逐渐明显，在幽门部收缩强而有力。胃蠕动的生理意义是将饲料分裂成较小颗粒，与胃液混合形成食糜，并开始消化；推送胃内容物排入十二指肠。

胃的排空。饲料在胃内与消化液混合变为食糜。随着胃的运动，胃内食糜分批进入十二指肠的过程，称为排空。引起胃排空的动力主要是幽门两侧的压力差。胃排空的速度因动物种类、饲料性质和动物的生理状况而不同。

2. 多室胃的消化

牛、羊等反刍动物有庞大的复胃，它由瘤胃、网胃、瓣胃和皱胃四个室构成。前三个胃合称为前胃，它们的黏膜不分泌胃液；皱胃才是真正有胃腺的胃，又称为真胃。复胃的四个室不仅解剖结构不同，生理功能也各有特点。它与单胃动物胃内消化的区别，主要在于前胃的消化，除了独特的反刍、嗳气、网胃沟作用、瘤胃和网胃运动外，主要是前胃内进行的生物学性消化。

在一般情况下，成年反刍动物吞咽的食团，经食管先进入瘤胃的前背囊。其中精料的食团较重，大部分进入网胃；稿秆或比较粗松的草团，就浮于瘤胃内容物的上层，并随瘤胃运动而在瘤胃内运转。瘤胃下层为液状物，中层多为粗料，上层则贮积气体。饲料内可消化的干物质有70%～85%，经过瘤胃的细菌和原虫的分解，产生挥发性脂肪酸、CO_2及氨等；同时还可合成蛋白质和B族维生素。所以，瘤胃和网胃在反刍动物的整个消化过程中占有特别重要的地位，而其中起主要作用的却是微生物。

（1）瘤胃的生物学性消化。

①瘤胃内微生物生存的条件。瘤胃可看成是厌氧微生物繁殖的高度有效的培养器。它具有厌氧微生物大量生存和繁殖的良好环境。

②瘤胃微生物及其作用。大多数动物在饲养条件下，瘤胃微生物主要是厌氧性纤毛虫和细菌。瘤胃内栖息的厌氧性的纤毛虫，它们摄取的碳水化合物形成多糖贮存起来，或者代谢生成乙酸、丁酸、乳酸等；此外，纤毛虫能捕食细菌。细菌是瘤胃内的主要微生物，数量大，种类多，主要有分解纤维素、蛋白质以及蛋白质合成和维生素合成等菌类。瘤胃内微生物之间存在彼此制约互相共生的关系。

③瘤胃内的消化代谢过程。饲料进入瘤胃后，在微生物的作用下，发生一系列复杂的消化和代谢过程，产生挥发性脂肪酸、合成微生物体蛋白质和糖原以及维生素等，供机体利用。

a. 糖类的分解和利用。反刍动物饲料中的纤维素、半纤维素等糖类物质，主要靠瘤胃内微生物的纤维素分解酶的作用，逐级分解，最终产生挥发性脂肪酶，主要是乙酸、丙酸、丁酸。乙酸和丁酸是反刍动物生成乳脂的主要原料；丙酸是反刍动物血液葡萄糖的主要来源。

b. 蛋白质的分解和合成。进入瘤胃的饲料蛋白质和非蛋白含氮物，在瘤胃内被微生物分解生成氨、CO_2 和有机酸。瘤胃微生物能利用氨合成氨基酸后，再转变成微生物蛋白质。畜牧生产中，尿素可用来代替日粮中约 30% 的蛋白质。

c. 脂类的消化与代谢。脂肪酸的最大变化是不饱和脂肪酸加水氢化，变成饱和脂肪酸。

d. 维生素合成。瘤胃微生物能合成某些 B 族维生素及维生素 K。

e. 气体的产生。在瘤胃的发酵过程中，不断产生大量气体，主要是 CO_2 和甲烷，还含有少量的氮和微量的氢、氧等。瘤胃内的气体大部分是靠嗳气经口逸出体外。

（2）前胃的机械性运动。前胃三个室的运动有着密切的联系。通过前胃的运动，使胃内容物混合、揉搓和浸润，完成反刍、嗳气功能，并将内容物向后推送。

①瘤胃和网胃的运动。首先网胃发生两次相继的收缩：第一次收缩的力量较弱，第一次收缩后稍微舒张，接着发生第二次收缩，这次收缩比第一次强，使其内腔几乎消失。

瘤胃收缩开始于网胃第二次收缩未完成的时候。收缩先从瘤胃前庭开始，沿背囊由前向后迅速传播到背盲囊。背囊收缩完后，紧接着腹囊又开始由后向前的收缩，这种收缩波叫作第一次收缩或“A”波。第一次收缩之后，有时瘤胃还发生一次单独的附加收缩，叫作第二次收缩或“B”波。它从腹盲囊起始或同时从腹盲囊和背盲囊起始，由后向前遍及背囊，最后腹囊收缩。这种收缩与网胃收缩无直接联系，而能引起嗳气。

②瓣胃的运动。瓣胃的运动比较缓慢而有力，它与网胃收缩是协同配合的。瓣胃的功能，是压磨内容物，使其变成微粒状态，并吸收所挤出的大部分水分。

网胃沟的作用：网胃沟又称食管沟，其起自贲门，止于网瓣胃孔。乳畜（犊牛和羔羊）在吸吮乳汁或饮料时，能反射性地引起网胃沟的唇状肌肉卷缩，使网胃沟闭合成管状，因此乳汁或饮料不在前胃停留，而由食管经网胃沟和瓣胃管直接进入皱胃。

反刍和嗳气：反刍动物在摄食时，饲料一般不经充分咀嚼，就匆匆吞咽进入瘤胃，通常在休息时返回到口腔仔细地咀嚼，这种独特的消化活动，叫作反刍。反刍可分四个阶段，即逆呕、再咀嚼、再混唾液和再吞咽。

瘤胃饲料发酵的气体，通过口腔排出的过程，称为嗳气。嗳气是一种反射动作。

（四）小肠内消化

食糜由胃进入小肠后，即开始了小肠内的消化。小肠内消化是整个消化过程中最重要的阶段。在这里，食糜受到胰液、胆汁和小肠液的化学消化以及小肠运动的机械消化。许多营养物质也都在这一部分被吸收入血液。因此，食糜通过小肠后，消化过程基本完成。

1. 小肠的化学性消化

（1）胰液。胰液是由胰腺外分泌部的腺泡细胞和小导管细胞分泌的，其具有很强的消化能力。胰液是无色透明而黏稠的碱性液体，pH 值 7.8～8.4。胰液中含水约 90%，其余为无机物和有机物。无机物主要为碳酸氢盐和少量氯化物，其主要作用是中和进入十二指肠的胃酸，使肠黏膜免受强酸的侵蚀；同时也提供了小肠内多种消化酶活动的最适宜 pH 值环境。胰液中的有机物由胰腺的腺泡细胞分泌，主要是各种消化酶，对进入小肠的食糜进行消化。由于胰液含有水解饲料中三大营养物质的消化酶，因而胰液是所有消化液中最重要的一种。

①胰蛋白分解酶。胰液中消化蛋白质的酶主要是胰蛋白酶、糜蛋白酶和羧基肽酶。从胰腺分泌出来的无活性的胰蛋白酶原可被肠激酶激活，变为有活性的胰蛋白酶。胰蛋白酶被致活后，既可活化糜蛋白酶原，也可致活胰蛋白酶原本身。

胰蛋白酶和糜蛋白酶的作用基本相似，能将经胃液初步消化而变性的蛋白质分解为胨。

②胰淀粉酶。胰淀粉酶是一种 α 淀粉酶，在 Cl^- 存在下，能水解淀粉为糊精和麦芽糖。

③胰脂肪酶。胰脂肪酶是胃肠道消化脂肪的主要酶，在胆盐的共同作用下，可将脂肪分解为脂肪酸和甘油一酯。

胰液中还有核酸酶，包括核糖核酸酶和脱氧核糖核酸酶，降解核糖核酸和脱氧核糖核酸至单核苷酸。

（2）胆汁。胆汁是由肝细胞不断生成的，生成后由肝胆管流出，在有胆囊的动物（牛、羊、猪等）贮存于胆囊，pH 值 6.8，较浓稠，消化时由胆囊经胆管排入十二指肠。胆汁中除水和钠、钾、钙、碳酸氢盐等无机成分外，其有机成分有胆盐、胆色素、脂肪酸、胆固醇、卵磷脂和黏蛋白等。胆汁中没有消化酶。胆盐是胆汁酸与甘氨酸或牛磺酸结合形成的钠盐或钾盐，它是胆汁参与消化和吸收的主要成分。

（3）小肠液。小肠黏膜中有两种腺体，一种是存在于十二指肠黏膜内的十二指肠腺，另一种是分布于整个小肠黏膜的小肠腺，两种腺体的混合分泌物即为小肠液。小肠液 pH 值约为 8.2，除含水外，还含有碳酸氢盐、黏液、酶和大量脱落上皮细胞。近年来有研究报道，真正由小肠腺分泌的酶只有肠激酶一种，能激活胰蛋白酶原，有利于蛋白质的消化。小肠液的分泌是经常性的，食糜对肠黏膜的局部机械刺激和化学刺激都可引起小肠液的分泌。

2. 小肠的机械性消化

肠的运动机能主要是靠肠壁的两层平滑肌来完成的。肠壁的内层肌由环状肌组成，它的收缩使肠管的口径缩小；肠壁的外层肌由纵行肌组成，它的收缩使肠管的长度缩短。由于这两种平滑肌的复合收缩，产生各种运动形式，使食糜与消化液混合，使消化产物与肠黏膜密切接触以便吸收，并推送食糜在肠中移动。

小肠壁的平滑肌经常保持一定的紧张度，这是小肠运动的基础。小肠的运动可分为下列三种基本类型。

（1）蠕动。蠕动是一种速度缓慢、使食糜向大肠方向波状推进的运动。它是由于小肠某些部位的环状肌收缩，邻近部位的环状肌舒张，接着邻近部位原来舒张的环状肌又收缩，这样连续进行像蠕虫的运动。

（2）分节运动。分节运动是以环状肌的自律性舒缩为主的运动。当食糜进入肠管的某一段后，这段肠管的环状肌在多处表现自律性的收缩与舒张。这样，在一定时间内把一段食糜分为许多小节。几秒钟后，原先收缩的部位转为舒张，而原先舒张的部位变为收缩，每个小节段分为两半。

（3）钟摆运动。钟摆运动是以纵行肌的自律性舒缩为主的运动。当食糜进入一段小肠后，这一段肠的纵行肌一侧发生自律性的舒张和收缩，对侧发生相应的收缩和舒张，使肠段时而向左、时而向右摆动。

（五）大肠的消化

食糜经小肠消化和吸收后，其残存部分被送到大肠。单胃动物饲料中的纤维素消化吸收是在盲肠和结肠内进行的。大肠黏膜上的腺体，只分泌碱性黏稠的大肠液，其中含酶很少或者不含，对营养物质的消化作用不大。各种动物大肠内微生物的作用也不完全相同，草食动物的大肠内饲料中的纤维素等多糖物质的消化和吸收，全靠大肠内微生物的作用，另外还能分解蛋白质、氨基酸和尿素而产生氨，被大肠微生物用来合成蛋白质。肉食动物大肠食糜残渣中的蛋白质以腐败作用为主，生成吲哚、粪臭素、酚和一些气体等毒性物质。大肠消化的另一种方式是通过大肠运动完成机械消化和排粪。大肠的运动与小肠运动相似，但速度比小肠慢，强度也较弱。

食肉动物大肠内主要发生的是蛋白质腐败菌的分解和脂肪、糖类的细菌降解过程，主要生理意义在于水和无机盐的吸收或分泌排泄，形成粪便。草食动物和杂食动物大肠消化却具有重要意义，如猪大肠内细菌分解纤维素产生的低级脂肪酸浓度达80～90 mmol/L，接近胃内水平，被肠壁吸收后，可提供机体所需能量的25%左右，也能分解蛋白质，多种维生素A和尿素，合成B族维生素等。马属和兔等草食单胃动物，大肠发达，与反刍动物瘤胃有相似的作用。

食糜滞留达12h，食糜中纤维素的40%～50%，蛋白质的39%和24%的糖在此盲肠和结肠消化，提供能量的1/2。兔的盲肠最发达，还有反刍现象（吞食软粪），有助于半消化营养物质和微生物蛋白的利用。在牛、羊等反刍动物的大肠阶段仍有活跃的微生物发酵，能消化饲料中纤维素的15%～20%，产物有挥发性脂肪酸、CO_2、甲烷，挥发性脂肪酸被有机体吸收利用。

大肠微生物还能合成B族维生素和维生素K。

三、吸收

消化道的吸收是指饲料被消化为可被吸收的物质后，透过消化管黏膜进入血液和淋巴液的过程。

（一）吸收部位

吸收的物质与速率主要取决于消化管的组织结构、食物在该部分被消化的程度及停留的时间。

小肠吸收效率高，主要体现在以下4个方面。

（1）小肠长、环状皱襞、微绒毛面积大，吸收的表面积大，毛细血管、毛细淋巴管等发达。

（2）食物在小肠的消化程度高。

（3）食物在小肠的停留时间长。

（4）小肠的机械性运动促使食糜与肠黏膜紧密接触。营养物质和水可以通过两条途径进入血管和淋巴。

（二）吸收机制

关于营养物质的吸收机制，大致可分为被动转运、主动转运两种。

（1）被动转运。被动转运是指可被吸收的物质，顺电化学浓度透过消化管黏膜进入血液的过程。被动性转运包括滤过、渗透、扩散和易化扩散等过程。

（2）主动转运。主动转运靠细胞膜上的"泵"，逆电化学梯度把物质从消化管内转运到细胞内的过程，称主动转运。转运过程中消耗的能量由 ATP 提供。

（三）各种营养物质的吸收

在小肠的不同节段吸收的物质是不同的，脂肪酸、甘油一酯、部分单糖在十二指肠和空肠前段吸收；大部分氨基酸及部分单糖在小肠中段吸收。

1. 糖的吸收

单糖被吸收时绝大部分进入肠毛细血管经门静脉血流输送至肝，也有一些进入肠毛细淋巴管经淋巴液入血。单糖的吸收是消耗能量的主动过程，能量来自钠泵，属于继发性转运。

2. 蛋白质的吸收

饲料中的绝大部分蛋白质被分解为氨基酸和小肽被吸收，是通过血液途径吸收的。许多二肽和三肽也可通过小肠纹状缘上完整地吸收到小肠上皮细胞内。

3. 脂肪的吸收

饲料中的脂肪在消化酶和胆盐的作用下，分解为甘油、脂肪酸、甘油一酯和少量甘油二酯。游离脂肪酸和甘油一酯与胆盐结合，形成水溶性复合物，并聚集成脂肪微粒贴近肠上皮表面。微粒中的甘油一酯和脂肪酸以被动弥散的形式被吸收。

- **材料准备**

收集整理牛消化道结构与功能、整理消化道吸收原理。

牛小肠结构图、牛消化腺结构及功能图、消化道吸收原理模式图。

- **人员准备**

人员分组，每组 5 人，明确职责分工。

任务角色	任务内容
组长：	任务：
组员 1：	任务：
组员 2：	任务：
组员 3：	任务：
组员 4：	任务：

任务实施

第一步：深入了解消化管壁结构及特点。

第二步：深入了解消化腺分泌消化液组成成分。

第三步：理解消化道吸收的主要机制。

第四步：根据主题，查找相关的资料。

第五步：从查找到的资料中找出关键点。

第六步：编写分析报告。

任务评价

班级：__________ 组别：__________ 姓名：__________

项目	评分标准	自我评价	小组评价	教师评价
分析报告编写	分析整理消化管壁结构及特点（2 分）			
	分析整理消化腺分泌消化液组成成分（2 分）			
	分析整理消化道吸收原理（3 分）			
	准确编写分析报告（3 分）			
合计				
自我评价与总结				
教师点评				

课程思政专栏

人民的好公仆——焦裕禄

焦裕禄 1962 年被调到河南省兰考县担任县委书记。时值该县正是遭受严重的内涝、风沙、盐碱三害较严重的一年，他虽身患肝癌，依旧忍着剧痛，坚持同全县干部和群众一起，与自然灾害进行顽强的斗争，焦裕禄总是身先士卒，以身作则。风沙最大的时候，他带头去查风口，探流沙；大雨倾盆的时候，他带头蹚着齐腰深的洪水察看洪水流势；风雪铺天盖地的时候，他率领干部访贫问苦，登门为群众送救济粮款。他经常钻进农民的草庵、牛棚，同普通农民同吃同住同劳动。在斗争中他积累了宝贵经验，成为战胜灾害的制胜法宝，兰考面貌也有所改变。1964 年

5 月 14 日，他因肝癌病逝于郑州。他临终前对组织上唯一的要求，就是死后“把我运回兰考，埋在沙堆上。活着我没有治好沙丘，死了也要看着你们把沙丘治好”。

【启示】焦裕禄始终把权力看作是为人民服务的责任，而不是享受，把职位看作是为人民服务的岗位，而不是待遇。以焦裕禄为榜样，学习亲民爱民、艰苦奋斗、迎难而上、无私奉献的焦裕禄精神，知行合一，不断提高个人修养和实践能力。

项目检测

项目四检测一　　项目四检测二　　项目四检测三

项目五 动物呼吸系统

项目导读

呼吸系统是动物体与外界进行气体交换的器官。包括鼻、咽、喉、气管、支气管和肺。肺是进行气体交换的场所；鼻、咽、喉、气管和支气管是气体进出肺的通道，称为呼吸道。

知识目标

（1）掌握呼吸系统的组成和基本功能。
（2）掌握肺的位置、形态和结构特征。
（3）理解胸内负压的形成及生理意义。
（4）理解肺通气和肺换气的原理和气体运输的过程。

技能目标

（1）能在呼吸系统的整体标本上识别主要呼吸器官的形态、位置。
（2）能在显微镜下识别肺的基本结构。
（3）能观察各种因素对呼吸运动的调节，并能分析其作用机理。

素质目标

（1）培养学生观察发现问题、分析问题的能力。
（2）培养学生"理论与实践相结合"的辩证思考能力。
（3）培养学生形成"结构与功能相统一"的生物学辩证思想。

思政目标

激发学生的爱国情怀，培养学生敬佑生命、救死扶伤、甘于奉献、大爱无疆的医者精神。

任务一 动物呼吸器官的解剖特征

任务导入

青海省某动物医院接诊一病例，病牛症状表现出食欲不振、体温升高、咳嗽、流涕等症状。现怀疑为肺炎，但需对肺炎类型进行鉴别诊断。

请为该动物医院提供一份牛肺部结构模式图，内容包括牛肺的位置、形态和详细的组织结构，帮助动物医院进行鉴别诊断。

任务准备

- **知识准备**

动物的呼吸系统由呼吸器官和呼吸肌组成（图 5-1）。

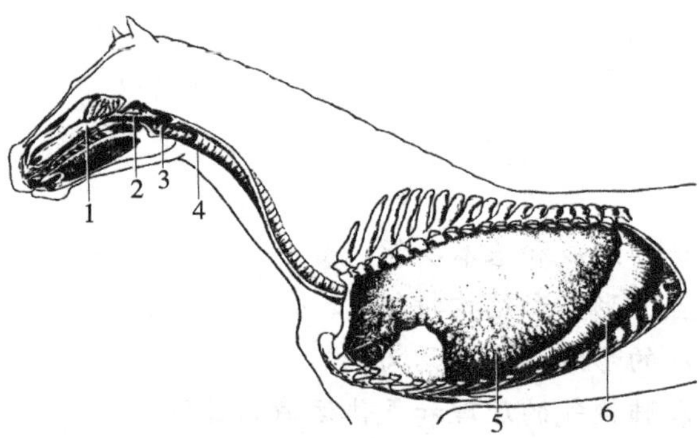

1. 鼻腔；2. 咽；3. 喉；4. 气管；5. 肺；6. 膈。

图 5-1 马呼吸系统模式图

一、鼻

鼻包括鼻腔和鼻旁窦。

（一）鼻腔

鼻腔是呼吸道的起始部，气体出入的通道同时也是嗅觉器官。前端有鼻孔，后端有鼻后孔通咽，鼻腔正中有鼻中隔将其分为左、右两个腔。每个鼻腔均包括鼻孔、鼻前庭和固有鼻腔三部分。

1. 鼻孔

鼻孔为鼻腔的入口，由内、外侧鼻翼围成。鼻翼由鼻翼软骨、肌肉和皮肤组成，有一定的弹性和活动性。

牛和猪的鼻孔小，鼻翼不灵活；马的鼻孔大，鼻翼灵活。

2. 鼻前庭

鼻腔前部被覆皮肤的部分。向后达鼻颌切迹，在鼻前庭的外侧，靠近鼻黏膜的皮肤上有鼻泪管口。在鼻前庭的内侧黏膜上着生鼻毛，对空气有过滤作用。

3. 固有鼻腔

固有鼻腔表面衬以黏膜，每个鼻腔均被上、下鼻甲（由鼻甲骨和黏膜构成）分为上、中、下三个鼻道。上鼻道较窄，其后部主要为嗅区。中鼻道通鼻旁窦，下鼻道直接经鼻后孔通咽。上、下鼻道与鼻中隔之间的间隙称为总鼻道。

（二）鼻旁窦

为鼻腔周围头骨所围成的空腔，腔内有空气。腔的内表面衬以黏膜，与鼻黏膜相延续。鼻旁窦直接或间接与鼻腔相通。鼻黏膜发炎时，可波及鼻旁窦，引起炎症。动物的鼻旁窦包括上颌窦、额窦、蝶腭窦（马）等。窦具有减轻头骨重量、温暖和湿润吸入的空气及对发声起共鸣作用。

二、咽

见“项目四　动物消化系统”。

三、喉

喉是保证气体通过的重要器官，又是调节空气流量和发声的器官。位于下颌间隙后部。由喉软骨、喉肌和喉黏膜构成。喉软骨（图 5-2）为支架，有肌肉和韧带将软骨连接起来，组成喉腔。喉腔内表面衬以喉黏膜。喉软骨包括环状软骨、甲状软骨、会厌软骨、两枚杓状软骨。喉腔的入口为喉口，喉腔的侧壁各有一声韧带，为杓状软骨至甲状软骨间的韧带，外被覆黏膜形成声带褶，两声带褶间形成的裂隙称声门裂，声门褶和声门裂共同构成声门，气流通过声门的时候振动声带便可发声。

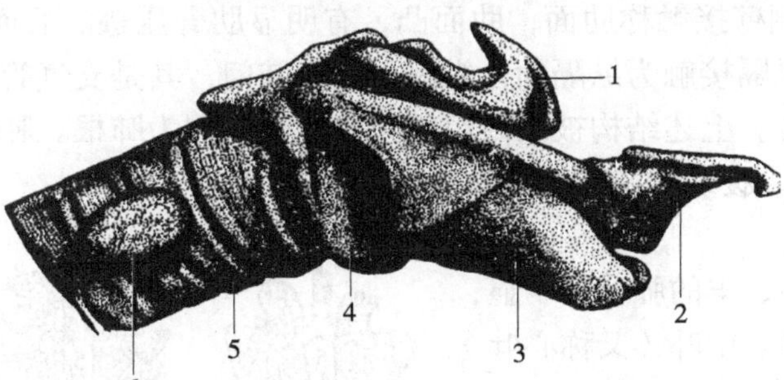

1. 杓状软骨；2. 会厌软骨；3. 甲状软骨；4. 环状软骨；5. 气管软骨环；6. 甲状腺。

图 5-2　喉软骨

四、气管和支气管

气管位于颈椎、胸椎腹侧，呈圆筒状。由 50～60 个软骨环借助结缔组织连接起来构成。每个环的背侧不完全闭合，呈“C”形，由结缔组织和平滑肌连接。气管入胸前口以后，分成左、右两个支气管，分别进入同侧肺内。牛、羊和猪，在气管分枝为两个支气管之前，还在气管的右侧壁上分出一个右上支气管，到右肺尖叶。

支气管入肺后再行多次分枝，形成树枝状，称支气管树。

（一）气管

管壁分黏膜、黏膜下层和外膜三层。

1. 黏膜

黏膜表面为假复层纤毛柱状上皮，由纤毛细胞、杯状细胞、基细胞、刷细胞和弥散的神经内分泌细胞等组成。杯状细胞可分泌黏液吸附气流中的细菌和尘粒，细胞上的纤毛可向喉部摆动，将黏液推向喉腔，经咳嗽排出。固有层结缔组织中的弹性纤维较多，使管壁具有一定弹性。

2. 黏膜下层

黏膜下层为疏松结缔组织，与固有层和外膜无明显分界。黏膜下层除有血管、淋巴管和神经外，还有较多混合性腺，可分泌黏液。

3. 外膜

为气管软骨环和环间结缔组织构成，较厚。

（二）支气管

管壁结构和功能与气管相似。气管分为左、右气管后，管径变细，管壁变薄，三层分界更不明显。

五、肺

（一）肺的位置、外形和构造

肺是呼吸时进行气体交换的场所，是呼吸系统的核心器官。位于胸腔内、纵隔的两侧，左、右各一。健康家畜的肺为粉红色，柔软而富有弹性。肺有三个面和三个缘。肺的外侧与胸腔侧壁接触称肋面，肋面凸，有明显肋骨压迹。后面与膈相贴称膈面，膈面凹。内侧与纵隔接触为纵隔面，纵隔面上有肺门，其是支气管、血管、淋巴管和神经出入肺的地方。上述结构被结缔组织包裹成束，称为肺根。肺的背缘钝而圆，腹缘和底缘薄而锐。腹缘上有心切迹，左肺心切迹较大。

肺的分叶：牛、羊的肺分叶明显，左肺分三叶，前叶、中叶（又称心叶）和后叶（又称膈叶）。右肺分四叶，前叶、中叶、后叶和内侧的膈叶，其中前叶又分为前部和后部。猪肺分叶明显，左、右肺均分为前、中、后叶，右肺有副叶。犬肺分叶与猪的相同。马肺分叶不明显（图 5-3）。

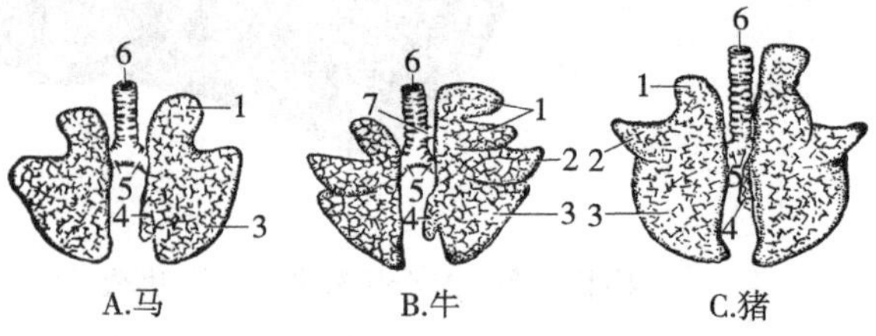

1. 尖叶；2. 心叶；3. 膈叶；4. 副叶；5. 支气管；6. 气管；7. 右尖叶支气管。

图 5-3　家畜肺的分叶模式图

（二）肺组织结构

肺表面覆有一层浆膜（胸膜脏层），其深面含有丰富的弹性纤维，结缔组织伸入肺内构成间质。肺实质由肺内各级支气管和无数肺泡形成。支气管反复分枝成支气管树：

小支气管→细支气管（1 mm 以下）→终末细支气管（0.35～0.50 mm）→呼吸性细支气管→肺泡管→肺泡囊→肺泡。

每支细支气管分枝所属的肺组织组成肺小叶。肺小叶呈大小不等的多面锥体形，锥顶朝向肺门，顶端中心为细支气管，锥底向着肺表面，周围有薄层结缔组织与其他肺小叶分隔；每一肺小叶包括若干肺细叶，是肺的功能单位，由每支呼吸性细支气管分枝所属的肺组织组成，为肺的呼吸部。

1. 肺的导管部

肺的导管部是气体出入的通道，包括各级小支气管、细支气管和终末细支气管。其组织结构由黏膜、黏膜下层和外膜构成（表 5-1）。

表 5-1　肺导管部的构造

结构	支气管（肺叶支气管、肺段支气管、小支气管）	细支气管	终末细支气管
黏膜上皮	假复层纤毛柱状上皮，夹有杯状细胞	假复层纤毛柱状上皮逐渐变成立方纤毛上皮，杯状细胞减少	单层立方上皮，杯状细胞消失
气管腺	逐渐减少	无	无
平滑肌	环形肌束	环形平滑肌	完整的环形肌层
软骨	呈片状，逐渐减少至消失	无	无

（1）黏膜。小支气管的上皮为假复层柱状纤毛上皮，柱状细胞间的杯状细胞逐渐减少；细支气管的上皮由假复层柱状纤毛上皮逐渐过渡为单层柱状纤毛上皮；终末细支气管上皮为单层柱状或立方纤毛上皮，无杯状细胞。管壁的固有层随支气管分枝，管径变小而逐渐变薄。肌层中肌纤维随支气管分枝，管径变小而相对增多，由分散的平滑肌束逐渐形成一完整的环形肌层。

（2）黏膜下层。随支气管分枝，管径变小而逐渐变薄，腺体数量也逐渐减少，到细支气管时，腺体已消失。

（3）外膜。软骨成不规则的软骨片，数量也逐渐减少，到细支气管时软骨完全消失。

2. 肺的呼吸部

肺的呼吸部包括呼吸性细支气管、肺泡管、肺泡囊和肺泡。

（1）呼吸性细支气管。呼吸性细支气管是终末细支气管的分枝，上段管壁为单层立方纤毛上皮，以后逐渐移行为单层立方上皮，纤毛消失，在接近肺泡开口处移行为单层扁平上皮，上皮下有薄层固有膜，内有弹性纤维和分散的平滑肌纤维。

（2）肺泡管。肺泡管为呼吸性细支气管的分枝，末端与肺泡囊相通，管壁布满肺泡的开口，所以基本看不到完整的管壁。因固有膜内含有环形的平滑肌纤维和弹性纤维束，相邻肺泡间的肺泡隔，边缘部形成膨大。

（3）肺泡囊。肺泡囊是数个肺泡共同开口的通道，即由数个肺泡围成的公共腔体，囊壁即为肺泡壁。此处肺泡隔内没有平滑肌纤维和弹性纤维束，末端不形成膨大。

（4）肺泡。肺泡是气体交换的场所，半球状，一面开口于肺泡囊、肺泡管或呼吸性细支气管，另一面借肺泡隔与相邻的细胞连接。肺泡腔或肺泡隔内还有一种大而圆的吞噬细胞，称为隔细胞或尘细胞。肺泡富有弹性可以缩小和扩张。构成肺泡壁的上皮有以下两种细胞。

Ⅰ型肺泡细胞：细胞扁平，核椭圆形，在肺泡的内表面形成一连续的上皮层。在Ⅰ型肺泡细胞和邻近毛细血管内皮细胞间各有一层基膜。因此肺泡和血液间的气体交换，必须经过肺泡上皮、上皮基膜、血管内皮的基膜和血管内皮四层结构，是气体交换所必须通过的薄层结构，也构成了气体交换的气血屏障。

Ⅱ型肺泡细胞：胞体较小，球形或立方形，核圆形，染色浅，具有内分泌功能。分泌物入肺泡腔内，在扁平细胞表面形成一层薄膜状结构，称为表面活性物质（脂蛋白）。肺泡的表面张力会使肺泡尽可能缩小，而表面活性物质具有降低肺泡表面张力，维持肺泡形状，在肺泡呼气之末不致完全塌陷等作用。当吸气时，肺泡扩张，肺泡单位面积内表面活性物质分布稀薄，降低表面张力的作用减小，肺泡表面张力增大，促使肺泡回缩。呼气末，肺泡缩小，单位面积内的表面活性物质增厚，降低表面张力的作用增强，肺泡表面张力减小，避免肺泡塌陷。

六、胸腔、胸膜腔和纵隔

胸腔是以胸廓为框架并附着胸壁肌和皮肤的截顶圆锥状体腔，该腔在胸壁肌群帮助下可扩大和缩小（图 5-4）。

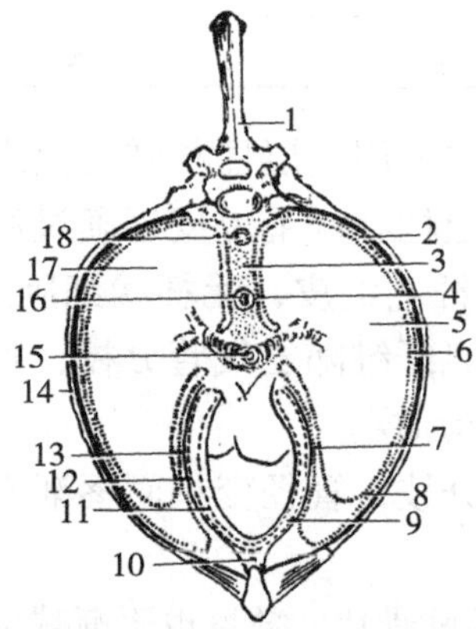

1. 胸椎；2. 肋胸膜；3. 纵隔；4. 纵隔胸膜；5. 左肺；6. 肺胸膜；7. 心包胸膜；8. 胸膜腔；9. 心包腔；10. 胸骨心包韧带；11. 心包浆膜脏层；12. 心包浆膜壁层；13. 心包纤维层；14. 肋骨；15. 气管；16. 食管；17. 右肺；18. 主动脉。

图 5-4 胸腔横断面

（范作良，2005. 家畜解剖）

胸膜是一层由间皮和间皮下结缔组织形成的浆膜，分别覆盖在肺的外表面和衬贴于胸壁的内表面。前者称为胸膜脏层或肺胸膜，后者称为胸膜壁层。胸膜壁层贴于胸腔侧壁叫肋胸膜，贴于膈的胸腔面的部分叫作膈胸膜，参与形成纵隔的叫作纵隔胸膜。胸膜的脏层和壁层在肺根处互相移行，围成左、右密闭的胸膜腔，腔内有少量浆液，可减少在呼吸时两层胸膜间的摩擦。马属动物的左、右胸膜腔间较薄，死亡后常见有小的孔道相通。而牛、羊的胸膜腔之间无通道，一侧发生气胸，另一侧肺的功能仍可正常进行。

纵隔位于左、右胸膜腔之间，由两侧的纵隔胸膜以及夹在其间的诸器官（心、心包、食管、气管、大血管、淋巴结、胸导管及神经）和结缔组织构成。包在心包外面的纵隔胸膜又称心包胸膜。

- **材料准备**

收集牛常见呼吸道疾病症状的相关资料，重点收集肺部感染疾病症状，如肺炎、支气管等；牛肺部形态、组织结构图片；牛肺脏标本。

- **人员准备**

人员分组，每组 5 人，明确职责分工。

任务角色	任务内容
组长：	任务：
组员 1：	任务：
组员 2：	任务：
组员 3：	任务：
组员 4：	任务：

任务实施

第一步：深入了解呼吸系统各器官的形态、结构和位置。
第二步：根据病例，查找相关的资料。
第三步：从查找到的资料中找出鉴别诊断关键点。
第四步：绘制模式图。
第五步：为动物医院提出相关诊断意见。

任务评价

班级：____________　组别：____________　姓名：____________

<table>
<tr><th>项目</th><th>评分标准</th><th>自我评价</th><th>小组评价</th><th>教师评价</th></tr>
<tr><td rowspan="2">肺部结构模式图</td><td>理解呼吸系统的组成与各器官的基本结构，重点掌握肺的基本结构，明确肺大叶与肺小叶的区别（5 分）</td><td></td><td></td><td></td></tr>
<tr><td>收集整理肺部结构图片，总结肺部结构特点，绘制模式图（5 分）</td><td></td><td></td><td></td></tr>
<tr><td colspan="2">合计</td><td></td><td></td><td></td></tr>
<tr><td>自我评价与总结</td><td colspan="4"></td></tr>
<tr><td>教师点评</td><td colspan="4"></td></tr>
</table>

课程思政专栏

不仅要金山银山，也要绿水青山

2015 年北京雾霾事件 PM2.5 浓度接近 1 000 μg/m^3。11 月，东北三省多城市出现弥漫半月之久的严重雾霾。沈阳市 PM2.5 均值当时一度达到 1 155 μg/m^3，局地一度突破 1 400 μg/m^3。当 $PM_{2.5}$ 超 1 000 μg/m^3 时，就空气颗粒物浓度而言，基本相当于 1952 年伦敦烟雾事件的污染浓度。上述分别发生于北京、沈阳等地的极严重空气污染引起公众对健康问题的担忧。2018 年 7 月，国务院印发的《打赢蓝天保卫战三年行动计划》对外公布。北京、河北、天津、山西、甘肃、宁夏、安徽、江苏等地陆续出台“地方版”行动计划，明确各地的“作战目标”。

【启示】霾影响最大的就是人的呼吸系统，易造成呼吸道疾病。过去几年部分地区严重的雾霾给人们敲响了警钟，全国各地也纷纷响应国家政策积极“作战”，保护环境。我们要贯彻“美丽中国”理念，从身边小事做起，尽自己的一份力量保卫蓝天白云，保护环境。我们不仅要金山银山，也要绿水青山。

任务二　动物呼吸生理规律

任务导入

现有一中学生物课堂讲授呼吸运动相关知识，请学生制作一个呼吸运动教学模型，同时提供一份教学设计，详细讲解呼吸运动与胸内负压的形成原理。

任务准备

- **知识准备**

营养物质经过消化吸收进入体内后，给动物体提供了维持生命活动的能源。这些能量物质必须经过氧化过程才能释放、提供能量，而氧化过程需要氧，最后产生 CO_2 和水，所以需要系统来进行气体的交换，即呼吸系统。这个氧化过程是在动物的组织细胞内完成，而动物的大多数细胞不可能直接与外环境交换 O_2 和 CO_2，必须经过作为内环境的体液，再与外环境交换气体。所以，除了气体交换系统外还需要一个气体运输系统（即血液循环系统），在肺和组织、细胞之间运送含有大量 O_2 和 CO_2 的血液。

呼吸过程由三个环节（图 5-5）来完成，即：①外呼吸，指外界环境与血液在肺部实现的气体交换，包括肺通气（外界气体与肺之间的气体交换）和肺换气（肺泡与毛细血管之间的气体交换）；②气体在血液中的运输；③内呼吸，指组织细胞与组织毛细血管血液之间的气体交换。

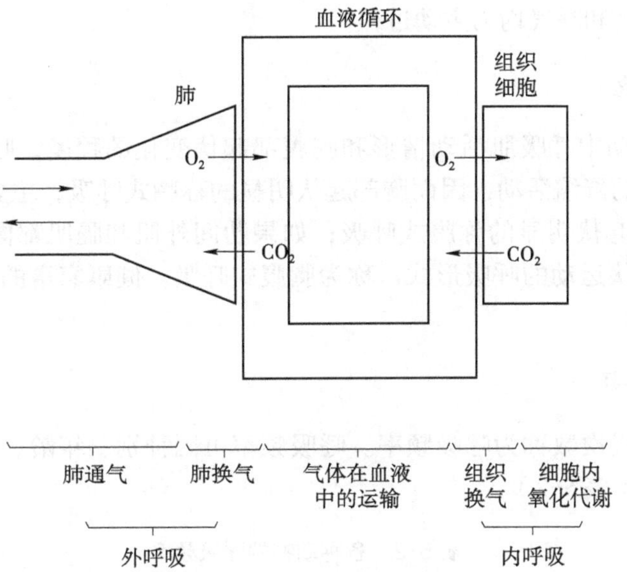

图 5-5　呼吸过程三个环节

一、呼吸运动

胸廓节律性的扩大和缩小，称为呼吸运动。呼吸运动是带动肺扩大和缩小的动力。

(一) 吸气和呼气运动

呼吸运动有赖于呼吸肌的节律性舒缩活动来完成。呼吸肌包括吸气肌群和呼气肌群。

1. 吸气运动

平静呼吸时，主要的吸气肌群是肋间外肌和膈肌。肋间外肌位于肋间隙的表层，起于前一肋骨的后缘，止于后一肋骨的前缘，肌纤维斜向后下方。当其收缩时，牵引肋骨向前外方伸举，增加胸腔的横径；膈肌收缩时，使突向胸腔的凸度变小，胸腔的前后纵径延长。整个胸廓容积扩大，肺于是随之被扩张，肺容积增大，肺内压低于大气压，外界气体顺着压力梯度通过呼吸道进入肺内，这一过程称为吸气动作。

2. 呼气运动

平静呼吸时，呼气动作是被动的。这时肋间外肌和膈肌由于舒张而自动回位，胸廓容积随之缩小，肺也由于本身的弹性回缩而容积变小，于是肺内压高于大气压，气体被排到体外，这一过程称为呼气动作。

当动物用力呼气时，除了吸气肌群的舒张外，还有呼气肌群的参与，即肋间内肌和腹部肌群，肋间内肌位于肋间外肌的深面，起于后一肋骨的前缘，止于前一肋骨的后缘，肌纤维斜向前下方。当其收缩时，向后牵引肋骨，缩小胸腔的横径；膈肌松弛时腹壁肌肉回缩，腹腔内脏向前压迫膈，使凸度增大，减小胸腔纵径。结果整个胸廓容积减小，肺随之被缩小，肺容积减小，肺内压高于大气压，气体顺着压力梯度通过呼吸道进入外界环境，从而帮助呼气。这一过程中肋间内肌和腹壁肌肉参加舒缩活动迫使胸廓和肺的容积变化更为显著。所以平静呼吸时，吸气是主动的，呼气是被动的；

用力呼吸时，吸气和呼气均为主动过程。

（二）呼吸型

根据呼吸运动中呼吸肌活动情形和胸腹部起伏变化的程度，呼吸型可分为三种：主要靠肋间外肌的舒缩活动，因而胸部起伏明显的称胸式呼吸；主要靠膈肌舒缩活动，因而呼吸时腹部起伏明显的称腹式呼吸；如果肋间外肌和膈肌都同等程度参与活动，胸腹部有明显起伏运动的呼吸形式，称为胸腹式呼吸。健康家畜的呼吸属于胸腹式呼吸类型。

二、呼吸频率

每分钟的呼吸次数称为呼吸频率。呼吸频率可因种别、年龄、外界气温以及生理状况不同而变化（表 5-2）。

表 5-2 各种动物的呼吸频率

单位：次 /min

动物	频率	动物	频率	动物	频率
乳牛	18～20	绵羊	12～24	猫	20～30
黄牛	10～30	山羊	12～20	兔	36～60
水牛	9～18	猪	10～24	银狐	12～60
牦牛	14～48	马属动物	8～16	鸡	15～30
骆驼	5～20	犬	10～30		

三、呼吸音

呼吸运动时，气体通过呼吸道和肺泡所产生的声音称为呼吸音。可分为以下两种类型。

（一）肺泡呼吸音

肺泡呼吸音类似于“V”的声音。在吸气时比较清晰。

（二）支气管呼吸音

支气管呼吸音类似于“Ch”的声音；在喉头和气管处可听到，小动物也可在肺的前部可听到。健康动物的肺部一般只能听到肺泡呼吸音。

四、肺内压与胸内压

（一）肺内压

肺内压是指肺泡内的压力，肺内压不是一成不变，会随着呼吸运动改变。吸气之初，胸廓扩大，带动肺容积扩大，肺内压低于大气压，空气由外界进入肺泡；吸气之末，肺内压又与大气压相等。而呼气之初，胸廓缩小，肺亦缩小，压缩肺内气体，肺内压暂时高于大气压，从而气体自肺泡通过呼吸道呼到体外；到呼气之末，肺内压又与大气压相等。

（二）胸内压

胸膜腔内的压力称为胸内压。胸膜腔由两层胸膜构成：内层是脏层，紧贴着肺的表面；外层是壁层，与胸壁内侧面相接。正常情况下，两层胸膜之间实际没有真实的空间，只有少量浆液将它们黏附在一起。无论在吸气还是呼气过程，胸内压始终是低于大气压，因此，通常将胸内压称为胸内负压。这种“负压”是如何产生的呢？动物出生时肺和胸廓的大小相差不多，但出生后，胸廓增长的速度比肺快，胸壁逐渐扩大，导致肺的容积比胸廓的小，由于胸膜将肺的外表面与胸内壁吸附在一起，所以肺本身会产生一种回缩力，方向与使肺趋向扩张的力相反。胸内压 = 肺内压 - 肺回缩力。肺内压约等于大气压，胸膜腔内压力就会低于大气压。

胸内负压的生理意义：①保证呼吸时肺泡的张缩。②有利于静脉血和淋巴液回流。负压作用于心脏和腔静脉，可降低中心静脉压，促进静脉血和淋巴液回流；③有利于逆呕。

当胸腔因某种原因使密闭性被破坏，外界气体进入胸膜腔，即形成气胸。气胸时，两层胸膜被分开，肺因自身的弹性回缩力而萎陷。这时由于肺泡壁两侧均为一个大气压，从而丧失通气功能。

五、气体的交换和运输

在呼吸过程中，肺泡气中的氧气（O_2）进入肺泡毛细血管，通过肺静脉流到左心房，再经体循环的毛细血管运送给组织细胞。组织细胞产生的 CO_2 进入体循环毛细血管的血液中，经腔静脉回到右心房，再经肺循环由肺泡毛细血管排入肺泡气中。这就是气体交换与运输的过程（图 5-6）。

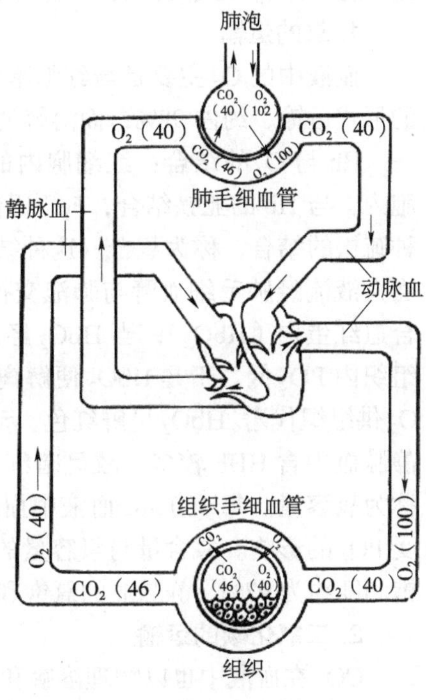

图 5-6 气体交换与运输过程

（一）气体交换

气体的交换包括肺泡与血液之间，以及血液与组织细胞之间 O_2 和 CO_2 的交换。这两种交换的基本原理相同，都是通过气体分子的扩散运动实现的。推动气体分子扩散的动力来源于不同气体分压之间的差值。

1. 气体交换的动力

分压是指混合气体中，各组成气体所具有的压力。它可用混合气体的总压力乘以各组成气体在混合气体中所占的容积百分比求得。根据气体扩散原理，在通透膜两侧，如果某种气体的分压不相等即有气体分压差，则该气体由分压较高的一侧扩散至呼吸膜分压低的一侧。

2. 气体交换过程

当呼吸膜两侧各种气体存在分压差时，气体分子即可按扩散规律运动，实现气体交换。肺泡内 O_2 分压（PO_2）比静脉血内高，而 CO_2 分压（PCO_2）则比静脉血内低，因此 O_2 由肺泡向静脉血扩散，而 CO_2 则由静脉血向肺泡扩散，经气体交换后，静脉血变为动脉血。组织细胞在代谢过程中不断消耗 O_2，并产生 CO_2，使组织中的 PO_2 低于动脉血，而 PCO_2 则高于动脉血。于是两种气体各顺着压力梯度扩散，O_2 进入组织，CO_2 进入动脉血。结果，流经组织的动脉血又变为静脉血。

（二）气体运输

血液运输气体有两种方式，一种是物理溶解方式，另一种是化学结合方式。其中化学结合占绝大部分，物理溶解的量很少，但却很重要。这是因为物理溶解方式不仅是以化学结合方式运输的中间阶段，也是最终实现气体交换的必经步骤。

1. 氧的运输

血液中的 O_2 主要是与红细胞内的血红蛋白（Hb）结合，以氧合血红蛋白（HbO_2）的形式运输，约占 98%；而溶解的甚微，仅约占 2%。

Hb 与 O_2 的结合：红细胞内的 Hb 是含有亚铁（Fe^{2+}）的蛋白质。当 O_2 进入红细胞内，与 Hb 的亚铁结合，Fe^{2+} 仍保持亚铁形式，无电子的转移，不是氧化反应，是一种疏松的结合，称为氧合。这种结合非常迅速，是一种可逆反应，既易结合又易分离。当血液流经肺毛细血管与肺泡交换气体后，血液中 PO_2 升高，Hb 与 O_2 结合，生成氧合血红蛋白（HbO_2）；当 HbO_2 经由血液运送到组织毛细血管时，由于组织代谢耗氧，组织内 PO_2 低，于是 HbO_2 便解离为脱氧（还原）血红蛋白（Hb 或 HHb），释放出的 O_2 供组织代谢。HbO_2 呈鲜红色，动脉血中含 HbO_2 较多，故呈鲜红色；HHb 呈暗红色，静脉血中含 HHb 较多，故呈暗红色。每 100 mL 血液中，血红蛋白结合 O_2 的最大量，称为氧容量。每 100 mL 血液中血红蛋白实际结合 O_2 的量，称为氧含量。氧含量多少受 PO_2 的影响。氧含量与氧容量的百分比称为“氧饱和度”。正常情况下，动脉血的氧饱和度约为 97%，静脉血的氧饱和度约为 75%。

2. 二氧化碳的运输

CO_2 在血液中也以物理溶解和化学结合两种形式运输。CO_2 直接溶解于血液中，随血液运输，占总量的 5%; 7% 的 CO_2 与 Hb 结合形成氨基甲酸血红蛋白（HbNHCOOH）；此外，大部分的 CO_2 以碳酸氢盐的形式运输。

从氧和二氧化碳的运输形式可看出，血红蛋白在气体运输环节中至关重要，当血红蛋白因中毒而丧失运输能力时，就会引起机体缺氧，甚至导致动物死亡。

六、呼吸运动的调节

呼吸运动是一种节律性活动，机体通过神经调节和体液调节实现呼吸的节律性并控制呼吸的频率和深度，以适应不同状态的需要。

（一）神经调节

呼吸中枢分布于从脊髓到大脑皮层的各级神经中枢内。它们互相制约共同调节，完成呼吸运动。延髓和脑桥时产生基本呼吸节律性的部位，大脑皮质可随意控制呼吸运动。

（二）体液调节

体液调节是指通过动脉血中的CO_2、氧和氢离子浓度变化对呼吸频率和进度进行调节。

化学感受器分为中枢性化学感受器和周围性化学感受器。前者位于延髓，对CO_2浓度敏感。周围性化学感受器位于主动脉体和颈动脉窦中。血液中CO_2和氢离子浓度升高和氧浓度下降可刺激化学感受器。化学感受器再通过兴奋神经改善呼吸运动频率和深度以维持动脉血正常血气水平。

1.CO_2浓度对呼吸的影响

呼吸中枢对CO_2浓度的变化十分敏感。当吸入的CO_2浓度增加时，呼吸运动加强加快，促进CO_2的排出，反之减弱。

2. 氢离子浓度对呼吸的影响

氢离子对呼吸的影响是通过外周化学感受器和中枢化学感受器实现的。血液中氢离子浓度降低时，呼吸运动减弱；氢离子浓度增加时，呼吸运动增强。

3. 氧浓度对呼吸运动的影响

血液中缺氧时，通过外周化学感受器的刺激，反射性地引起呼吸运动加快加强。当缺氧严重时，外周化学感受器刺激引起的兴奋呼吸作用不足以抵抗缺氧导致的抑制呼吸作用时，将出现呼吸减弱，甚至停止。

- **材料准备**

根据肌肉与骨骼运动特性准备教学模型制作材料；牛胸廓骨骼标本、牛胸部肌肉标本。

- **人员准备**

人员分组，每组 5 人，明确职责分工。

任务角色	任务内容
组长：	任务：
组员 1：	任务：
组员 2：	任务：
组员 3：	任务：
组员 4：	任务：

任务实施

第一步：深入了解呼吸系统各器官的形态、结构和位置。

第二步：根据相关知识点，查找相关的资料。

第三步：从查找到的资料中找出模型讲解关键点。

第四步：为课堂制作教学模型。

任务评价

班级:________ 组别:________ 姓名:________

项目	评分标准	自我评价	小组评价	教师评价
呼吸运动模型制作	收集整理呼吸运动、胸内负压形成原理意义、重点梳理呼吸运动与胸内负压之间的逻辑关系（5分）			
	根据前期胸壁肌肉、呼吸运动、胸内负压等知识点，选择合适制作模型类型与材料（5分）			
合计				
自我评价与总结				
教师点评				

课程思政专栏

把荆棘化成勋章，青春在战疫中绽放

“世上没有从天而降的英雄，只有挺身而出的凡人。”人民大会堂内，解放军总医院第一医学中心心血管外科主治医师、火神山医院重症医学二科主治医师李双磊语气坚定：“年轻的人民军医，不怕苦、不畏难、不惧牺牲，用对患者的大爱诠释着对党和人民的忠诚。很荣幸，我是其中的一员。”

疫情期间，火神山医院医生李双磊及其团队靠一个手电筒照明紧急为患者进行气管切开，气管切开的瞬间，飞沫直接喷到他的面屏上。李双磊只想着赶紧将患者抢救过来，工作时间最长的一次，他曾在ICU连续奋战三天两夜。面对恶劣的环境，严峻的形势，高危的操作，中国医疗队没有退缩，而是拼尽全力和死神抗争，且只能胜不能败。

【启示】一线战疫青年的动人故事，既体现了中国医疗团队救死扶伤的大无畏精神及其深厚的人民情怀，又展现了新时代青年不畏艰险、冲锋在前、舍生忘死的精神，彰显了青春的蓬勃力量，交出了合格答卷。

项目检测

项目五检测一　　项目五检测二

项目六 动物泌尿系统

项目导读

动物体在新陈代谢过程中，产生的代谢产物（如尿素、尿酸等）和多余的水分，由血液带到肾，在肾内形成尿液，经排尿管道排出体外，这些代谢产物必须及时排出体外，才能维持正常的新陈代谢活动，泌尿器官是机体最主要的排泄途径。此外，肾脏还具有通过排出溶解在尿中的无机盐调节体液，维持体内电解质平衡的重要作用。肾的间质可分泌前列腺素，具有内分泌作用。

知识目标

（1）掌握动物泌尿系统的组成和基本功能。
（2）掌握肾和膀胱的解剖位置、形态和构造。
（3）理解尿液生成的过程。

技能目标

（1）在泌尿系统的整体标本上能够识别主要的泌尿器官的形态、位置。
（2）在显微镜下识别肾的组织结构。

素质目标

（1）培养学生形成健全的人格，良好的职业心理素质和职业责任感。
（2）培养学生的职业态度，对动物要有爱心、责任心。

思政目标

增强关注自身健康、自我保护的意识；弘扬中华民族优秀传统美德，感恩父母；树立正确的价值观和人生观。

任务一　动物泌尿器官的解剖特征

任务导入

病理状态下，原溶解在尿中的各种盐类析出形成的凝结物，称为尿结石或尿石。尿石症是一种以泌尿系统功能障碍为表现形式的营养物质代谢紊乱性疾病。现青海省某动物医院接诊一病例，现怀疑为尿石症，但需对结石具体位置进行鉴别诊断。

请为该动物医院提供一份公牛泌尿系统器官位置、结构、功能分析图，帮助动物医院进行鉴别诊断。

任务准备

- **知识准备**

泌尿系统由肾、输尿管、膀胱和尿道构成。肾是生成尿的器官，输尿管为输送尿至膀胱的管道，膀胱为暂时贮存尿液的器官，尿道是排出尿液的管道（图 6-1）。

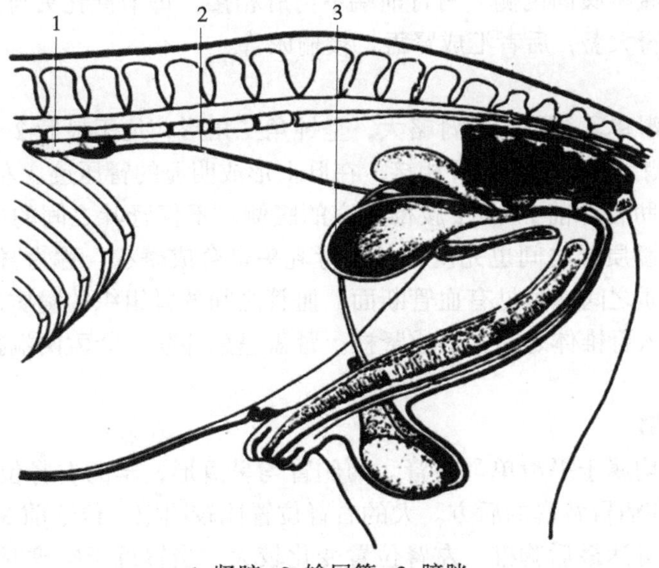

1. 肾脏；2. 输尿管；3. 膀胱。

图 6-1　马泌尿系统组成

一、肾

（一）肾的形态、位置和一般构造

肾位于最后几个胸椎和前 3 个腰椎腹侧，左、右肾不对称。营养状况良好的动物

有脂肪囊，包裹在肾的周围，叫肾脂囊（或脂肪囊）。肾的内侧缘凹入叫作肾门，是血管（肾动脉和肾静脉）、淋巴管和神经出入的地方。将肾从肾门纵行切开，可见肾门向内通肾窦，是由肾实质围成的腔隙。肾的表面包有一层薄而坚韧的纤维囊，也称被膜。健康动物肾的纤维囊容易剥离。

肾的实质由若干肾叶组成。每个肾叶分为浅部的皮质和深部的髓质。皮质富含血管，新鲜时呈红色，内有细小红点状颗粒，为肾小体。髓质位于皮质深部，颜色较浅。每个肾叶的髓质部呈圆锥形，称肾锥体。伸入相邻肾锥体之间的皮质，在肾的切面上称为肾柱。动物种类不同，肾叶的合并程度不同，肾的类型可分为：有沟多乳头肾、平滑多乳头肾、平滑单乳头肾。

1. 牛肾

牛肾属于有沟多乳头肾。右肾呈长椭圆形，上下稍扁，位于第 12 肋间隙至第 2 或第 3 腰椎横突的腹侧。前端位于肝的肾压迹内。左肾的形状位置都比较特殊，呈三棱形，前端较小，后端大而钝圆。左肾因有较长的系膜，位置不固定，常受瘤胃影响，当瘤胃充满时，左肾位于右肾的后下方。瘤胃空虚时，则左肾的一部分仍位于左侧。肾盏与肾乳头相对，收集由乳头孔流出的尿液，肾盏汇合为前、后两条集收管（相当于肾大盏）。进而汇合为一条输尿管，无明显的肾盂。

2. 猪肾

猪肾属于平滑多乳头肾。左、右肾均呈豆形，较长扁。两侧肾位置对称，均在最后胸椎及前三个腰椎腹面两侧。右肾前端不与肝相接。每个肾乳头与一个肾小盏相对，肾小盏汇入两个肾大盏，后者汇成肾盂，接输尿管。

3. 马肾

马肾属于平滑单乳头肾，右肾略大，呈钝角三角形，位于最后 2～3 肋骨椎骨及第 1 腰椎横突的腹侧。右肾前端与肝相接，在肝上形成明显的肾压迹。左肾呈豆形，位置偏后，位于最后肋骨和前 2～3 个腰椎横突的腹侧。不仅肾叶之间的皮质部完全合并，而且相邻肾叶间髓质部之间也完全合并，肾乳头融合成嵴状，称为肾嵴。从切面上观察，在皮质和髓质之间，可见有血管断面，血管之间的肾组织的髓质部分称为肾锥体。皮质部肾组织伸入肾锥体之间，形成肾柱。肾盂呈漏斗状，肾盂两端接裂隙状终隐窝。肾盂延接输尿管。

4. 羊肾和犬肾

羊肾和犬肾均属于平滑单乳头肾。两侧肾均呈豆形，羊的右肾位于最后肋骨至第 2 腰椎下，左肾在瘤胃背囊的后方。犬的右肾位置比较固定，位于前 3 个腰椎椎体下的下方，有的前缘可达最后胸椎。左肾位置变化较大，当胃近于空虚时，肾的位置相当于 2～4 腰椎椎体下方。当胃内食物充满时，左肾更向后移，左肾的前端约与右肾后端相对应。

各种家畜肾脏综合特点如表 6-1 所示。

（二）肾的组织结构

肾的实质由肾单位和集合管系组成。

表 6-1　各种家畜肾脏特点综合表

<table>
<tr><th colspan="2">种类</th><th>形态</th><th>位置</th><th>类型</th><th>特点</th></tr>
<tr><td rowspan="2">牛</td><td>右肾</td><td>上下扁平的椭圆形</td><td>末肋椎骨端至第 2（或 3）腰椎横突腹侧，位置较定</td><td rowspan="2">表面有沟的多乳头肾</td><td rowspan="2">肾表面有深浅不一并充有脂肪的叶间沟，将肾分为 16～22 个大小不等的肾叶，有肾盏，无肾盂，肾大盏合为 2 条集合管，后接输尿管，牛肾门相当于其他家畜的肾窦和肾门</td></tr>
<tr><td>左肾</td><td>三棱形</td><td>第 2（3）～4（5）腰椎横突腹侧，位置不固定</td></tr>
<tr><td rowspan="2">羊</td><td>右肾</td><td>豇豆形</td><td>前 3 个腰椎横突腹侧，位置较固定</td><td rowspan="2">表面光滑的单乳头肾</td><td rowspan="2">肾位置与牛的相似，只右肾稍靠后些，类型和构造与马相似</td></tr>
<tr><td>左肾</td><td>豇豆形</td><td>第 3～6 腰椎横突腹侧，位置不固定</td></tr>
<tr><td rowspan="2">猪</td><td>右肾</td><td>上下扁平豇豆形、较长</td><td rowspan="2">前 4 个腰椎横突的腹侧</td><td rowspan="2">表面光滑的多乳头肾</td><td rowspan="2">两肾形态相似，位置几乎对称</td></tr>
<tr><td>左肾</td><td>同上</td></tr>
<tr><td rowspan="2">马</td><td>右肾</td><td>钝角等边三角形或心形</td><td>第 16（17）肋上端至第 1 腰椎横突腹侧</td><td rowspan="2">表面光滑的单乳头肾</td><td rowspan="2">肾乳头合并成肾总乳头，直接与漏斗状的肾盂相对，无肾盏</td></tr>
<tr><td>左肾</td><td>较长的豆形</td><td>第 17（18）肋上端至前 2（3）腰椎横突腹侧</td></tr>
</table>

1. 肾单位

肾单位是肾成尿液的结构和功能单位，由肾小体和肾小管两部分组成，根据肾小体在皮质中分布的部位，可将肾单位分为皮质肾单位和髓旁肾单位。髓旁肾单位的肾小体位于皮质深部近髓质处，肾小体体积较大，髓袢很长，细段也较长，长髓袢对尿的浓缩具有重要的生理意义。

肾小管的起始段称近端小管曲部或近曲小管，继而离开皮质迷路入髓放线，从髓放线直行向下进入肾锥体，称近端小管直部。随后管径变细，称为细段。细段之后管径又骤然增粗，并返折向上走行于肾锥体和髓放线内，称为远端小管直部。近端小管直部、细段和远端小管直部三者构成“U”形的袢，称为髓袢，远端小管直部离开髓放线后，在皮质迷路内蟠曲走行于原肾小体附近，称为远端小管曲部（或称远曲小管），最后汇入集合小管系。

（1）肾小体。肾小体似球形，故又称肾小球。位于皮质迷路内，呈球形，由血管球和肾小囊两部分组成。肾小体的一侧有血管极，是血管球的血管出入处；血管极的对侧叫尿极。

①血管球。血管球是一团盘曲的毛细血管，包裹在肾小囊内。入球微动脉从血管极处突入肾小囊内，分成数小支，每个小支再分成许多分枝形成网状毛细血管袢，每个血管袢之间在有血管系膜支持继而又汇成一条出球微动脉，从血管极处离开肾小囊。

②肾小囊。肾小囊是肾小管起始部膨大凹陷而成的双层杯状囊，囊内有血管球。囊壁分壁层和脏层，脏层上皮细胞为多突起的细胞，又称足细胞。足细胞紧贴在肾小球毛细血管外面，参与构成滤过屏障。两层上皮之间的狭窄腔隙称肾小囊腔，腔内容纳血管球滤出的原尿。

（2）肾小管。肾小管是由单层上皮细胞围成的细长而弯曲的小管，包括近端小管、细段和远端小管，主要具有重吸收和排泄作用。

①近端小管。近端小管是肾小管中最长的一段，包括曲部和直部。在肾小体尿极处与肾小囊相接。在肾小体附近迂曲行走，称为近端小管曲部，随后沿髓放线直行入髓质，此段称为近端小管直部。

近端小管具有重吸收功能，当原尿流过近端小管时，其中 80% 以上的水分以及营养物质如葡萄糖、氨基酸等几乎全部吸收，无机盐离子也大部分被主动吸收。近端小管上皮除有重吸收功能外，还能向管腔分泌一些物质，如马尿酸、肌酐等。

②细段。近端小管直部进入髓质后，管的口径突然变细，称为细段。位于髓放线和肾锥体内。细段上皮薄，有利于水分子及离子的透过，主要功能是重吸收水分，浓缩尿液。

③远端小管。远端小管包括远端小管直部和曲部，远端小管有重吸收钠和排钾的功能，还能继续吸收原尿中的水分。

2. 集合小管

集合小管由弓形集合小管、直集合小管和乳头管三部分构成。弓形集合小管很短，弓形，进入髓放线，汇入直集合小管。皮质集合小管沿髓放线直行向下达肾锥体，髓质集合小管在肾锥体内下行至肾锥体乳头，改称乳头管，开口于肾盂内。

3. 球旁复合体

球旁复合体亦称肾小球旁器，是指位于肾小体血管极附近一些结构的总成，由球旁细胞、致密斑和球外系膜细胞组成。

（1）球旁细胞。入球进入肾小囊处，管壁的平滑肌细胞转变为上皮样细胞，称为球旁细胞。

（2）致密斑。远端小管靠近肾小体血管极一侧的管壁细胞，由立方形变为高柱状，排列紧密，细胞核深染，称为致密斑。致密斑是一种化学感受器，可感受尿液中 Na^+ 浓度的变化，对球旁细胞的肾素分泌起调节作用。

（3）球外系膜细胞。因位于肾小体血管极的三角区内，又称极垫细胞。功能尚不清楚。

（三）肾的血液循环特点

肾动脉经肾门入肾后，伸向皮质，并沿途分出许多小的入球微动脉。入球微动脉进入肾小体形成血管球，后再汇成出球微动脉。这种动脉间的毛细血管是肾内血液循环的特点。出球微动脉离开肾小体后，又分枝形成球后毛细血管网，分布在肾小管周围。毛细血管网依次汇合成小叶间静脉，最后形成肾静脉出肾。

肾血液循环的特点是肾动脉直接来自主动脉，在静息的情况下，每次心输出血量的 20%～25% 进入肾，其中 90% 经过肾血管球完成过滤作用；动脉在肾内形成两次毛细血管网，即血管球和球后毛细血管网；以提高血管球内的血压；由髓旁肾单位发出的直血管与髓袢平行，有助于水分重吸收和尿液浓缩。

二、输尿管

输尿管是一条输送尿液到膀胱的细长管道。起于集收管，经肾门出肾，沿腹腔顶壁向后伸延，开口于膀胱颈部。输尿管末端突入膀胱内，这种结构有利于尿液倒流。输尿管壁由黏膜、肌层和外膜三层构成。

三、膀胱

膀胱是暂时贮存尿液的器官，呈梨形。膀胱空虚时，约拳头大小，位于骨盆腔内。充满尿液时，顶端可突入腹腔内。公畜的膀胱，背侧与直肠、尿生殖褶、输精管末端、精囊腺及前列腺相接。母畜的膀胱背侧接子宫和阴道。膀胱可分为膀胱顶（膀胱尖）、膀胱体和膀胱颈三部分。公牛膀胱背侧是直肠，母牛的膀胱背侧是子宫和阴道。在膀胱侧韧带的游离缘有一圆索状物，是胎儿时期脐动脉的遗迹，称为膀胱圆韧带。

四、尿道

见“项目七　动物生殖系统”。

● 材料准备

牛常见泌尿道疾病症状的相关资料，重点收集尿石症、尿道炎等疾病；牛泌尿系统各器官图片位置图；肾单位结构模式图；牛泌尿系统标本、肾的组织切片。

● 人员准备

人员分组，每组 5 人，明确职责分工。

任务角色	任务内容
组长：	任务：
组员 1：	任务：
组员 2：	任务：
组员 3：	任务：
组员 4：	任务：

任务实施

第一步：深入了解泌尿系统各器官的形态、结构和位置。

第二步：根据病例，查找相关的资料。

第三步：从查找到的资料中找出鉴别诊断关键点。

第四步：为动物医院提出相关诊断意见。

任务评价

班级：______________ 组别：______________ 姓名：______________

<table>
<tr><th>项目</th><th>评分标准</th><th>自我评价</th><th>小组评价</th><th>教师评价</th></tr>
<tr><td rowspan="4">泌尿系统器官位置、结构、功能区别分析图</td><td>从收集的疾病症状和诊断方法中分析归纳公牛的泌尿系统器官进行鉴别诊断要点：肾的组织结构、膀胱的形态位置、尿道的形态位置（3分）</td><td></td><td></td><td></td></tr>
<tr><td>准确识别肾的形态位置、膀胱的形态位置、尿道的形态位置（2分）</td><td></td><td></td><td></td></tr>
<tr><td>准确识别泌尿系统肾的组织结构（3分）</td><td></td><td></td><td></td></tr>
<tr><td>整理制作分析图（2分）</td><td></td><td></td><td></td></tr>
<tr><td colspan="2">合计</td><td></td><td></td><td></td></tr>
<tr><td>自我评价与总结</td><td colspan="4"></td></tr>
<tr><td>教师点评</td><td colspan="4"></td></tr>
</table>

课程思政专栏

生病有“医”靠，健康有“保”障

慢性肾脏病（CKD）是严重危害人类健康和生命的常见病，需加强CKD的防治，目前世界上超过5亿人患有不同的肾脏疾病，每年超过百万人死于与慢性肾脏病相关连的心脑血管疾病。慢性肾脏病已成为继心脑血管病、肿瘤、糖尿病之后又一个威胁人类健康的重要疾病，已经成为不可忽视的公共卫生问题。CKD在临床上分为5期。当疾病进展至终末期，患者必须依靠肾脏替代治疗维持生存。肾脏替代治疗包括血液透析、腹膜透析和肾移植3种方式。我国成年人群中慢性肾脏病的患病率为10.8%，据此估计我国现有成年慢性肾脏病患者1.3亿人；而慢性肾脏病的知晓率仅为12.5%。经济快速发展的农村地区居民成为慢性肾脏病的高发人群，与高血压、糖尿病等代谢性疾病的激增及医疗保健欠完善有关。维持性透析和肾移植虽都可延长尿毒症患者的生命，但也均为该病患者及其家庭带来巨大痛苦和经济负担。随着医保政策的逐步完善，血液透析纳入大病医保，及对特殊地区的扶贫政策，通过“精准扶持、专地专项、技术下沉、培养核心”等措施，来提升基层医院对肾脏疾病的服务能力，改善贫困地区肾脏疾病的治疗条件，方便患者就医。

【启示】体现了我党始终“不忘初心、牢记使命”，坚持不懈为群众办实事做好事解难事。始终坚持以人民为中心，牢记人民利益高于一切，真心实意帮助群众解决实际困难，增强人民群众的获得感、幸福感、安全感。

任务二 动物泌尿生理规律

任务导入

青海省某动物医院接诊一病例，病牛症状表现出发热、乏力，食欲明显下降，少尿等症状，现怀疑为肾衰竭，现需对该病畜提出治疗建议。

请梳理一份尿液生成原理图，为动物医院对该病畜治疗提供帮助。

任务准备

- **知识准备**

动物有机体将代谢产物和其他不需要的物质，经过血液循环由体内排出的过程，称为排泄。主要通过肾、肺、皮肤和消化道的途径排泄；肾为最主要的途径，肾排泄物质种类最多，数量大；还可以通过改变尿的质与量，以调节水、电解质和酸碱平衡，从而维持内环境的相对稳定，保证新陈代谢的正常进行。因此，肾的泌尿功能具有重要的生理意义。

一、尿的成分和理化特性

（一）尿的成分

尿是由水、无机物和有机物组成的，水占96%～97%，无机物和有机物占3%～4%，有机物主要是尿素、肌酸酐、尿酸、马尿酸和尿色素等，无机物主要是氯化钠、氯化钾、硫酸盐、磷酸盐、重碳酸盐等。使用药物和添加剂时，尿液成分会出现药物的残余排泄物。

（二）尿的性状

一般情况下，草食动物的尿多呈淡黄色，碱性。猪的尿呈透明水样。牛羊尿刚排出时是透明的，刚排出的尿为清亮的水样液，久置后变为混浊。则因尿中碳酸钙逐渐沉淀而变得混浊。马属动物尿一排出便是混浊黏稠的液体。动物每昼夜排尿量为：牛6～8 L，羊1.0～1.5 L，马3～8 L。

动物尿的性质和组成在一定程度上能反映体内代谢的变化和肾的机能，在临床实践中，常采用化验尿的办法，进行某些疾病的诊断。

二、尿的生成

尿的生成是由肾单位和集合管活动完成的，包括两个阶段：一是肾小球的滤过作用，生成原尿；二是肾小管和集合管的重吸收、分泌、排泄作用，生成终尿。

（一）肾小球的滤过作用

当血液流过肾小球时，血浆中的一部分水和小分子溶质（包括分子量较小的少量蛋白质）可通过物理的滤过作用而滤入肾球囊腔内，即形成原尿。原尿中除了不含血细胞和大分子的蛋白质外，其他成分均与血浆基本相同。单位时间内从肾小球滤过的原尿量，称为肾小球滤过率。

滤过膜及其通透性。肾小球滤过膜由三层膜构成：毛细血管内皮、肾球囊内层上皮以及两者之间的基膜，这三层结构共同构成滤过膜。各层膜都具有大小不等的窗孔、裂隙。其中以基膜上的空隙最小，它对大分子物质的通过起着主要的机械屏障作用。

有效滤过压：存在于滤过膜两侧的压力差，是滤过的动力。由于滤过膜两侧均存在促进和阻止滤过的力量。因此，有效滤过压是这些力的代数和小球的有效滤过压可表达为下式：

有效滤过压 = 肾小球毛细血管血压 -（血浆胶体渗透压 + 肾球囊内压）

在正常情况下，血浆胶体渗透压与肾小囊内压之和小于肾小球入球小动脉端的血压，从而保证了原尿的生成。

（二）肾小管与集合管的重吸收、分泌、排泄作用

原尿流经肾小管和集合管时，许多物质会被重新吸收回血液，这种称为重吸收作用。肾小管和集合管的重吸收作用有一定的选择性，称为选择性重吸收。凡是对机体有用的物质可全部被重吸收（如葡萄糖、氨基酸等），有的被部分重吸收（如 Na^+、K^+ 等），有的则完全不被吸收（如肌酐）。

肾小管和集合管能将血浆或肾小管上皮细胞内形成的物质如 H^+、NH_4^+ 分泌到肾小管腔中。同时将某些不易代谢的物质排泄到管腔中。由于分泌和排泄都是通过管壁细胞进行的，因此，通常对两者不作严格区分。

H^+ 的分泌：近球小管将 H^+ 分泌入管腔，并与小管液中的 Na^+ 进行氢 - 钠交换。

NH_3 的分泌：NH_3 与 H^+ 结合生成 NH_4^+，再生成铵盐随尿排出。

K^+ 的分泌：K^+ 是由远曲小管和集合管所分泌，K^+ 的分泌与 Na^+ 的主动重吸收相联系。

三、尿的浓缩与稀释

在正常情况下，尿的渗透压可随体内水是否缺乏或过剩而有所变动。当体内缺水时，肾小管液中的水可被大量重吸收回血液，终尿渗透压将高于血浆渗透压，即高渗尿，表示尿被浓缩；反之，当体内水过剩时，肾小管液的水较少被重吸收，机体将排出渗透压低于血浆的尿，即低渗尿，说明尿被稀释。由此可见，肾脏的这种机能是保证机体水代谢平衡的重要环节。

四、排尿

尿液生成过程是连续不断的，而生成的尿液进入膀胱后要积存达到一定量时才引起排尿反射动作，将尿液经尿道排出体外。输尿管起始部的平滑肌细胞有自动节律性，

输尿管平滑肌以蠕动波形式推动尿液汇入膀胱。

原尿经过肾小管和集合管的重吸收、分泌与排泄作用后形成终尿。终尿由输尿管输送到膀胱贮存。膀胱内的尿液充盈到一定程度时，再反射性地由尿道排出体外。

五、影响尿生成的主要因素

（一）滤过膜通透性变化的改变

肾小球滤过膜的通透性在正常情况下较为稳定。但当某种原因使肾小球毛细血管或肾小管上皮受到损害时，会影响膜的通透性，进而影响尿液生成量。机体缺氧或中毒时，通透性就会增加，致使通常不能滤出的血细胞、大分子蛋白质也出现在原尿中，最终使原尿量增加的同时引起血尿和蛋白尿。当急性肾小球肾炎时，由于肾小球内皮细胞肿胀，使滤过膜增厚，滤过膜通透性减小，从而导致原尿量不足，临床出现少尿。

（二）有效滤过压的改变

有效滤过压通常比较稳定。但当决定尿生成的三个因素发生变化时，有效滤过压也会发生变化，进而影响尿的生成。如家畜大量失血，流入肾的血量减少，肾小球毛细血管血压降低，导致有效滤过压就会降低，最终导致原尿产生量相对减少，临床就会出现少尿或无尿。当血浆蛋白含量减少时（如静脉注射大量生理盐水），血浆胶体渗透压降低，有效滤过压就会升高，最终导致原尿生成量增多，临床就会出现多尿。当肾盂和输尿管结石时，囊内压升高，有效滤过压降低，原尿生成量减少，出现少尿。

（三）原尿溶质浓度过高

当原尿中溶质的浓度超过了肾小管的重吸收限度时，会有部分溶质不能被重吸收，致使肾小管中渗透压增加，妨碍肾小管对水的重吸收，引起多尿。例如，静脉注射高渗葡萄糖溶液后引起的多尿。兽医临床工作中，根据渗透性利尿的原理，使用一些不易被肾小管重吸收的药物，有意增加原尿溶质浓度，可达到利尿消肿的目的。

（四）激素

影响尿生成的激素主要有加压素和醛固酮。

加压素的作用是增加远曲小管对水的通透性，促进水的重吸收，从而使排尿量减少。创伤及一些药物也能引起加压素的分泌，减少排尿量。

醛固酮促进远曲小管重吸收 Na^+，同时促进 K^+ 排出。醛固酮有保 Na^+ 排 K^+ 的作用。

- **材料准备**

收集肾衰竭疾病的相关资料，重点收集发病原因、发病机制等方面；肾脏结构图；肾组织切片、肾单位结构模式图、肾血液循环模式图。

- **人员准备**

人员分组，每组 5 人，明确职责分工。

任务角色	任务内容
组长：	任务：
组员 1：	任务：
组员 2：	任务：
组员 3：	任务：
组员 4：	任务：

任务实施

第一步：深入理解尿液的生成原理。
第二步：根据病例，查找相关的资料。
第三步：从查找到的资料中找出治疗建议关键点。
第四步：为动物医院提供治疗建议。

任务评价

班级：__________ 组别：__________ 姓名：__________

项目	评分标准	自我评价	小组评价	教师评价
尿液生成原理图	结合肾脏的组织结构，分析整理尿液生成过程（4 分）			
	将肾衰竭发病原理与尿液生成过程进行对比学习，发现治疗关键点（4 分）			
	整理绘制原理图（2 分）			
合计				
自我评价与总结				
教师点评				

课程思政专栏

“搭上这条命也要救女儿”——伟大的母爱

四川绵阳游仙区的刘桂珍，在女儿身患尿毒症需要换肾时，她毅然决定为女儿捐肾，并在1个月内通过饮食调理和锻炼，瘦了10多斤（1斤=500克）后成功捐肾，给了女儿第二次生命，她的家庭也被评为全国“最美家庭”。回忆起自己割肾救女的事，已经68岁的刘桂珍仍然眼含热泪。幸运的是，女儿身体已基本恢复，而且还生下一个孩子，一家人其乐融融。“我现在还需要定期复查，同时要长期服用抗排异的药，但身体状况还是比较稳定。”每每谈起妈妈给予的“第二次生命”，女儿都会热泪盈眶，她说，“我唯有健康快乐得活着，才是对母亲最好的报答！”

【启示】感恩尽孝，是中华传统之美德，更是做人之基本准则。胸怀感恩尽孝之心，饮水思源，进而知恩尽孝不忘本。尽孝不仅是人之美德，也是中国人品德形成基础，更是当今政治文明、经济文明、精神文明建设不可忽视的精神支柱和精神力量。

项目检测

项目六检测

项目七 动物生殖系统

项目导读

生殖系统包括雄性生殖器官和雌性生殖器官，生殖系统是家畜繁殖后代，保证种族延续的一个系统，它能产生生殖细胞，分泌性激素，并同神经系统与脑垂体一起共同调节生殖器官的功能活动。

知识目标

（1）掌握动物雄性、雌性生殖系统的组成和基本功能。

（2）掌握牛（羊）的睾丸、附睾、副性腺、阴囊位置、形态和构造特点。

（3）掌握牛（羊）、猪的卵巢、输卵管、子宫位置、形态和构造特点。

（4）理解性成熟、体成熟和性季节的概念及对于生产实践的意义。

（5）掌握雄性和雌性生殖生理的规律及特点。

技能目标

（1）能在雄性、雌性生殖系统的整体标本上识别主要器官的形态、位置。

（2）能在显微镜下识别睾丸、附睾、卵巢的组织结构。

素质目标

（1）培养学生“局部与整体”的学习观点。

（2）培养学生的空间思维能力。

（3）通过学习生殖生理学，培养学生分析问题和解决问题的能力。

思政目标

培养学生热爱科学，热爱动物解剖，实事求是，并具有创新意识，创新精神和良好的职业道德。

任务一　动物生殖器官的解剖特征

任务导入

青海省某农户家中有一待产母牛，即将临产，因无接产经验，现寻求帮助。请在掌握生殖系统组成的基础上，熟悉生殖器官体表投影位置，画出生殖系统概括图，重点绘制雌性动物生殖系统形态、结构和位置模式图，帮助农户将接产风险降至最低。

任务准备

- **知识准备**

一、雄性生殖系统的构造

公牛生殖系统由睾丸、附睾、输精管、精索、尿生殖道、副性腺、阴囊、阴茎和包皮组成（图 7-1）。

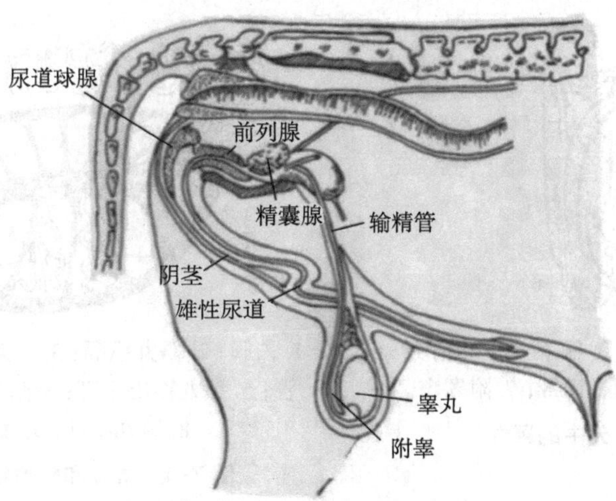

图 7-1　公牛生殖器官的组成

（一）睾丸

1. 睾丸的形态位置

睾丸是成对存在的实质器官，左、右各一，呈长椭圆形，睾丸和附睾位于阴囊内，与附睾相连的一侧称为附睾缘，游离缘的一侧称为游离缘。睾丸分头、体、尾三部分。睾丸可产生精子，分泌雄性激素。各种家畜睾丸的外形和位置特点：马的呈椭圆形，长轴与地面平行，位于两股部之间的阴囊内；牛、羊的睾丸呈长椭圆形，长轴方向与地面垂直，位置与马的相近似；猪的睾丸长轴斜向后上方，位于股部后方；犬的睾丸比较小，呈卵圆形，长轴也斜向后上方，位置与猪的相似。

睾丸在胚胎期位于腹腔内，当胎儿发育到一定程度，睾丸和附睾（图 7-2）经腹股沟管下降至阴囊内，这个过程称为睾丸下降。家畜出生后，如果一侧或两侧睾丸仍留在腹腔内，称为隐睾，这种家畜没有生殖能力，不能作种用。

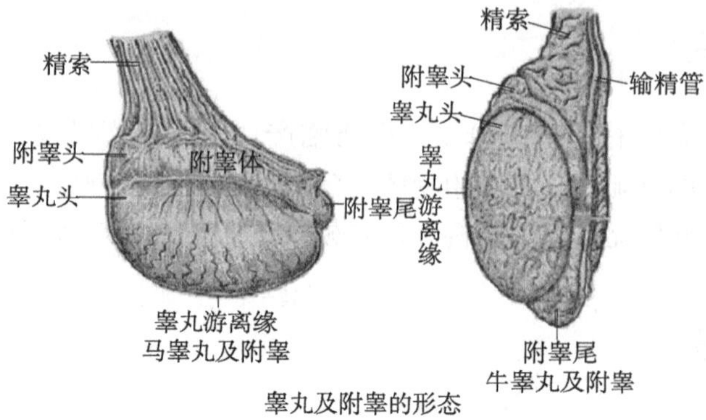

图 7-2　睾丸及附睾的形态

2. 睾丸的组织结构

睾丸具有产生精子和分泌雄性激素的功能，其结构包括被膜和实质两部分（图 7-3、图 7-4）。

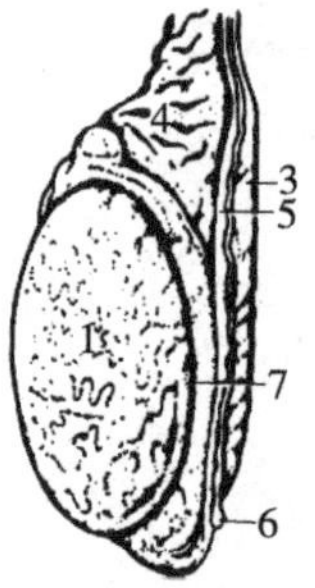

1. 睾丸；2. 附睾；3. 输精管；4. 精索；5. 睾丸系膜；6. 阴囊韧带；7. 附睾窦。

图 7-3　公牛的睾丸

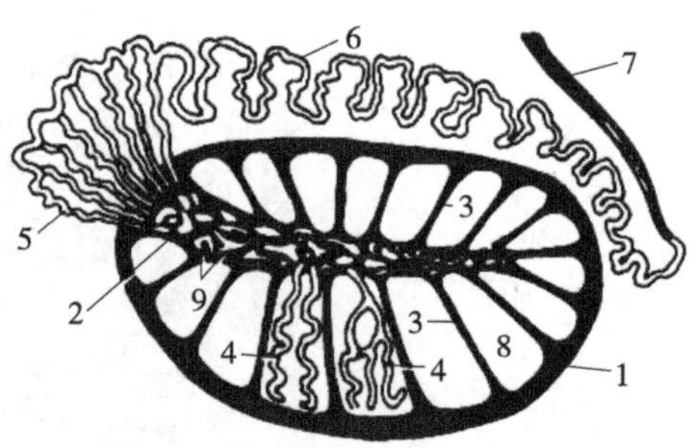

1. 白膜；2. 睾丸纵隔；3. 睾丸小隔；4. 精曲小管；5. 睾丸输出小管；6. 附睾管；7. 输精管；8. 睾丸小叶；9. 睾丸网。

图 7-4　睾丸和附睾结构模式图

（董常生，2001. 家畜解剖学，第三版）

（1）被膜。被膜由浆膜和白膜构成。浆膜即固有鞘膜，被覆在睾丸的表面，浆膜深面为由致密结缔组织构成的白膜。白膜在睾丸头伸入睾丸实质内，形成睾丸纵隔。自睾丸纵隔上分出许多呈放射状排列的结缔组织膈，称为睾丸小隔，将睾丸实质分 100～300 个锥形的睾丸小叶。

（2）实质。睾丸的实质由精小管、睾丸网和间质组织组成。每个睾丸小叶内有 2～3 条精小管，精小管之间为间质组织。精小管在睾丸纵隔内汇成睾丸网。睾丸网在睾丸头处接睾丸输出小管。

曲细精管为精子发生的场所。管壁由基膜和多层上皮细胞组成。上皮包括两种类型的细胞：一种是产生精子的生精细胞；另一种是支持细胞，具有支持和营养生精细胞的作用。

（1）生精细胞。性成熟的家畜，睾丸曲精小管内的生精细胞可分为精原细胞、初级精母细胞、次级精母细胞、精子细胞和精子几个发育阶段。精原细胞是生成精子的干细胞，初级精母细胞和次级精母细胞经过成熟分裂生成两个精子细胞。精子细胞靠近曲精小管的管腔，常排成数层。精子细胞不再分裂，经过一系列复杂的形态变化，变成高度分化的精子。

（2）间质组织是指精小管之间的疏松结缔组织，内有一种内分泌细胞，它们成群分布于精曲小管之间，即睾丸间质细胞，在性成熟后能分泌雄性激素（睾丸酮）。

（二）附睾

附睾附着在睾丸上，由睾丸输出管和附睾管构成，分为附睾头、附睾体和附睾尾三部分。睾丸输出管形成附睾头，进而汇合成一条较粗且长的附睾管，盘曲成附睾体和附睾尾。附睾尾在附睾尾处管径增大，延续为输精管。

附睾尾借附睾韧带与睾丸尾相连。附睾韧带由附睾尾延续至阴囊的部分，称为阴囊韧带。去势时切开阴囊后，必须切断阴囊韧带和睾丸系膜，才能摘除睾丸和附睾。附睾具有贮存、运输、浓缩和使精子成熟的功能。

（三）输精管和精索

输精管为运送精子的细长管道，起始于附睾尾，经腹股沟管入腹腔，再向后进入盆腔，在膀胱背侧形成输精管壶腹，壶腹部黏膜内有腺体，称壶腹腺，其分泌物有稀释、营养精子的作用。

精索为扁圆的索状结构，其基部连于睾丸和附睾。精索在睾丸背侧较宽，向上逐渐变细，出腹股沟管内环，沿腹腔后部底壁进入骨盆腔内。精索内有输精管、血管、淋巴管、神经和平滑肌束等，外包以固有鞘膜。去势时要结扎或截断精索。

（四）阴囊

阴囊为一袋状皮肤囊，位于两股之间，具有保护睾丸和附睾的作用。阴囊借助腹股沟管与腹腔相通，其结构与腹壁相似，由皮肤、肉膜、阴囊筋膜、鞘膜构成（图 7-5）。

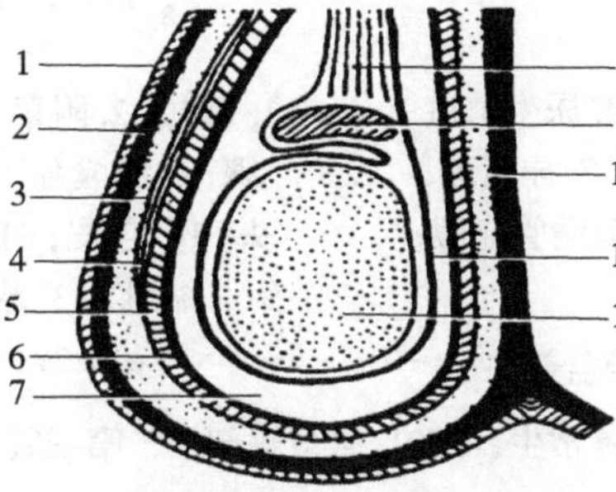

1. 阴囊皮肤；2. 肉膜；3. 精索外筋膜；4. 提睾肌；5、6. 总鞘膜；7. 鞘膜腔；8. 精索；9. 附睾；10. 阴囊中隔；11. 固有鞘膜；12. 睾丸。

图 7-5　阴囊结构模式图

（范作良，2005. 家畜解剖）

1. 皮肤

皮肤较薄，有少量短而细的毛，内含丰富的皮脂腺和汗腺，阴囊正中有阴囊缝。

2. 肉膜

肉膜与阴囊皮肤紧贴，不易分离，由结缔组织和平滑肌组成。肉膜在阴囊中形成阴囊中隔。

3. 阴囊筋膜

阴囊筋膜位于肉膜深面，由腹壁深筋膜和腹外斜肌腱膜延伸而来。将肉膜与总鞘膜较疏松地连接起来，其深面有睾外提肌，它来自腹内斜肌，包在总鞘膜的外侧面和后缘，可上提睾丸。

4. 鞘膜

鞘膜包括总鞘膜和固有鞘膜两部分。总鞘膜由腹壁筋膜和腹膜壁层延续而来，附着在阴囊筋膜的深面，固有鞘膜包裹在精索、附睾和睾丸的表面，由腹膜脏层延续而成。固有鞘膜和总鞘膜间的空隙叫鞘膜腔。连系于固有鞘膜和总鞘膜之间系膜的增厚部分叫附睾尾韧带或称阴囊韧带。公畜去势时，必须剪断该韧带，方可将睾丸和附睾摘除。

（五）尿生殖道

雄性尿道为尿液和精液共同排出的通道，故又称为尿生殖道（图 7-6、图 7-7）。它可以分为骨盆部和阴茎部两个部分，两者间以坐骨弓为界。

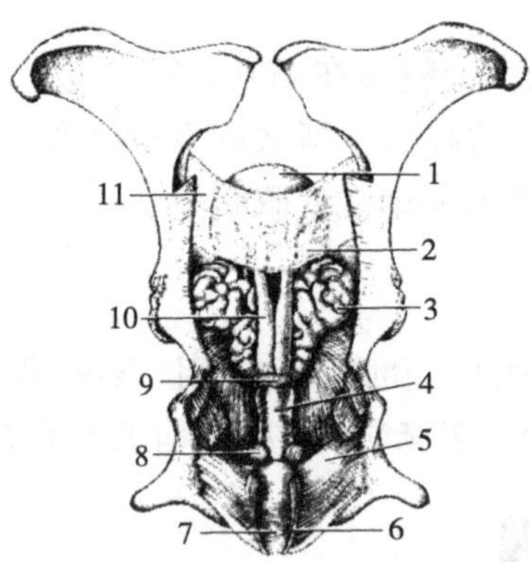

1. 膀胱；2. 输尿管；3. 精囊腺；4. 尿生殖道；5. 坐骨海绵体肌；6. 阴茎缩肌；7. 尿道球；8. 尿道球腺；9. 前列腺体；10. 输精管壶腹；11. 尿生殖褶。

图 7-6　公牛尿生殖道骨盆部

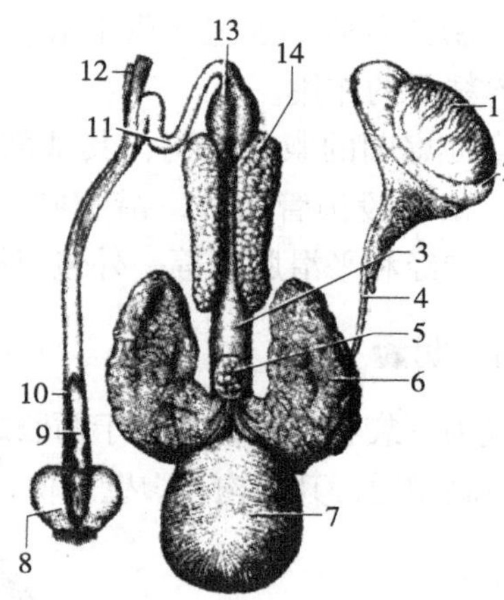

1. 睾丸；2. 附睾；3. 尿道肌；4. 输精管；5. 前列腺；6. 精囊腺；7. 膀胱；8. 包皮憩室；9. 阴茎头；10. 包皮；11. 阴茎“乙”状弯曲；12. 阴茎缩肌；13. 球海绵体肌；14. 尿道球腺。

图 7-7　公猪生殖系统（背侧）

（董常生，2001. 家畜解剖学，第三版）

1. 尿生殖道骨盆部

尿生殖道骨盆部指自膀胱颈到坐骨弓的一段，位于骨盆腔底壁与直肠之间。在骨盆部起始处的背侧黏膜上有一圆形隆起，称为精阜。

2. 尿生殖道阴茎部

尿生殖道阴茎部是尿道经坐骨弓转到阴茎腹侧的一段，末端开口在阴茎头，开口处称尿道外口。在坐骨弓处，尿生殖道壁上的海绵体层稍变厚，形成尿道球。

（六）副性腺

家畜的副性腺包括前列腺、成对的精囊腺及尿道球腺，副性腺分泌物与输精管壶腹部的分泌物，以及睾丸生成的精子共同组成精液，有稀释精子、营养精子及改善阴道环境等作用，有利于精子的生存和运动。

1. 精囊腺

精囊腺位于膀胱颈背侧的尿生殖道褶中，在输精管壶腹部的外侧。每侧精囊腺导管与同侧输精管共同开口于精阜。

2. 前列腺

前列腺位于尿生殖道起始部背侧，一般可分为腺体部和扩散部。这两部以许多导管成行地开口于精阜附近的尿生殖道内。前列腺的发育程度与动物的年龄密切相关，幼龄时比较小，到性成熟期较大，老龄时又逐渐退化。

3. 尿道球腺

尿道球腺为一对，位于尿道骨盆部末端的背面两侧，在坐骨弓附近。导管开口于尿生殖道内。凡是幼龄去势的家畜，副性腺不能正常发育。

（七）阴茎和包皮

阴茎是公畜的排尿、排精和交配器官，分为阴茎头、阴茎体和阴茎根 3 部分。阴茎根以两个阴茎脚附着于坐骨弓的两侧，进而合并为阴茎体。阴茎体是阴茎的主要部分，阴茎头位于阴茎的游离端。

1. 马的阴茎

马的阴茎头端膨大，头上有阴茎头窝，尿道外口开口于此。马的阴茎粗大、平直，腹侧有阴茎退缩肌。

2. 牛、羊的阴茎

牛、羊的阴茎呈圆柱状，细而长。阴茎体在阴囊后方，呈“乙”状弯曲，勃起时伸直。阴茎头长而尖，游离端形成阴茎头帽。羊的阴茎头伸出长的（3～4 cm）尿道突。尿道外口位于尿道突顶端。

3. 猪的阴茎

猪的阴茎体也有“乙”状弯曲，位于阴囊前方，阴茎头尖细呈螺旋状。

4. 犬的阴茎

犬的阴茎后部有 2 个明显的海绵体，正中由阴茎中隔分开。比较特殊的是中隔前方有一骨块，称阴茎骨。骨的长度 10 cm 以上（体型较大的犬）。阴茎骨相当于海绵体的一部分，经骨化而成。阴茎头很长，覆盖在全阴茎骨的表面，它的前部呈圆柱状，游离端为一尖端。阴茎头的起始部膨大，称龟头球，内有勃起组织。阴茎内有阴茎海绵体，位于尿道的背侧，占据阴茎断面的大部分。尿道海绵体位于尿道周围。阴茎勃起时，海绵体血窦内充满血液，使阴茎变硬和伸长。马和犬的阴茎内海绵体发达。

包皮为皮肤折转而形成的管状鞘，有容纳和保护阴茎头的作用。

二、雌性生殖系统的构造

母牛生殖系统由卵巢、输卵管、子宫、阴道、尿生殖道前庭和阴门等组成（图 7-8 至图 7-10）。卵巢、输卵管、子宫和阴道为内生殖器官。尿生殖前庭和阴门为外生殖器官。

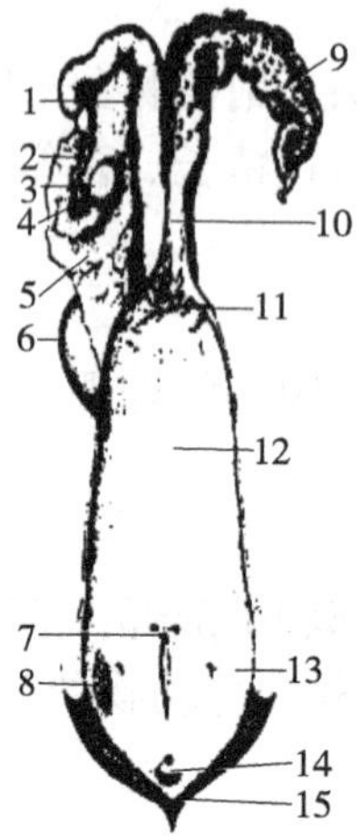

1. 子宫角；2. 输卵管；3. 卵巢；4. 输卵管腹腔口；5. 子宫阔韧带；6. 膀胱；7. 尿道外口；8. 前庭大腺；9. 子宫肉阜；10. 子宫体；11. 子宫颈外口；12. 阴道；13. 前庭大腺管开口；14. 阴蒂；15. 下联合。

图 7-8 母牛生殖系统（背面）

（董常生，2001. 家畜解剖学，第三版）

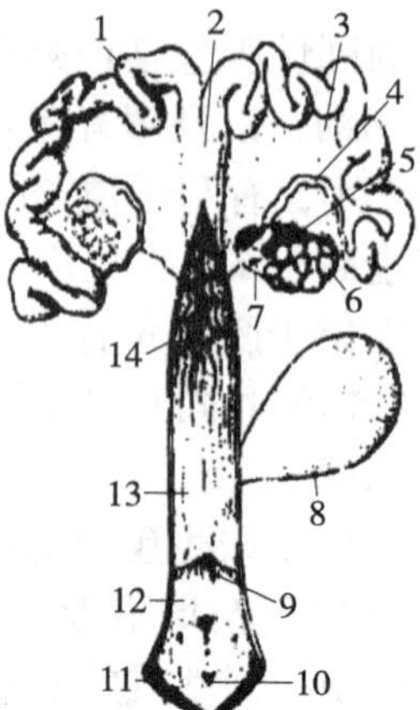

1. 子宫角；2. 子宫体；3. 子宫阔韧带；4. 输卵管；5. 卵巢囊；6. 卵巢；7. 输卵管漏斗；8. 膀胱；9. 尿道外口；10. 阴蒂；11. 阴唇；12. 阴道前庭；13. 阴道；14. 子宫颈。

图 7-9 母猪生殖系统（背面）

（董常生，2001. 家畜解剖学，第三版）

（一）卵巢

1. 卵巢的形态位置

卵巢是产生卵子和分泌雌激素的器官。其形状和大小因畜种、个体、年龄及性周期而异。动物种类不同，卵巢的外形和结构均不相同。卵巢由卵巢系膜附着于腰下部。卵细胞定期由卵巢破壁排出。排出的卵细胞经腹膜腔落入输卵管起始部。在卵巢系膜的附着缘缺腹膜、血管、神经、淋巴管由此出入卵巢，这个部位称为卵巢门。卵巢的解剖特征之一是没有排卵管道，卵细胞定期由卵巢破壁排出。排出的卵细胞经腹膜腔落入输卵管起始部。

卵巢呈稍扁的椭圆形，长约 3.7 cm，宽约 2.5 cm。前端是输卵管端，接输卵管伞；后端为子宫端，以卵巢固有韧带与子宫角相

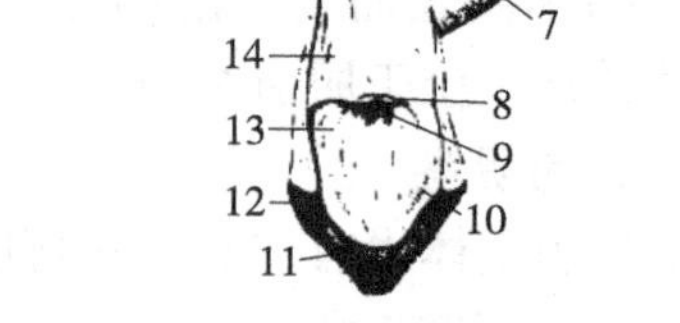

1. 输卵管腹腔口；2. 输卵管子宫口；3. 子宫角；4. 输卵管漏斗；5. 子宫体；6. 子宫颈；7. 膀胱；8. 阴瓣；9. 尿道外口；10. 前庭大腺管开口；11. 阴蒂；12. 阴唇；13. 阴道前庭；14. 阴道；15. 子宫外口；16. 阴道穹隆；17. 子宫阔韧带；18. 输卵管；19. 左卵巢。

图 7-10 母马生殖系统（背面）

（董常生，2001. 家畜解剖学，第三版）

连。马的卵巢呈豆形，腹缘游离，有凹陷的卵巢窝，卵子只能在卵巢窝表面排出；猪的卵巢呈桑椹状。牛、羊及犬的卵巢呈椭圆形及圆形；犬的卵巢完全被卵巢囊所包裹。卵巢囊有利于卵巢排出的卵细胞顺利进入输卵管。

2. 卵巢的组织构造

卵巢由被膜和实质构成（图 7-11）。

（1）被膜。被膜由生殖上皮和白膜组成。生殖上皮被覆于卵巢表面，其深面是一薄层由致密结缔组织构成的白膜。

马的卵巢仅在排卵窝处有生殖上皮分布，其余部分由浆膜覆盖。

（2）实质。卵巢的实质分为皮质和髓质两部分。皮质在外，内含有许多不同发育阶段的卵泡，又称为卵泡区。髓质位于卵巢内部，含有丰富的血管、神经、淋巴管等，又称为血管区。

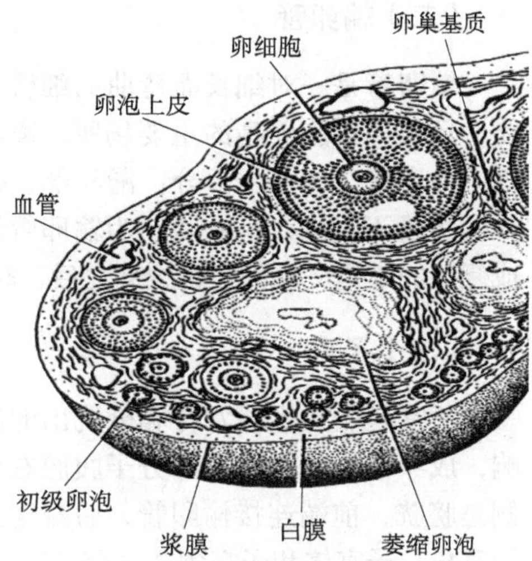

图 7-11　卵巢组织结构图

卵泡由一个卵母细胞和包在其周围的一些卵泡细胞所构成。根据卵泡发育程度不同，其结构发生一系列变化，将卵泡分为原始卵泡、初级卵泡、次级卵泡和成熟卵泡。很多卵泡在发育过程中退化形成闭锁卵泡。

原始卵泡：原始卵泡数量多、体积小，是一种球形的卵泡，位于卵巢皮质表层。每个原始卵泡一般由一个大而圆的初级卵母细胞和其周围单层扁平的卵泡细胞构成。

初级卵泡：卵泡细胞不断分裂增殖，由单层变成多层。卵母细胞周围出现透明带。卵泡周围的结缔组织逐渐分化形成卵泡膜。

次级卵泡：初级卵继续生长成为次级卵泡，卵泡内出现了卵泡腔，内有卵泡液。卵母细胞及周围的卵泡细胞被卵泡液挤到卵泡腔一侧，形成卵丘。其余的卵泡细胞密集排列成数层，构成卵泡壁，又称颗粒层。在次级卵泡的后期卵丘上紧靠透明带的卵泡细胞呈柱状，围绕透明带呈放射状排列，称为放射冠。

成熟卵泡：由于卵泡液激增，成熟卵泡的体积显著增大，向卵巢表面隆起。卵泡壁变薄，卵泡腔增大。成熟的卵泡破裂及其周围的放射冠，随同卵泡液一起排出称排卵，排卵时，由于血管受损会伴随出血，血液充满卵泡腔，就形成了红体。红体内的血液逐渐被吸收颜色变黄，形成黄体。如果受精，黄体分泌孕酮，为妊娠做准备。如果未受精，黄体细胞迅速变小和退化，渐被结缔组织取代，最后变为白体。

卵巢的绝大部分卵泡不能正常发育分化成熟，在卵泡发育的各阶段中逐渐退化，退化的卵泡称为闭锁卵泡。

不同的动物卵巢的形状、大小和位置都不同。

马的卵巢：呈豆形，体积如鸽蛋大小，成熟后卵巢的一边（自由边）内陷形成排卵窝，朝向内侧的输卵管伞。发情周期的不同时期马卵巢的直径大小不等。

牛的卵巢：椭圆形，没有排卵窝，如青枣大，排卵以后多不形成红体，黄体凸出于卵巢表面。

羊的卵巢：比牛的圆，体积也小，其他特点同牛。

猪的卵巢：有很发达的卵巢囊，卵巢和输卵管伞有时被包在卵巢囊内，其形状随机体成熟的程度而有不同。幼小母猪卵巢的形状极似肾脏，接近性成熟时为桑椹形，达到性成熟时似串状葡萄。

（二）输卵管

输卵管是一对细长而弯曲的细管，位于子宫角和卵巢之间，不仅有输送卵子的功能，还是卵细胞受精的主要场所。离卵巢近的部分管径较粗，靠近子宫角的部分，较细。输卵管分为 3 个部分：漏斗部、壶腹部和峡部三段。输卵管漏斗部是起始部，漏斗的边缘不规则，呈伞状，为输卵管伞。壶腹部较长，在漏斗部和峡部之间，黏膜形成复杂的皱褶。峡部在壶腹部之后，较短，管壁厚。

（三）子宫

子宫是胎儿生长发育和分娩出的肌质器官。富有伸展性的中空状。由于瘤胃的影响，成年母牛的子宫大部分子腹腔右侧后部，小部分在骨盆腔。子宫背侧是直肠，腹侧是膀胱，前端连接输卵管，后端连接阴道。牛的子宫为双角子宫，似绵羊角，分为子宫角、子宫体和子宫颈 3 部分。

（1）子宫角。子宫角为一对，是子宫的前部，子宫角前端分开状，向下弯曲，逐渐变细，与输卵管相接。

（2）子宫体。子宫体为很短的直筒状，后续接子宫颈。

（3）子宫颈。子宫颈全部位于骨盆腔内，呈直的管状，壁厚而硬，子宫颈黏膜互相嵌合螺旋状，平时紧闭，不易张开。子宫颈阴道部呈菊花瓣状。

马的子宫，呈“Y”形，子宫角稍弯呈弓状，子宫角约与子宫体等长，子宫颈阴道部明显，呈现花冠状黏膜褶。

牛、羊的子宫角长，前部呈绵羊角状，后部由结缔组织和肌组织连成伪体，其表面被以腹膜，子宫体很短。子宫颈由黏膜突起嵌合成螺旋状，子宫颈阴道部呈菊花瓣状。其中央有子宫外口。子宫内膜上有子宫阜，牛的子宫阜为圆形隆起，100 多个，排成四列。羊的子宫阜呈全纽扣状，中央凹陷，60 多个。

猪的子宫角很长，子宫体短，子宫颈长，子宫颈管也呈螺旋状，无子宫颈阴道部。

犬的子宫体很短，子宫角细而长，子宫角的分歧角呈“V”形。子宫颈很短，含有厚的肌肉。

（四）阴道

阴道是母畜的交配器官和产道，阴道呈扁管状，位于骨盆腔内，在子宫后方，向后延接尿生殖前庭，其背侧与直肠相邻，腹侧与膀胱及尿道相邻。有些家畜的阴道前部由于子宫颈阴道部突入，形成陷窝状阴道穹窿。马和牛的阴道宽阔，周壁较厚。马的阴道穹窿呈环状，牛的呈半环状。猪的阴道腔直径很大，无阴道穹窿。犬的阴道比较长，前端尖细，肌层很厚，主要由环形肌组成。

（五）尿生殖前庭

尿生殖前庭位于骨盆腔内，呈短筒状，前接阴道，后部以阴门与外界相通。其黏膜为粉红色，在前端腹侧壁上有一条横行黏膜褶称为阴道瓣，可作为前庭与阴道的分界；后端以阴门与外界相通。在尿生殖前庭的腹侧壁上，靠近阴瓣的后方有尿道外口，两侧有前庭小腺的开口。前庭两侧壁内有前庭大腺，开口于前庭侧壁。

尿生殖前庭是交配器官和产道，也是尿液排出的通道。

幼龄母马阴瓣发达，经产老龄母马阴瓣常不明显。母牛的阴瓣不明显，在尿道外口腹侧有尿道下憩室，长约 3 cm。给母牛导尿时，应注意勿使导管误入尿道下憩室。母猪的阴瓣为一环形褶。

（六）阴门

阴门位于肛门腹侧，由左、右两阴唇构成，两阴唇间的裂缝称为阴门裂。阴唇上、下两端的联合，分别称为阴唇背侧联合和阴唇腹侧联合。在腹侧联合前方有一阴蒂窝，内有阴蒂，相当于公畜的阴茎。

牛的阴唇背侧联合圆而腹侧联合尖，其下方有一束长毛。猪的阴蒂细长，突出于阴蒂窝的表面。犬的阴蒂窝大，有一黏膜褶向后延展，覆盖在阴蒂的表面，褶的中央部有一向外突出的部分，常被误认为阴蒂。

（七）雌性尿道

雌性尿道较短，位于阴道腹侧，前端与膀胱颈相接，后端开口于尿生殖前庭起始部的腹侧壁，为尿道外口。牛有明显的尿道下憩室。

- **材料准备**

收集牛常见生殖系统疾病症状的相关资料，重点收集难产等产科疾病；收集牛分娩的视频与图片；牛雌性生殖系统各器官标本。

- **人员准备**

人员分组，每组 5 人，明确职责分工。

任务角色	任务内容
组长：	任务：
组员 1：	任务：
组员 2：	任务：
组员 3：	任务：
组员 4：	任务：

任务实施

第一步：深入了解生殖系统各器官的形态、结构和位置。

第二步：根据病例，查找相关的资料。
第三步：从查找到的资料中找出关键点。
第四步：绘制雌性生殖系统模式图。
第五步：为农户提出相关诊断意见。

任务评价

班级：________ 组别：________ 姓名：________

项目	评分标准	自我评价	小组评价	教师评价
雌性生殖系统形态、结构和位置模式图	从雌性动物生殖系统组成着手，掌握各器官的形态、结构、位置，分析产道位置（4分）			
	收集整理难产案例，分析难产原因，与雌性生殖系统各器官位置、形态和结构进行对比（4分）			
	整理分析绘制模式图（2分）			
合计				
自我评价与总结				
教师点评				

课程思政专栏

我是一辈子的值班医生——“万婴之母”林巧稚

著名医学家和医学教育家，中国现代妇产科学的主要奠基者和开拓者，“万婴之母”……诸多公认的头衔，彰显了林巧稚在国人心中的地位之重。而林大夫对自己的定位，却是“一辈子的值班医生”。

对胎儿宫内呼吸窘迫等进行研究，成功诊治新生儿溶血症，亲手接生数万个孩子，这位“值班医生”为妇女儿童的安危和新中国妇产科学的创建与发展奉献了一生。在60年的从医生涯中，林巧稚接生了5万多名婴儿，5万人出生证上都有她的名字。她把每个刚出生的孩子，都当作自己的孩子，而能够把这些孩子们平安带到人间，就是她最幸福的事情。

【启示】冰心老人在《悼念林巧稚大夫》一文中这样写道：“她是一团火焰、一块磁石。她的为人民服务的一生，是极其丰满充实地度过的。”林巧稚怀有一颗医者的仁心，一生都在为服务他人燃烧。她这样充实的一生，注定会被世人敬仰、传唱。

任务二　动物生殖生理规律

任务导入

青海省某农户家中有一头青年母牛，长期无法怀孕，怀疑卵巢机能障碍，现求助某动物医院。请根据卵巢的组织结构，梳理一份卵巢卵泡发育模式图，为动物医院对该病畜治疗提供帮助。

任务准备

● **知识准备**

生殖是生物繁殖后代保证种族延续的生理过程。一般地讲，生殖是通过生殖器官的活动和雌雄两性生殖细胞结合而实现的。高等哺乳动物的生殖包括生殖细胞生成、交配、受精、胚胎发育、分娩和泌乳等环节。

一、性成熟与性季节

（一）性成熟

哺乳动物出生至性成熟的年龄称为性成熟期，这一时期生殖器官基本发育完全，并具备繁殖子代的能力，这一时期称为性成熟。达到性成熟的动物能产生生殖细胞和性激素，出现各种性反射，比如发情症状；公牛能产生精子，有性欲要求，能完成交配、受精、妊娠和胚胎发育等生殖过程。性成熟是一个发展过程，它的开始阶段称初情期。一般以开始出现各种性行为（如阴茎勃起、爬跨母畜、交配等）为标志。母畜初情期的主要表现是第一次发情。

性成熟后，身体仍在发育，直到具有成年动物固有的形态和结构特点，称为体成熟。动物性成熟时，虽然具备了生殖能力，但身体还未发育完全，不能配种和繁殖；家畜开始配种的年龄要比性成熟晚些，只有在体成熟后，动物各器官系统的功能才发育较完善，才允许用于配种繁殖。

（二）性季节

性季节也叫发情季节，指在一年中的一定季节内，某些动物出现周期性的发情并且能够进行繁殖的季节。在性季节里，雌性动物重复多次出现发情现象，这类发情属于“季节性多次发情”，在性季节以外的季节里无发情现象。比如在高海拔地区所特有的牦牛，有相关文献表明，具有季节性发情的特征，一般在夏季发情明显，冬季发情不明显。一年中除了妊娠期以外，都可能周期性地反复出现发情，这类发情属于“终年多次发情”。这类动物虽然全年都可以发情，但在温暖的季节里，发情周期正常，发情征兆也明显；而在寒冷的季节里，发情就可能停止。两次季节之间的不发情时期，称为乏情期。

动物的季节性繁殖，是受内外因素共同调控的结果。气温、光照、食物来源等外界因素的变化，尤其是光照的刺激，通过神经系统作用于下丘脑和垂体等，引起下丘脑—垂体—性腺轴的周期性活动，从而使动物发情。雄性动物的生殖一般不受季节的限制，但是褪黑素对雄性动物的发情具有很明显影响。

二、雄性生殖生理

（一）性反射

性反射活动是复杂的神经反射活动，雄性和雌性都有这种反射。公畜的性反射共四种反射：勃起反射、爬跨反射、抽动反射、射精反射。这四种反射按顺序依次出现。

1. 勃起反射

某些性刺激通过公畜的感觉神经，引起腰荐部脊髓的勃起中枢兴奋，进而引起阴茎海绵体充血，阴茎勃起，主要变化是阴茎充血，勃起，突出于包皮囊外。

2. 爬跨反射

公畜爬跨在母畜的后躯上面又称为“拥抱反射”。

3. 抽动反射

抽动反射是由臀部肌肉的强烈收缩所形成，是将阴茎插入母畜阴道所必需的动作，阴茎接触到阴道时表现最为明显。

4. 射精反射

射精反射是指附睾尾、输精管、附性腺、尿道和阴囊等由于腰荐部的射精中枢的兴奋而引起强烈的收缩或分泌，使精液排出。射精反射过程中，家畜非常安静，家畜种别及射精量的大小不同，此过程长短也不同。

（二）精液

精液由精子和精清组成，黏稠不透明，弱碱性，pH 值在 7.0～7.3，有腥臭味。它是睾丸、附睾和附性腺的混合分泌物。渗透压与血浆相似。一般精液量小，精子浓度较大，频繁配种的公牛，射精少，精子浓度就低。

1. 精清

精清是副性腺、附睾和输精管的混合分泌物，呈弱碱性，主要作用是：①稀释来自附睾的浓密精子，扩大精液容量，便于精子运行；②调整精液 pH 值和渗透压，促进精子的运动；③为精子提供营养物质；④刺激子宫、输卵管平滑肌的活动，利于精子运行，也对精子起保护作用。

2. 精子

精子在睾丸中形成后即贮存于附睾内，成熟后排出，是高度特异化的浓缩细胞，状如蝌蚪。头部呈扁圆形，主要由细胞核构成，内含遗传物质 DNA。核的后部由核后帽包裹，并与核前帽形成局部交叠部分，叫核环。顶体内含多种与受精有关的酶。尾部为精子最长的部分，是精子代谢和运动器官。颈部很短，内含供能的物质，尾部又长，在精子运行中起重要的作用。

评定精子生命力的重要标志是精子的活动性。精子的活动形式主要有三种：第一种是直线前进；第二种是转圈运动；第三种是原地摆动。只有直线前进运动为精子的正常运动形式。体温即37℃左右的温度下，可保持正常的代谢和运动状态。当温度继续上升时，精子的代谢提高，运动加剧，在40℃以上的温度下，迅速死亡。低温对精子的影响是比较复杂的。经适当稀释的家畜精液，缓慢降温时，精子的代谢和运动会逐渐减弱，一般在0～5℃基本停止运动，代谢也处于极低的水平，称为精子的“休眠”。未经任何处理的精液，即使急剧降温到10℃以下，精子也会因低温打击，出现“冷休克”。将精液冷冻后在超低温冷源干冰（-79℃）和液氮（-296℃）中长期保存。

在高渗压稀释液中，精子会脱水；在低渗溶液中，精子膨胀变形，最后死亡。精子在一般情况下，对渗压的耐受范围为等渗压的50%～150%。在一定的范围内，酸性环境对精子的代谢和运动有抑制作用；碱性环境则有激发和促进作用。外界因素也很重要，直射的阳光对精子的代谢和运动有激发作用，加速精子的代谢和运动，不利于精子的存活。在采精和精液的运输过程中，振动往往是不可避免的，轻度地振动对精子的危害不大。常用的消毒药物，即使浓度很低也足以杀死精子，应避免其与精液接触。某些抗菌类药物如抗菌素和磺胺等，在适当的浓度下，不但无毒害作用，而且还可以抑制精液中细菌的繁殖，对精液的保存有利。吸烟所产生的烟雾，对精子有很强的毒害作用，在精液处理的场所要严禁吸烟。

三、雌性生殖生理

（一）性周期

性周期又称发情周期，动物从这一次发情开始至下次发情开始的间隔时间或者从一次发情结束到下次发情结束所需要的时间，称为发情周期。把握动物发情周期在人工授精方面具有重要意义，能够提高配种率，产仔率等。目前把发情周期可分为发情前期、发情期、发情后期和休情期。牛、羊发情周期如表7-1所示。

表7-1　牛、羊发情周期、发情期和排卵时间参考数值

种类	发情周期 /d	发情期 /h	排卵时间 /h
牦牛	21～22	24～36	发情结束后 10～13
水牛	20～21	24～36	发情结束后 10～12
奶牛	21～22	18～19	发情结束后 10～11
黄牛	20～21	24～48	发情结束后 10～12
绵羊	16～17	24～36	发情结束后 24～30
山羊	19～21	33～40	发情结束后 30～36

1. 发情前期

发情前期为发情的准备期、性活动的开始期。这一期的特征：卵巢内开始有新的卵泡快速发育生长，充满卵泡液，体积增大；雌激素也开始分泌，使整个生殖道血液供应量开始增加，引起毛细血管扩张伸展，阴道和阴门黏膜充血、肿胀；看不到阴道

有黏液流出，没有交配的现象。

2. 发情期

发情期为性周期的高潮时期，有明显发情特征。表现为：愿意接受爬跨，卵巢内卵泡迅速发育，雌激素分泌增多，强烈刺激生殖道，使阴道及阴门黏膜充血肿胀明显，子宫黏膜显著增厚，子宫颈口开张，阴道外部肿胀、潮红并流出黏液。这些变化有利于精子的运行与受精。

3. 发情后期

发情后期为发情特征逐渐消失的时期，是发情结束后的一段时期，主要特征是母牛转入安静状态，不让公牛接近。卵泡破裂排卵后雌激素分泌显著减少，黄体开始分泌孕酮为妊娠做准备，黄体作用于子宫后，子宫内膜逐渐增厚，腺体增生，为接受胚胎附植做准备。如果未受精，即进入休情期。

4. 休情期

动物的性欲已完全停止，进入静止期，精神完全恢复正常。休情期的前期，黄体继续发育增大，分泌大量孕酮作用于子宫，使子宫黏膜增厚。如果卵子受精，这一阶段将延续下去，动物不再发情。如未受精卵巢内的卵泡逐渐发育，黄体逐渐萎缩。性活动生理状态过渡到静止状态，随着卵泡发育到下一轮发情周期。

（二）排卵和受精

1. 排卵

发情后期卵泡成熟，破裂，卵子和卵泡液同时排出叫排卵。在卵巢任何部位的表面，只要卵泡破裂就可以排卵。马仅限于排卵窝处。卵自卵巢排出后，通过输卵管伞端上皮细胞纤毛的摆动，使卵子快速经输卵管腹腔口进入输卵管。

2. 受精

精子与卵子结合形成合子的过程叫受精。受精部位在输卵管上 1/3 处。

精子运行：除靠本身的前进运动外，精子借助于母畜生殖道的收缩蠕动和上皮细胞纤毛地运动由射精部位移动到受精部位，这个过程叫精子运行。公畜刚射出的精子尚不具备受精能力，必须经过一定的变化后才能具有受精能力，这种生理现象称为精子获能。一般情况下发情结束后会排卵，所以精子一般比卵子先于到达受精部位。在这段时间，精子可以完全获能。获能过程就是使去能因子失去活性的过程。此过程还包括使顶体酶类（如顶体酶、类神经氨酶）激活的过程，这种作用称为顶体反应。获能后的精子能黏附及穿过卵子透明带，具有使卵子受精的能力。精子在母畜生殖道内获能的时间，牛需要 5～6 h；猪 3～6 h；羊 1.5 h。精子在雌性生殖道内保持受精的时间为 1～2 d。

卵子本身无运动能力，主要靠输卵管纤毛向子宫方向的颤动和平滑肌收缩，从输卵管伞部运行到上 1/3 处，在此与精子结合。卵子维持受精能力的时间，各种家畜有所不同，牛为 8～12 h，羊为 16～24 h，马为 6～8 h。卵子受精力的丧失不是突然发生，而是在到达受精部位以后逐渐衰退。如果卵子在衰老期受精，则胚胎的活力不强或完全不能受精。因此，适时配种，使受精部位有充沛活力的精子在等待，这样可提高母畜的受胎率。卵子在输卵管，如果没有受精，则继续下行，输卵管分泌物逐渐在其表面形成一层蛋白膜，能阻碍精子进入，使卵子完全失去受精能力。未受精的卵子在输卵管内或子宫内自行崩解成碎片，随子宫分泌物排出或变性成为分泌物的一部分。

受精过程可分四个阶段：精子和卵子相遇、精子进入卵子、原核形成和配子组合、合子形成。

第一阶段：精子和卵子相遇。卵子排出后，进入卵细胞时，透明带的外层有颗粒细胞层，也叫卵丘，靠近透明带的卵丘细胞呈放射状排列，故称放射冠，这是精子入卵的第一道屏障。精子通过顶体反应释放透明质酸酶和放射冠穿透酶溶解卵丘细胞和细胞间的基质，使精子穿越放射冠与透明带接触。家畜中除猪外，排卵后几小时脱去卵丘细胞和放射冠，这种“光卵”可正常受精与发育。因此，对于这些动物来说，精子发生顶体反应所释放出酶的作用，似无实际意义，兔、犬和猫等动物卵子的放射冠，则必须由精子产生的透明质酸酶才能溶解，若在其悬浮液中加入透明质酸酶抑制剂精子则不能穿过放射冠。

第二阶段：精子进入卵子。精子穿越放射冠后，以刚暴露的顶体内膜附着于透明带表面，这是精子穿过透明带的先决条件。这种附着只有获能和发生顶体反应的精子才能发生。精子与透明带的附着具有非常明显的种间特异性，异种动物的精子是不能附着和穿过透明带的。精子进入卵子以后，其他精子就无法进入卵子。精子通常在附着透明带后 5～15 min 穿过透明带，因此顶体脱落可能发生在精子头接触透明带前后。

第三阶段：原核形成和配子组合。精子进入透明带后，到达卵周隙。此时精子仍能活动，不过活动时间很短。一旦接触卵黄膜，活动即停止，在与卵黄膜接触后 20 min，即与卵黄膜融合在一起。在大鼠上研究发现，精子总是头的中部和后部质膜与卵黄膜相贴。卵黄膜表面的微绒毛抓住精子的头，与此同时卵黄发生旋转，此时精子尾部全部进入卵周隙内，接着两层质膜形成连续的膜，并将精子头都包起来，随两层膜不断向精子尾部融合，精子就被“拖入卵内”。

第四阶段：精子卵子结合以后，头部膨大，细胞核形成雄性原核，卵子的核形成雌性原核，雄原核和雌原核经充分发育，逐渐相向移动。在卵子的中央，核仁和核膜消失，两原核紧密接触，然后迅速收缩染色体重新组合，并准备进行第一次有丝分裂。至此受精最后阶段“配子配合”遂告完成，形成一个称为“合子”的单细胞胚胎。在已测定的哺乳动物中，原核的整个生存期为 10～15 h。接近第一次分裂时，可以看到两组染色体，它们分别是母本和父本的染色体合并形成。完成受精全过程。

（三）妊娠

合子在母体子宫内生长发育为成熟胎儿的过程，称为妊娠。

1. 胚胎的早期发育

（1）卵裂合子。卵裂合子是一个比身体其他细胞大得多的单细胞。其中细胞质所占的比例比核要大得多。内含早期分裂足够的营养物质。当发育开始时，单细胞的合子即进行分裂，此刻胚胎虽吸收水分体积略有增大，但细胞总质量并未增加，总的细胞质还略有减少。这种并不伴随细胞生长的细胞分裂称为卵裂。卵裂所产生的子细胞称为卵裂球。每个卵裂球都具有发育成为一个新个体的全能性。

在卵裂过程中，第一次卵裂与卵子的对称面并无关系，但是由于卵子在未受精前已具有极性，即动物极和植物极，因而往往从动物极穿过雌雄核所在区域通向植物极。第二次卵裂同第一次卵裂面呈垂直方向，但也是从动物极开始延伸到植物极。第三次卵裂呈水平方向，在动植物极之间，因此它与前两个卵裂面都呈直角。由于分裂不一定是同时发生，因此在观察时可以看到 3 细胞、5 细胞、6 细胞或 7 细胞等阶段。同时，分裂的子细胞也并不一定都同样大小。

（2）囊胚的形成。桑椹胚形成后，卵裂球分泌的液体在细胞间隙聚集，最后在胚胎的中央形成一充满液体的腔——囊胚腔。随囊胚腔的扩张，细胞的分化趋明显。小而分裂活跃，富有黏多糖和酸性磷酸酶的细胞聚集在外周，形成胚胎外层，继而成为滋养层。以后将发育成为胚胎的一部分。大而分裂慢，含有碱性磷酸酶的细胞聚集在囊胚的一侧，称为内细胞团，以后将发育成为胚体本身。此时的胚胎称为囊胚。

（3）早期胚胎的迁移。胚胎在脱出透明带之前，一直处于游离状态。胚胎发育所需要的营养，来自子宫内膜腺和子宫上皮所分泌的物质（子宫乳）。不同的动物，胚胎在子宫内迁移的现象均有发生（表 7-2）。多胎动物，如猪胚胎可在排卵一侧的子宫角游向子宫体，也可以游向另一侧子宫角。

表 7-2 各种动物受精卵发育及进入子宫的时间

动物种类	受精卵发育 /h					进入子宫	
	2 细胞	4 细胞	8 细胞	16 细胞	桑椹胚	时间 /d	发生阶段
兔	24～26	26～32	32～40	40～48	50～68	3	囊胚期
山羊	24～48	48～60	72	72～96	96～120	4	10～16 细胞期
绵羊	36～38	42	48	67～72	96	3～4	16 细胞期
猪	21～51	51～66	66～72	90～110	110～114	2～2.5	4～6 细胞期
牛	27～42	44～65	46～90	96～120	120～114	4～5	8～16 细胞期

2. 妊娠的识别

妊娠早期，胚胎即可产生某种化学因子（激素）作为妊娠信号传给母体，母体随即做出相应的生理反应，以识别和确认胚胎的存在。为胚胎和母体之间生理和组织的联系做准备，这一过程称为妊娠识别。

3. 胚泡的附植

由于胚泡内液体的不断增加，体积的变大，在子宫内的活动才逐步受到限制，与子宫壁相贴附，随后才和子宫内膜发生组织及生理的联系，位置固定下来，这一过程称为附植，也称附着、植入或着床。

（1）附植的部位：通常都是对胚胎发育最有利的位置。

（2）附植的时间（表 7-3）。

表 7-3 胚泡附植的进程（以排卵后的天数计算） 单位：d

动物种类	妊娠识别	疏松附植	紧密附植
猪	10～12	12～13	25～26
牛	16～17	28～32	40～45

（续表）

动物种类	妊娠识别	疏松附植	紧密附植
绵羊	12～13	14～16	28～35
马	14～16	35～40	95～105

（3）附植过程中子宫内膜的变化：子宫内膜充血、增厚、上皮增生、子宫腺盘曲明显，分泌能力增强。

（4）影响胚泡附植的因素：母体激素、胚泡激素、子宫对胚泡的接受性、胚激肽。

遗传育种过程中，可以将一头优良雌性动物的早期胚胎取出，移植到另一头同等优质的雌性动物子宫内，继续发育，目的就是产生优良的后代。为了提高胚胎移植效率，也可以通过药物进行超数排卵。

4. 胎膜和胎水

（1）胎膜。胎膜是胎儿的附属膜，是卵黄囊、羊膜、绒毛膜、尿膜和脐带的总称。是胚胎在发育过程中逐渐形成的暂时性器官，胎儿出生后即被弃掉。

①卵黄膜。在哺乳动物，卵黄囊由胚胎发育早期的囊胚腔形成。哺乳动物的卵只有卵黄体或很小的卵黄块。因此，卵黄囊只在胚胎发育的早期阶段起营养交换作用。一旦尿膜出现其功能即为后者替代。随着胚胎的发育，卵黄囊逐渐萎缩，最后埋藏在脐带里，成为无机能的残留组织，而称为脐囊，这在马较为明显。

②羊膜。羊膜是包裹在胎儿外的最内一层膜，由胚外外胚层和无血管的中胚层形成。在胚胎和羊膜之间有一充满液体的腔——羊膜腔。羊膜上无血管，某些动物的羊膜上偶尔看到血管，这是卵黄囊覆盖的缘故。

羊膜不仅能保护胚胎免受震荡和压力的损伤，同时，还为胚胎提供了向各个方面自由生长的条件。羊膜能自动收缩，使处于羊水中的胚胎呈略微摇动状态，从而促进胚胎的血液循环。

③尿膜。尿膜是由胚胎的后肠向外生长形成。其功能相当于胚胎外临时膀胱，并对胎儿的发育起缓冲保护作用。当卵黄囊失去功能后，尿膜亦增大，在奇蹄类有部分尿膜和羊膜黏合形成尿膜羊膜，而与绒毛膜黏合则成为尿膜绒毛膜。

④绒毛膜。绒毛膜是胚胎最外层膜，其发生与羊膜相似。绒毛膜表面有绒毛，富含血管网。除马的绒毛膜不和羊膜接触外，其他家畜的绒毛膜均有部分与羊膜接触。绒毛膜表面绒毛分布家畜间有不同。绒毛膜的整个形状，不同种类家畜也有不同。

（2）胎水。胎水包括来自羊膜囊的羊水和尿囊的尿水。

①羊水。羊水大部分来源于母体血液。发育的胎儿也排泄一部分代产物至羊水中，羊水的量随妊娠的阶段而有变化。一般说来，妊娠初期缓慢升高，中期迅速增加，之后保持稳定。

②尿水。尿水来源于胎儿的尿液和尿囊上皮分泌物。尿水在妊娠早期增加迅速，这可能与中肾有关。大约到妊娠后半期动物间有不同的特点，牛尿水量增加，绵羊则不稳定。猪尿水的变化与羊水相似，妊娠前 1/3 时期增加很快，妊娠末期减少；马则相反，在临产时有时多达 8～15 L，其色泽由稀薄澄清变成浓稠。

5. 胎盘

胎盘是指由胎膜的尿膜绒毛膜（猪还包括羊膜绒毛膜）和妊娠子宫黏膜共同构成的附合体，前者称胎儿胎盘，后者称母体胎盘。

（1）弥散型胎盘。弥散型胎盘有六层组织，即母体子宫上皮、子宫内膜结缔组织和血管内皮；胎儿的绒毛上皮、结缔组织和血管内皮。如猪、马。

（2）子叶胎盘。子叶胎盘使母体胎盘的结缔组织直接与胎儿子叶的绒毛接触变为结缔组织绒毛胎盘。如牛、羊。

（3）带状胎盘。绒毛直接与子宫血管内皮相接触，也称绒毛内皮胎盘。如猫、犬。

（4）圆盘状胎盘。绒毛侵入子宫黏膜，穿过血管内皮，直接浸入血液之中，又称血液绒毛胎盘。如人、灵长类动物。

6. 妊娠期

妊娠期是从卵受精开始，至胎儿娩出为止。各种家畜的妊娠期平均为：牛 280 d，羊 150 d，马 340 d，兔 31 d，驴 380 d，牦牛 256 d，猪 114 d。

母畜妊娠后，黄体转化为妊娠黄体继续存在，分泌孕酮，维持妊娠。发情周期中断。妊娠早期，卵巢偶有卵泡发育，但多不能排卵而退化，闭锁。随着胎儿的发育子宫容积增大。子宫肌层保持着相对静止和平衡的状态。内膜腺管数增加并分泌黏稠黏液封闭子宫颈管，称子宫栓。

阴道和阴门。妊娠初期，阴门收缩紧闭，阴道干涩；妊娠末期，阴唇、阴道水肿，柔软有利于胎儿产出。母体新陈代谢加强，体重增加，被毛光润。后期，胎儿迅速生长发育，往往会造成母畜体内钙、磷含量降低。

（四）分娩

1. 分娩过程

母畜借子宫和腹肌的收缩，将发育成熟的胎儿及胎膜（胎衣）排出母体的过程。分娩时阴唇肿胀，有透明黏液从阴道流出；乳房红肿，临近分娩时会有以下三个阶段。

（1）开口期。开口期是指子宫开始有节律的阵缩，子宫颈口完全开张，与阴道的界限消失为止。特点是只有阵缩，即子宫间歇性的收缩。

开口期中，刚开始阵缩轻微，间歇期较长，继而则强而短。阵缩是由子宫角端向子宫颈发生波状收缩，使胎水和胎儿向子宫颈移动，并逐渐使胎儿的前置部分进入子宫颈管和阴道。由于这时阴道神经节受到刺激，进而加强了腹肌的作用，腹肌和子宫阵缩共同形成了很大的娩出力，在这时，胎儿的胎向和胎势都发生了相应的变化。子宫肌和腹肌的收缩作用，使胎儿上举，由下胎位变为上胎位，拳曲胎势变成了伸展状态。开口期中不同种类的动物表现有种间差异，同种间的不同个体也不尽相同，一般经产较为安静，有的甚至看不出表现。

（2）胎儿排出期。胎儿排出期指从子宫颈口完全开张到胎儿排出为止。子宫的阵缩和努责共同发生作用，其中努责是排出胎儿的主要力量。在产出期到来之前，胎儿的前置部分已楔入产道，由于阵缩的加剧和母体的强烈努责，终将胎儿排出。阵缩的意义在于使胎儿和胎盘的血液循环不致因为子宫肌长期收缩而发生障碍，导致胎儿窒息或死亡。

在这一阶段，母体的临床共同表现是极度不安、起卧频繁、前蹄刨地、后肢踢腹、回顾腹部、弓背努责。然后胎儿前置部分以侧卧胎势通过骨盆及其出口，此时，母体四肢伸直，努责的强度和频率都达到了极点，努责数次后，休息片刻，又继续努责。

在产出期中，胎儿最宽部分的排出需要较长的时间，特别是头部，当胎头通过骨盆腔时，母体努责表现最为强烈。正生胎向时，当胎头露出阴门外之后，产畜稍微休息，继而将胎胸部排出，然而努责缓和，其余部分随之迅速被排出，仅把胎衣留于子宫内。此时不再努责，休息片刻后，母体就能站起来照顾新生幼仔。

（3）胎衣排出期。胎衣排出期指从胎儿排出后到胎衣完全排出为止。胎儿排出后，母畜稍加安静，几分钟后，子宫恢复阵缩，但收缩的频率和强度都比较弱；有时伴有轻微的努责将胎衣排出。

胎衣的排出，主要是由于子宫的强烈收缩，从胎儿胎盘和母体胎盘中排出大量血液，减轻了绒毛和子宫黏液窝的张力。当胎儿排出后，胎儿胎盘血液循环即告停止，绒毛体积缩小与此同时母体胎盘需血量减少，血液循环减弱，子宫黏膜腺窝的紧张性降低，使两者间的间隙扩大，再借露在体外的胎膜牵引，绒毛便易从腺窝中脱出而分离。因绒毛从腺窝中脱落时，母体胎盘的血管不受到破坏，因此，各种家畜在排出胎衣时都不会出现流血现象。

胎衣排出的快慢，由于各种家畜的胚胎组织构造不同存有差异，以上皮绒毛性的胎盘排出为最快，这种类型胎盘组织结合比较疏松，胎衣容易脱落，猪、马、驴的胎衣就是属于这种类型。

2. 产后期的恢复

（1）子宫的恢复。分娩后，子宫黏膜表层发生变性、脱落，原属母体胎盘部分的子宫黏膜被再生的黏膜代替。随着子宫黏膜的恢复和更新，子宫肌纤维也发生相应的变化。子宫复原的时间：猪 10 d 左右，牛 9～12 d，水牛 30～45 d，羊 17～20 d，马 13～25 d。

（2）卵巢的恢复。分娩后卵巢恢复的时间畜种间差异较大。分娩前黄体已消失。母牛卵巢上的黄体到分娩后才被吸收，产后第一次发情出现较晚。

● 材料准备

收集牛常见卵巢机能疾病症状的相关资料，重点收集卵泡发育障碍等；卵巢机能疾病症状图片、牛卵巢组织结构图、卵巢组织切片。

● 人员准备

人员分组，每组 5 人，明确职责分工。

任务角色	任务内容
组长：	任务：
组员 1：	任务：
组员 2：	任务：
组员 3：	任务：
组员 4：	任务：

任务实施

第一步：深入理解生殖生理原理。
第二步：根据病例，查找相关的资料。
第三步：从查找到的资料中找出治疗建议关键点。
第四步：绘制卵巢结构模式图。
第五步：为动物医院提供治疗建议。

任务评价

班级：________ 组别：________ 姓名：________

项目	评分标准	自我评价	小组评价	教师评价
卵巢结构模式图	观察卵巢组织切片图，准确识别卵巢结构（3 分）			
	收集整理性周期、排卵、受精、妊娠、分娩等过程知识关键点，以及生殖系统各器官的功能以及卵巢机能障碍等疾病案例（3 分）			
	分析整理案例、总结原因，并与卵巢组织结构图片进行对比学习，发现治疗关键点（2 分）			
	绘制卵巢结构模式图（2 分）			
合计				
自我评价与总结				
教师点评				

课程思政专栏

女本柔弱　为母则刚

关于分娩的疼痛，真的是因人而异，每个人的感受都是非常不一样的。但我们在临床上看到的，绝大多数人都是疼痛得没办法忍受。医学上把人类能感受到的疼痛感分为 12 个级别，级别越高，感受到的疼痛感就越大，而母亲分娩时的疼痛感觉是第 12 级！

【启示】母亲是伟大的，但她们需要被温柔以待。在生育过程中，她们的身体承受着难以忍受的疼痛，她们的肩膀背负着孕育新生命的重担。她们可能看起来平凡，但她们的伟大不容忽视。

项目检测

项目七检测一　　项目七检测二

项目八 动物心血管系统

项目导读

心血管系统由心脏、血管（包括动脉、毛细血管和静脉）和血液组成。心脏是血液循环的动力器官，在神经体液调节下，进行有节律的收缩和舒张，使血液按一定方向流动。动脉从心脏起始，输送血液到肺和全身各部的血管，沿途反复分枝，管径越分越小，管壁越来越薄，最后移行为毛细血管。毛细血管是连接于动静脉之间的微细血管，互相连接成网状，遍布全身各处。毛细血管壁很薄，具有一定的通透性，以利于血液和周围组织进行物质交换。静脉是收集血液回心脏的血管，从毛细血管起始逐渐汇集成小、中、大静脉，最后通入心脏。

心血管系统的主要功能是运输，即通过血液将营养物质运送到全身各部组织细胞，同时又将其代谢产物如CO_2、尿素等运送到肺、肾和皮肤排出体外，保证新陈代谢的正常进行。心血管系统还是机体内重要的防卫系统，存在于血液内的一些细胞和抗体，能吞噬、杀伤及灭活侵入动物体内的细菌和病毒，并能中和它们所产生的毒素。心脏还具有内分泌功能，能分泌心房肽，有利尿和扩张血管的作用。

知识目标

（1）掌握动物心血管系统的组成和基本功能。

（2）掌握牛（羊）的心脏位置、形态和构造特点。

（3）掌握肺循环、体循环、门脉循环和胎血循环的概念及其循环血管的主干及其分布。

（4）掌握血液的组成、理化特性和功能。

（5）理解血液凝固的过程和机制。

技能目标

（1）能正确确定心脏的体表投影位置，准确找到最佳心音听取点。

（2）能正确确定各种动物脉搏的触摸点。

（3）能熟练掌握动物血液的采集方法。

素质目标

（1）培养学生的观察能力和思维能力。

（2）通过学习心血管分布，培养学生团结协作的团队精神。

（3）培养学生严谨的态度，热爱小动物的职业情感。

思政目标

树立培养学生珍惜生命、敬畏生命的职业素养，形成科学严谨和求真务实的学风。

任务一 动物心血管器官的解剖特征

任务导入

青海省某动物医院接诊一病例，病牛症状表现为反刍和嗳气停止，心区触诊疼痛，叩诊浊音区扩大，听诊有心包摩擦音，现怀疑为心包炎，但需对具体位置进行鉴别诊断。

请为该动物医院提供一份心脏位置、结构、功能区别分析图，帮助动物医院进行鉴别诊断。

任务准备

● **知识准备**

一、心脏的解剖特征

（一）心脏的位置和形态

心脏（图 8-1、图 8-2）是一中空的肌质器官，外有心包包裹。心脏呈左、右稍扁的倒立圆锥形，其前缘凸，后缘短而直；上部大称心基，有进出心脏的大血管，位置较固定；下部小且游离，称为心尖。心脏表面有一环状的冠状沟和两条纵沟，在牛心的后面还有一条副纵沟。冠状沟靠近心基，是心房和心室的外表分界，上部为心房，下部为心室。左纵沟又称锥旁室间沟，位于心的左前方，几乎与心的右缘平行；右纵沟又称窦下室间沟，位于心的右后方，可伸达心尖。两室间沟是左、右心室的外表分界，前部为右心室，后部为左心室。在冠状沟和室间沟内有营养心脏的血管，并填充有脂肪。

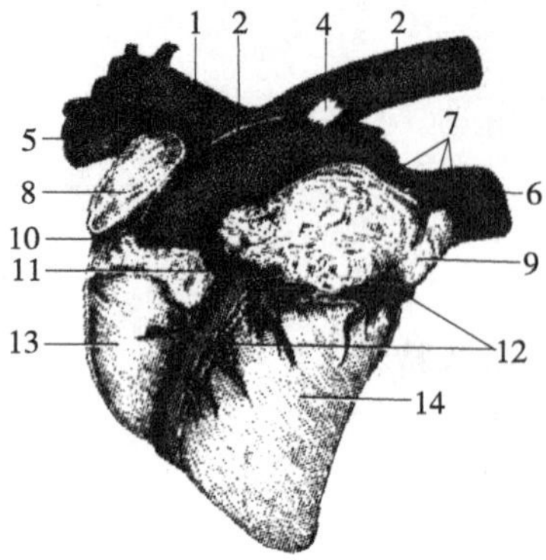

1. 臂头动脉总干；2. 主动脉；3. 肺动脉；4. 动脉韧带；5. 前腔静脉；6. 后腔静脉；7. 左奇静脉；8. 肺静脉；9. 右心房；10. 左心房；11. 右心室；12. 左心室；13. 左冠状动脉；14. 心大静脉。

图 8-1 牛的心脏（左侧）

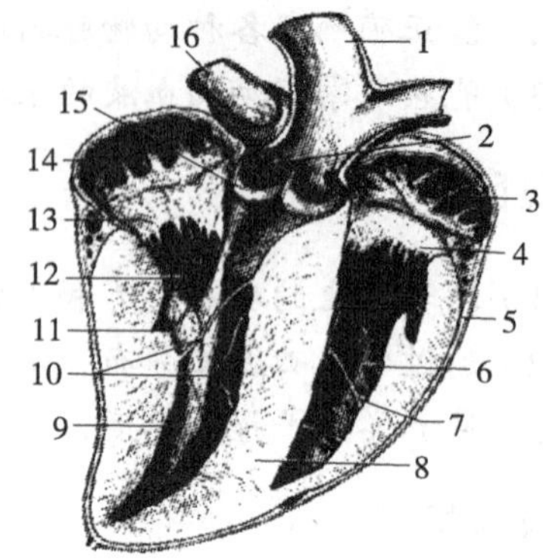

1. 主动脉；2. 冠状动脉口；3. 右心房；4. 三尖瓣；5. 心包腔；6. 右心室；7. 心横肌；8. 室间隔；9. 左心室；10. 心横肌；11. 乳头肌；12. 腱索；13. 二尖瓣；14. 左心房；15. 主动脉半月瓣；16. 肺动脉。

图 8-2 马心纵切面

心脏位于胸腔纵隔内，约在胸腔下 2/3 部，第 3～6 肋骨，夹在左、右两肺间，略偏左（马、猪心的 3/5，牛心的 5/7 位于正中平面的左侧）。牛的心基大致位于肩关节的水平线上，心尖距膈 2～5 cm；马的心基大致位于胸高（鬐甲最高点至胸的腹侧缘）中点之下 3～4 cm，心尖距膈 6～8 cm，距胸骨约 1 cm；猪的心位于第 2～5 肋，心尖与第 7 肋软骨和胸骨结合处相对，距膈较近。

（二）心腔的构造

心腔以纵走的房间隔和室间隔分为左右互不相通的两半。每半又分为上部的心房和下部的心室，同侧的心房和心室各以房室口相通。

1. 右心房

右心房占据心基的右前部，包括右心耳和静脉窦。右心耳呈圆锥形盲囊，尖端向左向后至肺动脉前方，内壁有许多方向不同的肉嵴，称梳状肌。静脉窦接受体循环的静脉血，前、后腔静脉分别开口于右心房的背侧壁和后壁，两开口间有一发达的肉柱称静脉间嵴，有分流前、后腔静脉血，避免相互冲击的作用。后腔静脉口的腹侧有冠状窦，为心大静脉和心中静脉的开口。在后腔静脉入口附近的房间隔上有卵圆窝，是胎儿时期卵圆孔的遗迹。成年的牛、羊、猪约有 20% 的卵圆孔闭锁不全。马的右奇静脉开口于右心房背侧或前腔静脉根部，牛和猪为左奇静脉，开口于冠状窦。右心房通过右房室口和右心室相通。

2. 右心室

右心室位于心的右前部，顶端向下，不达心尖。其入口为右房室口，出口为肺动脉口。右房室口位于右心室的右上方，以致密结缔组织构成的纤维环为支架，环上附着有 3 个三角形瓣膜，称三尖瓣或右房室瓣。其游离缘向下垂入心室，通过腱索连于乳头肌。乳头肌为突出于心室壁的圆锥状肌肉。当心房收缩时，房室口打开，血液由心房流入心室，当心室收缩时，心室内压升高，血液将瓣膜向上推使其相互合拢，关闭房室口，由于腱索的牵引，瓣膜不致翻向右心房，从而可防止血液倒流。

肺动脉位于右心室的左上方，也有一纤维环支持，环上附着有3个半月形的瓣膜，称半月瓣。每片瓣膜均呈袋状，袋口向着肺动脉。当心室收缩时，瓣膜开放，血液进入肺动脉；当心室舒张时，室内压降低，肺动脉内的血液倒流入半月瓣的袋口，使其相互靠拢，从而关闭肺动脉口，防止血液倒流入右心室。心室里面，室中隔上横过室腔走向室侧壁的心横肌，也称隔缘肉柱，有防止心室过度扩张的作用。

3. 左心房

左心房构成心基的左后部，左心耳也呈圆锥状盲囊，向左向前突出，内壁也有梳状肌。在左心房背侧壁的后部，有6～8个肺静脉入口。左心房下方有一左房室口与左心室相通。

4. 左心室

左心室位于左心房之下，构成心室的左后部，室腔伸达心尖，室腔的上方有左房室口和主动脉口。左房室口纤维环上附着有两片瓣膜，称二尖瓣，也叫左房室瓣，其结构和作用同三尖瓣。主动脉口为左心室的出口，纤维环上附着有3个半月瓣，其结构及作用同肺动脉口的半月瓣。左心室内也有心横肌。

二、心壁的构造

心壁由外到内分为心外膜、心肌和心内膜。

（一）心外膜

心外膜为心包浆膜脏层，由间皮和结缔组织构成，紧贴于心肌外表面。

（二）心肌

心肌为心壁最厚的一层，主要由心肌纤维构成，内有血管、淋巴管和神经等。心肌由房室口的纤维环分为心房和心室两个独立的肌系，所以心房和心室可分别收缩和舒张。心房肌薄，分深、浅两层，浅层为左右心房共有，深层为各心房所独有。心室肌较厚，其中左心室壁最厚，有些地方为右心室壁的3倍，但心尖部较薄，心室壁的肌纤维呈螺旋状排列。

（三）心内膜

心内膜薄而光滑，紧贴于心肌内表面，并与血管的内膜相连续，心腔内的瓣膜就是由心内膜折叠成的皱襞及夹在其中的致密结缔组织构成。

三、心脏的血管

心脏本身的血液循环称为冠状循环，由冠状动脉、毛细血管和心静脉组成。

（一）冠状动脉

冠状动脉分为左右两支，分别由主动脉根部发出，沿冠状沟和左、右纵沟伸延，分枝分布于心房和心室，在心肌内形成丰富的毛细血管网。

（二）心静脉

心静脉包括心大、心中和心小静脉。心大静脉和心中静脉伴随左、右冠状动脉分布，最后注入右心房的冠状窦，心小静脉分成数支，在冠状沟附近直接开口于右心房。

四、心脏的传导系统和神经支配

（一）心脏的传导系统

心脏的传导系统由特殊的心肌纤维组成，其主要功能是产生并传导心搏动的冲动至整个心脏，是调整心脏节律性运动的系统。心传导系包括窦房结、房室结、房室束和浦肯野纤维。

1. 窦房结

窦房结是心脏自动节律性最高的起搏点，位于前腔静脉和右心耳间界沟内的心外膜下，除分枝到心房肌外，还分出数支结间束与房室结相连。

2. 房室结

房室结位于房中隔右房侧的心内膜下、冠状窦的前面。

3. 房室束

房室束是房室结的直接延续，在室中隔上部分为一较细的右束支（右脚）和一较粗的左束支（左脚），分别在室中隔的左室侧和右室侧心内膜下延伸，分出小分枝至室中隔，还分出一些分枝通过心横肌到心室侧壁。上述的小分枝在心内膜下分散成浦肯野纤维，与普通心肌纤维相连接。

心传导系统传导兴奋的传导顺序：窦房结→房室结→房室束干→房室束左、右脚→浦肯野纤维。

（二）心脏的神经

心脏的运动神经有交感神经和副交感神经，前者可兴奋窦房结，使心肌活动加强，因此称为心加强神经；后者作用正好相反，所以称为心抑制神经。心的感觉神经分布于心壁各层，其纤维随交感神经和迷走神经进入脊髓和脑。

五、心包

心包（图 8-3）为包在心脏周围的锥形囊，囊壁由浆膜和纤维膜组成，具有保护心脏的作用。纤维膜是坚韧的结缔组织，在心基部与出入心脏的大血管的外膜相连，在心尖部折转而附着于胸骨背侧，与心包胸膜共同构成胸骨心包韧带，使心脏附着于胸骨。浆膜分为壁层和脏层。壁层衬于纤维膜的里面，在心基折转后成为脏层，覆盖于心肌表面形成心外膜。壁层和脏层之间的裂隙称为心包腔，腔内有少量浆液，可润滑心脏，减少其搏动时产生的摩擦。心包位于纵隔内，被覆在心包外面的纵隔胸膜称为心包胸膜。

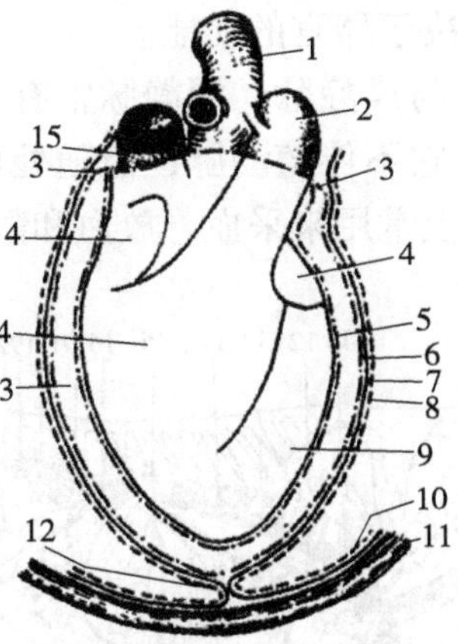

1. 主动脉；2. 肺动脉干；3. 心包脏层转到壁层的地方；4. 心房肌；5. 心外膜；6. 心包壁层；7. 纤维性心包；8. 心包胸膜；9. 心；10. 肋胸膜；11. 胸壁；12. 胸骨心包韧带；13. 心包腔；14. 心室肌；15. 前腔静脉。

图 8-3　心包结构模式图

（范作良，2005. 家畜解剖）

六、血管的解剖特征

血液循环是机体最重要的机能之一，血液循环的停止就是死亡的先兆。在动物体中，血液循环是在封闭的脉管系统中进行的，这个系统中包括一个推动血液流动的泵（心脏）和一套运输血液的管道（血管）。心脏有节律地收缩，把血液泵到动脉中，动脉血管输送血液到肺和全身各部的血管，沿途反复分枝，管径越分越小，管壁越来越薄，最后移行为毛细血管。毛细血管是连接于动静脉之间的微细血管，互相连接成网状，遍布全身各部。毛细血管壁很薄，具有一定的通透性，以利于血液和周围组织进行物质交换。静脉是收集血液回心脏的血管，从毛细血管起始逐渐汇集成小、中、大静脉，最后通入心脏。

动物体有两个循环，体循环和肺循环（图 8-4）。血液从右心室流出经过肺回到左心房，这是肺循环，又称小循环。回到左心房的血液经左房室口进入左心室，再由左心室流出，经过除肺泡以外的各种器官组织回到右心房，这是体循环，又称大循环。血液从右心房进入右心室，又开始下一个循环，周而复始。

（一）血管的种类及分布规律

血管根据其结构和功能的不同，可分为动脉、毛细血管和静脉三种。动脉的管壁厚，富有收缩性和弹性，是将血液由心脏引出，流向畜体各部器官的血管；毛细血管壁很薄，仅由一层内皮细胞构成，是体内分布最广的血管，在器官组织内分枝互相吻合成网；静脉管壁薄，管腔较大，有些部位的静脉内有静脉瓣（膜），尤以四肢部的静脉瓣较多，有防止血液倒流的作用。静脉是将全身各部的血液引入心脏的血管。

交通支是连接距离较远的两动脉干间的横支。侧副支是较大的动脉支在延伸过程中分出的细支，该细支与本干并行，其末端仍汇合于本干。

动脉在延伸时常与神经伴行，并由结缔组织包围呈束状，所以当结扎血管时应分离神经。多数动脉支在延伸时位于深部、关节的曲侧或安全隐蔽的部位。动脉支的粗细不取决于器官的大小，而取决于器官的功能。

静脉的分枝可分为深静脉与浅静脉。深静脉常有一两支与动脉伴行；浅静脉位于皮下，所以也称为皮下静脉，它不伴随动脉，但随处可汇合入深静脉。因浅静脉位于皮下，在体表可以看见，临床上常用来采血、放血和静脉注射。

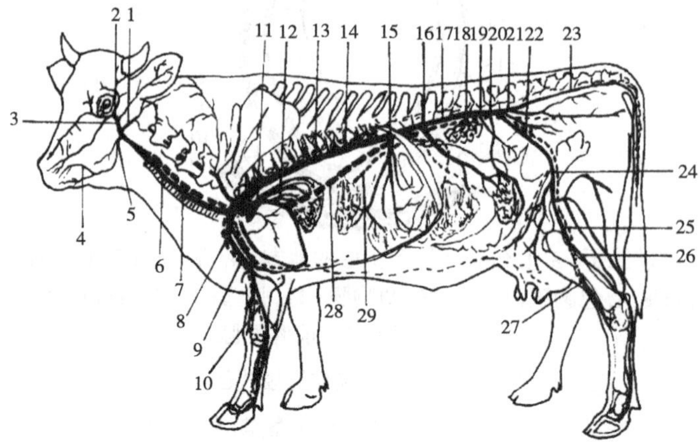

1. 枕动脉；2. 颌内动脉；3. 颈外动脉；4. 面动脉；5. 颌外动脉；6. 颈动脉；7. 颈静脉；8. 腋动脉；9. 臂动脉；10. 正中动脉；11. 肺动脉；12. 肺静脉；13. 胸主动脉；14. 肋间动脉；15. 腹腔动脉；16. 前肠系膜动脉；17. 腹主动脉；18. 肾动脉；19. 精索内动脉；20. 后肠系膜动脉；21. 髂内动脉；22. 髂外动脉；23. 荐中动脉；24. 股动脉；25. 腘动脉；26. 胫后动脉；27. 胫前动脉；28. 后腔静脉；29. 门静脉。

图 8-4　牛全身动脉、静脉分布图

（范作良，2005. 家畜解剖）

（二）肺循环的血管

肺循环血管包括肺动脉、毛细血管和肺静脉。

肺动脉干起始于右心室，在主动脉的左侧向上方延伸，至心基的后上方分为左右两支，分别与同侧支气管一起经肺门入肺，牛、羊和猪的右肺动脉在入肺前还分出一支到右肺的尖叶。肺动脉在肺内随支气管而分枝，最后在肺泡周围形成毛细血管网，在此进行气体交换。肺静脉由肺内毛细血管网汇合而成，和肺动脉、支气管伴行，最后汇合成 6～8 支肺静脉，由肺门出肺后注入左心房。

（三）体循环的血管

体循环血液从左心室经主动脉，分布到全身毛细血管，汇集入前、后腔静脉，回流到右心房。体循环血管分布广，分枝多，结构复杂。

1. 体循环的动脉系

主动脉是体循环的动脉主干，全身所有的动脉支都直接或间接自此发出。主动脉起于左心室的主动脉口，可分为主动脉弓、胸主动脉和腹主动脉。主动脉弓为主动脉的第一段，自主动脉口斜向背后侧，呈弓状延伸至第 6 胸椎腹侧；然后主动脉沿胸椎腹侧向后延续至膈，此段称胸主动脉；胸主动脉穿过膈上的主动脉裂孔进入腹腔，即成为腹主动脉。腹主动脉向后延伸到第 5、第 6 腰椎处分成左、右髂内动脉，接着延续为到荐部和尾部的荐中动脉。

（1）主动脉弓。主动脉弓与肺动脉间有一圆柱状的连结物，称动脉导管索，是胎儿时期动脉导管的遗迹。主动脉弓的主要分枝有以下 3 种。

①左、右冠状动脉。左、右冠状动脉由主动脉的根部分出，大部分分布到心脏，只有少量小的分枝到大血管的起始部。

②臂头动脉干。臂头动脉干为供血液至头、颈、前肢和胸壁前部的总动脉干。在牛、羊和马，臂头动脉干出心包后沿气管腹侧向前延伸，分出左锁骨下动脉后，移行为臂头动脉。臂头动脉分出短而粗的双颈动脉干后，移行为右锁骨下动脉。猪的左锁骨下动脉则与臂头动脉干同起于主动脉弓，臂头动脉干只发出右锁骨下动脉。

③锁骨下动脉。向前下方及外侧呈弓状延伸，绕过第 1 肋骨前缘出胸腔，延续为到前肢的腋动脉。在胸腔内左锁骨下动脉发出的分枝有：肋颈动脉、颈深动脉、椎动脉（在牛、猪总称为肋颈动脉干）、胸内动脉和颈浅动脉；右侧的肋颈动脉、颈深动脉和椎动脉自臂头动脉干发出，胸内动脉和颈浅动脉自右锁骨下动脉发出。

（2）胸主动脉主要分枝如下。

①支气管食管动脉。支气管食管动脉由第 6 胸椎处起自胸主动脉，后分为一支气管动脉和一食管动脉，分别分布于肺内支气管和食管。牛的支气管动脉和食管动脉通常分别起始于胸主动脉的起始部，有时以一总干起于胸主动脉，称为支气管食管动脉。猪的支气管动脉起自于胸主动脉。

②肋间背侧动脉。肋间背侧动脉的数目与肋骨数一致。马肋间背侧动脉的第 1 对起自颈深动脉，第 2、第 3、第 4 对起自肋颈动脉，其余各对起自于胸主动脉；牛肋间背侧动脉前 3 对由肋颈动脉干发出，其余均起自于胸主动脉。每支肋间背侧动脉在肋间隙的上端均分为背侧支和腹侧支，背侧与分出脊髓支入椎间孔，肌支分布于脊柱背侧的肌肉和皮肤；腹侧支较粗，沿肋骨后缘向下延伸，与胸内动脉的分枝吻合，分布于胸侧壁的肌肉和皮肤。

（3）腹主动脉主要分枝如下。

①腹腔动脉。不成对，短而粗，在主动脉裂孔后方起自腹主动脉。其分枝如下：除脾动脉分布于脾外，还分出一支较大的瘤胃右动脉，沿瘤胃右纵沟向后延伸至瘤胃左纵沟，与瘤胃左动脉吻合；瘤胃左动脉沿瘤胃左纵沟延伸，并有分枝到网胃；胃左动脉也称瓣皱胃动脉。在右侧进入瘤胃和网胃之间而至瓣胃，分枝分布于瓣胃、皱胃和网膜。

②肝动脉。由肝门入肝，并有分枝分布到胆囊、胰、十二指肠、皱胃和网膜。

③肠系膜前动脉。不成对，为腹主动脉最粗的分枝。在第 1 腰椎腹侧起于主动脉。其分枝为胰十二指肠动脉相当于马的第一支空肠动脉，分布于腹及十二指肠。结肠中动脉分布于结肠终袢。回盲结肠动脉分布于回肠、盲肠和结肠旋袢。肠干为肠系膜前动脉的延续干，在空肠系膜内伸延，分出许多空肠支到空肠，此外还分出一侧副支（羊没有），在肠干背侧与肠干平行，末端相吻合，也有分枝到空肠。

猪的肠系膜前动脉：与牛的肠系膜前动脉分枝相似，但无侧副支。

④肾动脉。成对，由肾门入肾，入肾前尚有分枝到肾上腺。

⑤睾丸动脉或子宫卵巢动脉。成对，由肠系膜后动脉附近起于腹主动脉。睾丸动脉经腹股沟进入精索，分布于精索、睾丸和附睾。子宫卵巢动脉又分出卵巢动脉和子

宫前动脉，分别分布于卵巢和子宫角。

⑥肠系膜后动脉。不成对，在第3、第4腰椎腹侧起于腹主动脉，分为2支，一支（结肠左动脉）分布于小结肠（马）或结肠后部（牛），另一支（直肠前动脉）分布于直肠。

⑦腰动脉。共6对，前5对起自腹主动脉，第6对起自髂外动脉。分布于腰腹部的肌肉、皮肤和脊髓。

（4）骨盆部动脉。腹主动脉在第6腰椎腹侧分成左、右髂内动脉，髂内动脉是骨盆部动脉的主干。主要分枝有阴部内动脉和闭孔动脉，牛无闭孔动脉，仅有一些小的闭孔支。分布于骨盆内器官、荐臀部及尾部的肌肉和皮肤。

（5）头颈部动脉。由臂头动脉分出的双颈动脉干是头颈部动脉的主干。双颈动脉干在胸前口分为左、右颈总动脉，在颈静脉沟的深部，沿气管（右颈总动脉）或食管（左颈总动脉）的外侧向前上方伸延，在环枕关节处分为3支：枕动脉、颈内动脉（成年牛退化）和颈外动脉。猪的枕动脉和颈内动脉以一总干起于颈总动脉。

①枕动脉。在下颌腺的深面向环椎窝延伸，分布于脑、脊髓、脑硬膜及头后部的皮肤和肌肉。

②颈内动脉。为3个分枝中最小的一支，经破裂孔入颅腔，分布于脑和脑硬膜。

③颈外动脉。为3个分枝中最粗的一支，又可分为颌外动脉、颞浅动脉和颌内动脉等较大的分枝，分布于面部、口腔、咽、腮腺、牙齿、眼球、泪腺等。

（6）前肢动脉。锁骨下动脉延续至肩关节内侧的一段称腋动脉，是前肢动脉的主干。依据位置的不同，前肢动脉可分为以下几段（图8-5）。

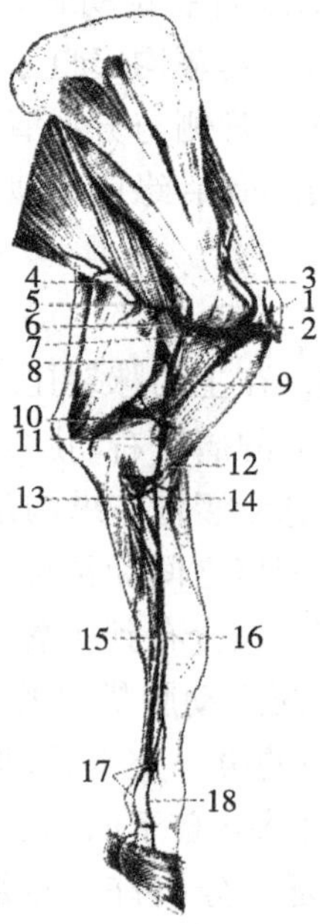

1. 肩颈动脉；2. 腋动脉；3. 肩胛上动脉；4. 肩胛下动脉；5. 胸背动脉；6. 旋臂后动脉；7. 旋臂前动脉；8. 臂深动脉；9. 臂动脉；10. 尺侧副动脉；11. 肌支；12. 正中动脉；13. 肌支；14. 骨间总动脉；15. 掌心浅动脉；16. 正中桡动脉；17. 指掌侧总动脉；18. 第三指内侧动脉。

图8-5 牛左前肢动脉（内侧）

（范作良，2005. 家畜解剖）

①腋动脉。锁骨下动脉出胸腔后即成为腋动脉，位于肩关节内侧，分出肩胛上动脉和肩胛下动脉，分布于肩部的肌肉和皮肤。

②臂动脉。为腋动脉向下的延续，位于臂部内侧，沿途除分枝分布于喙臂肌、臂二头肌、胸深肌和肱骨外，还分出臂深动脉、尺侧副动脉、桡侧副动脉和骨间总动脉等，分布于臂部和前臂部的肌肉和皮肤。

③正中动脉。为臂动脉的延续，位于前臂内侧，分布于前臂部的肌肉和皮肤。

④指总动脉。正中动脉在前臂远端延续为指总动脉，位于掌骨的掌内侧，分布于前肢远端的皮肤和肌肉。

（7）后肢动脉。由腹主动脉分出的髂外动脉是后肢动脉的主干。依据部位可分成以下几段（图 8-6）。

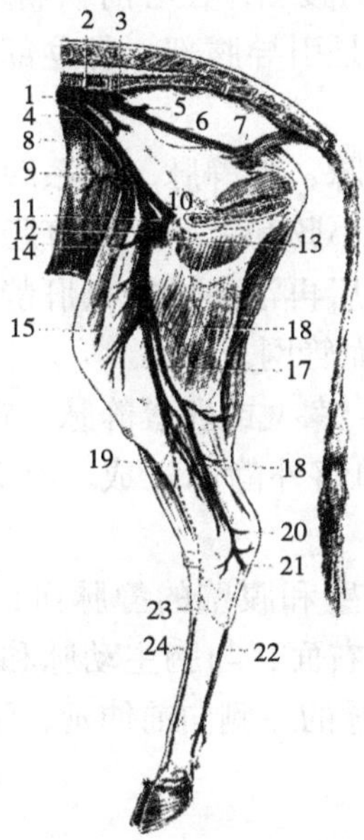

1. 腹主动脉；2. 髂内动脉；3. 荐中动脉；4. 脐动脉；5. 臀前动脉；6. 阴部内动脉；7. 臀后动脉；8. 髂外动脉；9. 旋髂深动脉；10. 股深动脉；11. 阴部腹壁动脉干；12. 腹壁后动脉；13. 阴部外动脉；14. 股前动脉；15. 膝上动脉；16. 股后动脉；17. 隐动脉；18. 胫后动脉；19. 胫前动脉；20、21. 跗内侧动脉；22. 跖底内侧动脉；23. 穿跗动脉；24. 跖背侧动脉。

图 8-6　牛右后肢动脉（内侧）

（范作良，2005. 家畜解剖）

①髂外动脉。在腹膜和髂筋膜覆盖下，沿髂骨前缘向后下方伸延，至耻骨前缘出腹腔。髂外动脉分出旋髂深动脉、精索外动脉或子宫中动脉、股深动脉、腹壁后动脉和阴部外动脉等，分布于腰、腹及臀部肌肉和皮肤，公畜的阴茎、阴囊、包皮及母畜的子宫和乳房等。

②股动脉。为髂外动脉的直接延续，在股薄肌深面向后肢远端伸延，可分股前动脉、股后动脉及分布到股内侧皮下的隐动脉。牛的隐动脉发达，下行到趾部。

③腘动脉。股动脉延续至膝关节后方为腘动脉，被腘肌覆盖。腘动脉在小腿近端分出胫后动脉后，主干延续为胫前动脉。

④胫前动脉。穿过小腿间隙，沿胫骨背外侧向下伸延，至跗关节背侧分出跗穿动脉后，转为跖背外侧动脉（马）或跖背侧动脉（牛）。

⑤跖背外侧动脉。沿跖骨背外侧向下伸延，分枝分布于后趾。

⑥跖背侧总动脉。沿跖骨背侧面的沟内向下伸延，至跖骨远端转为跖背侧总动脉，分枝分布于后趾。

2. 体循环的静脉系

包括心静脉系、前腔静脉系、后腔静脉系和奇静脉系。

（1）心静脉系。心脏的静脉血通过心大静脉、心中静脉和心小静脉注入右心房。

（2）前腔静脉系。前腔静脉是汇集头、颈、前肢和部分胸壁血液的静脉干。在胸前口处由左、右腋静脉和左、右颈内、外静脉（牛、猪）或左、右颈静脉（马）汇合而成，位于气管和臂头动脉总干的腹侧，在心前纵隔内向后延伸，注入右心房。

（3）后腔静脉系。后腔静脉是引导腹部、骨盆部、尾部和后肢静脉血入右心房的静脉干。其主要属支有。

①门静脉。由胃十二指肠静脉、脾静脉、肠系膜前、后静脉汇集而成，位于后腔静脉腹侧，为引导胃、脾、胰、小肠和大肠（除直肠后段外）静脉血的静脉干，经肝门入肝后反复分枝至窦状隙，然后再汇集成数条肝静脉注入后腔静脉。因此，门静脉与一般静脉不同，两端均为毛细血管网。

②腹腔内其他属支。腰静脉、睾丸或卵巢静脉、肾静脉和肝静脉。

③髂总静脉。由髂内静脉和髂外静脉汇成。有收集后肢、骨盆及尾部静脉血的作用。

（4）奇静脉系。接受部分胸壁和腹壁的静脉血，也接受支气管和食管的静脉血。右奇静脉（马）位于胸椎腹侧偏右面，与胸主动脉和胸导管伴行向前伸延，注入右心房；左奇静脉（牛）位于胸主动脉的左侧向前伸延，注入右心房。

（四）胎儿血液循环的特点

哺乳动物的胎儿在母体子宫内发育，其发育过程中所需要的全部营养物质和氧都是通过胎盘由母体供应，代谢产物也是通过胎盘由母体运走。所以胎儿血液循环具有与此相适应的一些特点（图 8-7）。

1. 心血管结构特点

（1）胎儿心脏的房中隔上有一卵圆孔，使左、右心房相互沟通。但血液只能由右心房流向左心房。

（2）胎儿的主动脉与肺动脉间有动脉导管相通。因此，来自右心房的大部分血液由肺动脉通过动脉导管流入主动脉，仅有少量血液经肺动脉进入肺内。

（3）胎盘是胎儿与母体进行气体及物质交换的特有器官，借助脐带与胎儿相连。脐带内有两条脐动脉和一条（马、猪）或两条（牛）脐静脉。

脐动脉由髂内动脉（牛）或阴部内动脉（马）分出，沿膀胱侧韧带到膀胱顶，再沿腹腔底壁向前伸延至脐孔，进入脐带，经脐带到胎盘，分枝形成毛细血管网；脐静脉由胎盘毛细血管汇集而成，经脐带由脐孔进入胎儿腹腔（牛的两条脐静脉入腹腔后则合成一支），沿肝的镰状韧带延伸，经肝门入肝。

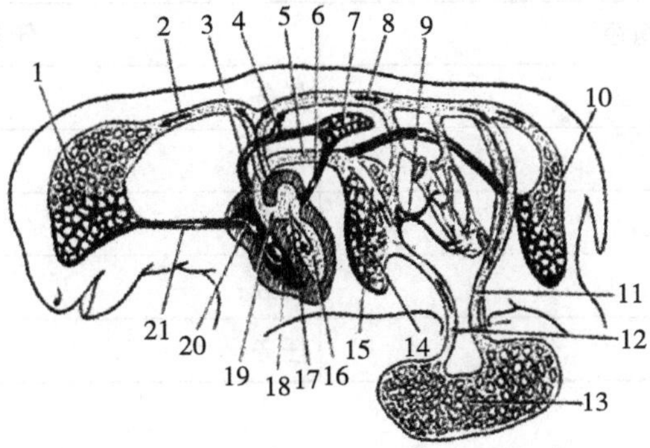

1. 身体前部毛细血管；2. 走向身体前部的动脉；3. 肺动脉；4. 动脉导管；5. 后腔静脉；6. 肺静脉；7. 肺毛细血管；8. 主动脉；9. 门静脉；10. 身体后部毛细血管；11. 脐动脉；12. 脐静脉；13. 胎盘毛细血管；14. 肝毛细血管；15. 静脉导管；16. 左心室；17. 左心房；18. 右心室；19. 卵圆孔；20. 右心房；21. 前腔静脉。

图 8-7　胎儿血液循环模式图

（董常生，2001. 家畜解剖学，第三版）

2. 血液循环的途径

胎盘内从母体吸收来的富含营养物质和氧气的动脉血，经脐静脉进入胎儿肝内，反复分枝后汇入窦状隙（在此与来自门静脉、肝动脉的血液混合），最后汇合成数支肝静脉血，注入后腔静脉（牛有一部分脐静脉的血液经静脉导管直接入后腔静脉），与来自胎儿身体后半部的静脉血混合后入右心房。进入右心房的大部分血液经卵圆孔到左心房，再经左心室到主动脉及其分枝，其中大部分血液到头、颈和前肢。

来自胎儿身体前半部的静脉血，经前腔静脉入右心房到右心室，再入肺动脉。由于肺没有功能活动，因此肺动脉中的血液只有少量进入肺内，大部分血液经动脉导管到主动脉，然后主要分布到身体后半部，并经脐动脉到胎盘。由此可见，胎儿体内的大部分血液是混合血，但混合程度不同。到肝、头、颈和前肢的血液，含氧和营养物质较多，以适应肝功能活动和胎儿头部发育较快的需要；而到肺、躯干和后肢的血液，含氧和营养物质较少。

3. 胎儿出生后的变化

胎儿出生后，肺和胃肠道都开始了功能活动，同时脐带中断，胎盘循环停止，血液循环随之发生改变。

脐动脉和脐静脉闭锁，分别形成膀胱圆韧带和肝圆韧带，牛的静脉导管成为静脉导管索；动脉导管闭锁，形成动脉导管索或称动脉韧带；卵圆孔闭锁形成卵圆窝，左、右心房完全分开，左心房内为动脉血，右心房内为静脉血。

- **材料准备**

收集牛常见心血管疾病症状的相关资料，重点收集心包炎、心力衰竭等疾病；牛心脏结构和位置的三维动画、图片、视频；牛心脏标本、牛心脏结构图谱。

- **人员准备**

人员分组，每组 5 人，明确职责分工。

任务角色	任务内容
组长：	任务：
组员 1：	任务：
组员 2：	任务：
组员 3：	任务：
组员 4：	任务：

任务实施

第一步：深入了解心血管系统各器官的形态、结构和位置。
第二步：根据病例，查找相关的资料。
第三步：从查找到的资料中找出鉴别诊断关键点。
第四步：为动物医院提出相关诊断意见。

任务评价

班级：＿＿＿＿＿＿＿＿ 组别：＿＿＿＿＿＿＿＿ 姓名：＿＿＿＿＿＿＿＿

项目	评分标准	自我评价	小组评价	教师评价
心脏位置、结构、功能区别分析图	结合心脏图谱在心脏标本中准确识别位置、心室和心房结构、心脏瓣膜结构等（4 分）			
	从收集的疾病症状和诊断方法中分析归纳牛的心脏结构特点进行鉴别诊断要点（4 分）			
	整理分析并绘制心脏模式图，为动物医院的诊断提出意见（2 分）			
合计				
自我评价与总结				
教师点评				

课程思政专栏

53 天宝宝，成功换心

2023 年 2 月 26 日，以华中科技大学附属协和医院心脏大血管外科主任董念国教授、夏家红教授为首的全国顶尖心脏移植团队，将一颗救命的“童心”精准植入到小辰辰的胸腔内，这颗崭新的心脏有力地复跳起来。术后，小辰辰的生命体征稳定。

这次手术是迄今为止协和医院完成的第三例亚洲患儿年龄最小的心脏移植手术。2014 年，3 个月大的小天佑由协和医院董念国团队完成心脏移植手术，创下当时亚洲年龄最小、体重最轻儿童心脏移植纪录，如今他活泼、健康。2019 年，出生 66 天 3 千克的睿睿在协和成功换心，刷新亚洲最小换心儿纪录。

【启示】这一场爱的接力，充分体现了团队协作的集成优势，同时也证明了我国在尖端科研领域与西方发达国家可以一决高下，极大地增强了民族自豪感。

任务二　动物心血管生理规律

任务导入

青海省某动物医院接诊一病例，病牛症状表现为不愿走动，易疲劳，腹下和四肢下端水肿，心音减弱，心脏叩诊浊音界扩大等症状，现怀疑为慢性心力衰竭，现需对该病畜提出治疗建议。

请梳理一份心脏功能保健指南，包括心动周期、心排出量等心脏生理内容，为动物医院对该病畜治疗提供帮助。

任务准备

- **知识准备**

一、血液生理

血液是一种流动的结缔组织，充满于心血管系统中，在心脏的推动下不断循环流动。血量和血液成分的相对稳定，是动物生命活动正常进行的基本条件。动物体内所含的液体总称为体液，占体重的 60%～70%。存在于细胞内的称细胞内液；存在于细胞外的称细胞外液，包括血浆、组织液、淋巴液和脑脊液等。细胞外液是细胞直接生活的体内环境，细胞与外界环境之间的物质交换只能通过细胞外液间接进行。这种构成细胞生活环境的细胞外液，在生理学中称为机体的内环境。内环境稳态是细胞进行正常生命活动的必要条件。

（一）血液的组成

血液由液体的血浆和悬浮于血浆中的有形成分－血细胞组成。哺乳动物的血细胞包括红细胞、白细胞和血小板。

1. 血浆

血浆是血液的液体成分。呈淡黄色，约占血液体积的55%，有运载血细胞和代谢产物、维持内外环境平衡的作用。血浆中90%～92%为水，8%～10%的溶质中主要是血浆蛋白质（5%～8%）、无机盐和小分子有机物（2%～3%）。血浆蛋白是血浆中多种蛋白质的总称，血浆蛋白分为白蛋白（又称清蛋白）、球蛋白和纤维蛋白原等。其中白蛋白含量最多，球蛋白其次，纤维蛋白原最少。

血浆蛋白的主要生理功能：①运输功能；②免疫功能；③参与血液凝固和纤维蛋白溶解过程；④维持血液胶体渗透压。

血浆渗透压分为晶体渗透压和胶体渗透压。

①晶体渗透压是由血浆中晶体物质形成的渗透压，血浆中的晶体物质主要是盐类，包括氯化钠（NaCl）、氯化钾、碳酸氢钠、碳酸氢钾、磷酸氢二钠、磷酸二氢钠等。晶体物质比较容易通过毛细血管壁，因此血浆和组织液之间的晶体渗透压保持动态平衡。细胞外渗透压高于正常值，会导致水从细胞内流出，使细胞萎缩；细胞外渗透压低于正常值，则将导致水流入细胞而使细胞肿胀，甚至细胞膜破裂。所以细胞外液晶体渗透压的相对稳定对于保持细胞内外的水平衡极为重要。

②胶体渗透压。血浆中的胶体物质是血浆蛋白，这些血浆蛋白形成的渗透压叫作胶体渗透压。血浆蛋白对水分产生吸引力，保持水分在血管内而不渗出到血管外，因此胶体渗透压对于血管内外的水平衡有重要作用。

2. 血细胞

（1）红细胞（RBC）。成熟红细胞，无细胞核和细胞器，呈双面凹圆盘状。红细胞细胞质内充满大量血红蛋白（Hb），Hb由亚铁血红素和珠蛋白结合而成。红细胞是血细胞中数量最多的一种。

正常情况下，红细胞内外液体的渗透压相等，使红细胞能保持一定的形态和大小。如将红细胞置于0.9% NaCl溶液中，它能维持正常形态而不变形。所以，通常把0.9% NaCl溶液称为等渗溶液或生理盐水。如将红细胞置于高渗溶液中，则红细胞由于水分逐渐外移而皱缩，严重时即丧失其机能。如将红细胞放入低渗溶液中，则溶液中的水分逐渐渗入红细胞内，引起其膨胀，红细胞膜终被胀破并释放出血红蛋白，这种现象称为溶血。正常情况下，红细胞悬浮于血浆中并不很快下沉的特性，称为红细胞的悬浮稳定性。将经抗凝处理的血液垂直静置于小玻璃管中，红细胞由于比重较大而逐渐下沉。通常以1 h红细胞下沉的距离表示红细胞的沉降率，简称血沉。

红细胞的主要功能是运输氧气和CO_2，保证组织呼吸的需要；其次是对血液酸碱度具有缓冲作用。这些作用都是通过形态正常的红细胞内的血红蛋白来完成的。

红骨髓是生成红细胞的主要器官。造血过程中还要供应造血原料和促进红细胞成熟的物质，如蛋白质、铁、维生素B_{12}、叶酸和铜离子等。一旦这些物质供应不足或摄取不足，造血将发生障碍，出现营养性贫血。红细胞的生成受到促红细胞生成素

（EPO）以及雄激素的调节。

（2）白细胞（WBC）。白细胞是血液中无色有核的细胞，体积比红细胞大。按其细胞质有无颗粒和染色特点，可分成两大类：一类是有粒白细胞，包括中性粒细胞、嗜酸性粒细胞和嗜碱性粒细胞三种；另一类是无粒白细胞，包括淋巴细胞和单核细胞两种。

白细胞的数目变动范围大，如昼夜节律清晨最低点，午后最高，升幅可达25%，在炎症、组织损伤及白血病等情况，可发生明显变化。

白细胞的主要功能是通过吞噬、免疫反应，实现对机体的保护防御功能，抵抗外来微生物对机体的损害。

①中性粒细胞。中性粒细胞来源于骨髓，是白细胞中数量最多的一种。胞体呈球形，胞质呈无色极浅的淡红色，胞质中有许多弥散分布的淡紫色中性颗粒，细胞核呈杆状或2～5分叶状。具有活跃的变形能力，能在组织中游走，敏锐的趋化性和很强的吞噬及消化细菌的能力，是吞噬微生物病原体（特别是急性化脓性细菌）的主要细胞。此外，也能吞噬机体本身各种坏死的细胞及衰老、受损的红细胞。

②嗜碱性粒细胞。嗜碱性粒细胞数量最少，细胞呈球形，胞质中存在被染成深紫色的嗜碱性颗粒。颗粒内含有肝素和组织胺。嗜碱性粒细胞参与体内的脂肪代谢：食物中脂肪被肠吸收后，周围血液中的嗜碱性粒细胞数随即增加，释放出肝素，肝素作为脂肪的辅基可增强血浆中脂肪的分解，加快脂肪分解为游离脂肪酸的功能。

嗜碱性粒细胞释放的组织胺能引起局部毛细血管舒张，血管通透性增大；也与某些异物（如花粉）引起过敏反应的症状有关。

③嗜酸性粒细胞。嗜酸性粒细胞数量最少，胞质中有被染成橘红色的嗜酸性颗粒。可以吞噬细菌、抗原抗体复合物以及衰老的红细胞等，该细胞有吞噬能力，但基本上无杀菌能力。另外当有寄生虫感染时，嗜酸性粒细胞会出现升高。

④单核-巨噬细胞。单核细胞（直径15～30 μm）从血流中进入肝、脾和淋巴结等组织后，即转变为细胞体积大、溶菌颗粒多、吞噬能力强的巨噬细胞（直径50～80 μm）。巨噬细胞能吞噬较大的异物和细菌。活化的单核细胞和组织巨噬细胞能生成并释放多种细胞毒、干扰素和白细胞介素，参与机体防卫机制，还产生一些能促进细胞和平滑肌细胞生长的因子。在炎症周围单核细胞能进行细胞分裂，并包围异物。

⑤淋巴细胞。淋巴细胞是免疫细胞中的一大类，是体积最小的白细胞。它们在免疫应答过程中起着核心作用。根据细胞成长发育的过程和功能不同，可分为两类：T细胞，发生细胞免疫；B细胞，发生体液免疫；杀伤细胞（Kc），存在于组织中非特异性识别带免疫球蛋白G（IgG）的靶细胞杀伤之；自然杀伤细胞（NKc），杀伤肿瘤细胞。

（3）血小板。血小板是一种无色、无核的透明小体，比红细胞小，由骨髓内巨核细胞的胞质脱落而成。血小板有黏着、聚集、收缩、释放等生理特性。这些特性与血小板的止血和凝血功能有密切的关系。

（二）血液凝固

血液由液体状态凝结成血块的过程，称为血液凝固，简称凝血。凝血过程是一种多因子参与的一系列酶促反应，最后使血浆中呈溶胶状态的纤维蛋白原，转变成为凝胶状态的纤维蛋白。后者呈丝状态交错重叠，将血细胞网罗其中，成为胶冻样血凝块。

血浆与组织中直接参与凝血的物质，统称为凝血因子。到目前为止，除血小板外，已发现有十二种凝血因子，除因子Ⅲ需由损伤组织释放外，其余都存在于血浆中。

凝血过程大体上经历三个主要步骤。

第一步为凝血酶原激活物的形成。凝血酶原激活物是由多种凝血因子经过一系列的化学反应而形成的复合物。有关的凝血因子与损伤的血管内皮下的胶原纤维接触（内源性系统）或者与损伤的组织接触（外源性系统），就会激活凝血因子，在钙离子的参与下，即可形成凝血酶原激活物。

第二步为凝血酶原激活物催化凝血酶原转变为凝血酶。凝血酶原激活物在钙离子的参与下，激活血浆里没有活性的凝血酶原使其变为有活性的凝血酶。

第三步为凝血酶催化纤维蛋白原转变为纤维蛋白，至此血凝块形成。有活性的凝血酶在钙离子的参与下，将溶于血浆的纤维蛋白原转变为不溶于血浆的纤维蛋白，后者呈细丝状，互相交织成网，把血细胞兜在一起，形成胶冻状的血凝块。

血浆中含有多种抗凝血物质，主要是肝素和抗凝血酶物质。纤维蛋白被分解液化的过程，称为纤维蛋白溶解，简称纤溶。纤溶系统的物质主要包括纤溶酶原及其激活物。体内局部凝血过程所形成的血凝块中的纤维蛋白，当它完成防止出血的保护功能之后，最终需要被清除，以利于组织再生和血流通畅，这就需要纤溶物质来完成。

延缓凝血的措施：最有效的抗凝剂是肝素，已如上述。还可以采用移去 Ca^{2+} 的方法达到抗凝目的，常用的移钙法抗凝剂有：枸橼酸钠、草酸钾、草酸铵等。凝血过程是一系列酶促反应，而酶的活性明显受温度影响，因此将盛血容器置于低温环境中，可以延缓凝血过程。

加速凝血的措施：血液加温能提高酶的活性，加速凝血反应。接触粗糙面，可促进凝血因子的活化。手术中应用温热生理盐水纱布压迫术部，能加快凝血与止血，这是因为除温度因素外，纱布表面粗糙也是促凝的因素。许多凝血因子合成过程需要维生素 K 的参与，补充维生素 K 能促进凝血。

（三）血清

离体血液如不做抗凝处理，将很快凝固成胶冻状的血块，并逐渐紧缩析出淡黄色的透明液体，这种液体称为血清。血清与血浆主要区别在于，血浆含有可溶性的纤维蛋白原；血清不含纤维蛋白原。

（四）血量

机体内血液总量称为血量，是血浆量和血细胞量的总和。一般血量为体重的 6%～8%，幼龄占 10% 以上。血量分循环血量和储备血量，因为在安静时并不是全部血液都参加血液循环，有一部分血液会贮存在肝、脾、肺、皮下等地方。这些贮存血液的脏器或部位称为血库。当机体剧烈运动或者出现失血时，血库中血液会迅速参与到血液循环中。

血量的稳态对维持正常血压和保证各器官的血液供应十分重要。失血小于或等于

10%，不会影响健康，数分钟动脉血压回升，1 h 水、无机盐恢复，2 d 血浆蛋白恢复。失血达到 20%，有显著影响：如短时间失血 25%～30%，则血压下降，心、脑供血不足，危及生命。

二、心脏生理

心脏能有节律地收缩和舒张并完成泵血功能，其主要原因在于心肌细胞具有独特的生理特性以及与这些特性有关的生物电活动。

（一）心肌细胞的生物电现象

心脏主要由心肌细胞组成，按结构和功能，可将其分为普通心肌细胞和特殊分化的心肌细胞两类。普通心肌细胞包括心房肌和心室肌，含有丰富的肌原纤维，收缩力强，主要功能是收缩泵血；特殊分化的心肌细胞包括 P 细胞和浦肯野细胞，收缩力弱，大多具有自动产生节律性兴奋的能力，其构成心脏传导系统，完成产生和传导兴奋的功能。

现以心室肌为例讨论心肌细胞的生物电现象。

静息电位：心室肌细胞是指细胞膜未受刺激时，存在于细胞膜内外两侧的外正内负的电位差。

细胞膜两侧的离子呈不均衡分布，膜内的钾离子高于膜外，膜内的钠离子和氯离子低于膜外，即胞内为高钾、低钠、低氯的环境。在安静状态下，细胞膜对钾离子通透性大，对钠离子通透性很小，仅为钾离子通透性的 1/100～1/50，而对氯离子则几乎没有通透性。因此，细胞静息期主要的离子流为钾离子外流。钾离子外流导致正电荷向外转移，其结果导致细胞内的正电荷减少而细胞外正电荷增多，从而形成细胞膜外侧电位高而细胞膜内侧电位低的电位差，静息电位值为 -90 mV。

动作电位：心室肌细胞受到刺激时在静息电位的基础上产生的可扩布的电位变化过程。心室肌细胞动作电位虽然有快速的上升支，但下降复极化过程很慢。通常将心室肌细胞的动作电位分为 0、1、2、3 和 4 五个时期。

0 期：为动作电位的上升支。持续时间很短仅 1～2 mV。主要是由于 Na^+ 的快速内流所致，膜外的 Na^+ 顺浓度梯度迅速内流，形成动作电位的上升支。

1 期：快速复极初期。0 期后，膜内电位迅速下降形成复极 1 期。它和 0 期合成锋电位。Na^+ 的通透性下降，Na^+ 内流停止。同时膜外 K^+ 快速外流，形成瞬时性 K^+ 外向电流，膜内电位迅速降低。

2 期：平台期或缓慢复极期。2 期主要是由于 Ca^{2+} 通道开放，引起 Ca^{2+} 内流，同时还有少量 K^+ 缓慢外流，出膜的正电荷量逐渐增加，膜内电位逐渐下降，形成平台晚期。

3 期：快速复极末期。2 期后，膜电位由迅速复极化。此期由于 Ca^{2+} 通道失活而膜对 K^+ 的通透性增大，K^+ 外流较快，导致膜电位下降较快。

4 期：又称静息期或舒张期。膜电位稳定于静息电位水平。此期细胞膜对离子主动转动功能增强，排出 Na^+、Ca^{2+}，摄回 K^+，恢复到兴奋前细胞内外正常的离子浓度梯度。

特殊分化心肌细胞的生物电现象有其本身的特点，其中浦肯野细胞动作电位的0、1、2和3期的波形、幅度和形成机理与心室肌细胞相似，但窦房结P细胞4期电位并不稳定于静息电位水平，而是发生缓慢的自动去极化过程，称为舒张期自动去极化。

（二）心肌的生理特性

心肌具有兴奋性、自律性、传导性和收缩性等特性，它们共同构成心肌活动的基础。

1. 兴奋性

心肌细胞具有对刺激发生反应的能力，即具有兴奋性。心肌细胞也和其他可兴奋细胞一样，发生一次兴奋后，兴奋性也要经历各个时期的变化之后，才恢复正常。

（1）有效不应期。从0期去极化到3期复极达 -60 mV 这段时间内，给予任何强度的刺激都不能引起再次兴奋，即这段时期不能再次产生动作电位，不能引起心室的再次收缩，这段时期称为有效不应期。

（2）相对不应期。3期复极化末期从 -80 mV 到 -60 mV 这段时期，阈上刺激能引发动作电位，称为相对不应期。

（3）超常期。3期复极化从 -90 mV 到 -80 mV 这段时期，稍弱于阈值的刺激也能引发动作电位，即心肌细胞的兴奋性较高，称为超常期。到3期复极末期，膜电位恢复正常，兴奋性也恢复正常。

2. 自动节律性

心肌细胞在没有外来刺激的条件下，能自动地发生节律性兴奋的特性，称为自动节律性，简称自律性。高等动物心脏的自律性组织包括窦房结、房室交界、房室束及浦肯野纤维。这些组织的节律性高低不一，以窦房结最高，房室交界次之，浦肯野纤维最低。正常情况下，窦房结发出的兴奋依次传导给心房、房室交界及心室传导组织等，引起整个心脏的兴奋和收缩。可见窦房结是主导整个心脏兴奋和跳动的正常部位，故称正常起搏点。所形成的心脏节律称为窦性心律。其他自律性较低的组织，总是处于窦房结控制下，只起传导兴奋的作用而不表现其自身的节律性，故称潜在起搏点。但在某些情况下，如窦房结起搏点功能不全，冲动下传受阻，或某些心肌组织兴奋性异常升高时，潜在起搏点也可表现其自律性，引发部分或全部心肌细胞活动，而成为异位起搏点，所形成的节律称为异位节律。

3. 传导性

心肌细胞具有传导兴奋的能力，称为传导性。正常起搏点（窦房结）发出的兴奋，主要是通过心脏的特殊传导系统传布到整个心脏，引起心房肌、心室肌的兴奋和收缩。在生理情况下，窦房结发出的兴奋先沿心房肌和结间束迅速传向左、右心房和房室交界，引起左、右心房几乎同时收缩。兴奋还从房室交界继续沿房室束及左、右束支和浦肯野纤维迅速传到心室肌，引起左、右心室同时收缩。

心脏各部分传导兴奋的速度不一，房室交界处兴奋传导的速度最慢，形成一个时间延搁，称为房室交界延搁（房室延搁）。其生理意义在于心房兴奋收缩后，要经过较长时间才引起心室兴奋收缩，这样，心房收缩可进一步将血液挤入心室，使心室在收缩前有充分的血液充盈，有利于射血。

4. 收缩性

收缩性是指心房和心室工作细胞具有接受刺激产生收缩反应的能力。正常情况下，心肌工作细胞仅接收来自窦房结节律兴奋的刺激。心肌细胞收缩机理与骨骼肌相同，区别主要表现在心肌不产生强直收缩。心肌在发生一次兴奋后，其有效不应期比自身收缩时的缩短期还长，只有进入舒张期之后，才能接受新的刺激发生又一次收缩。在窦性节律收缩的基础上，如在相对不应期或以后给予一次阈上刺激（额外刺激），则可提前引发一次兴奋，并促发心脏收缩，称期前收缩（早搏）。而随即到来的正常起搏点兴奋，却恰好落在这一次兴奋的有效不应期中，只有等到再一次传来正常起搏点兴奋时，才能引起心肌再次兴奋和收缩。于是心肌在期前收缩之后，出现一次较长的舒张期，称为代偿间歇。

（三）心动周期

1. 心动周期

心脏每收缩和舒张一次，称为一个心动周期。左、右心房或左、右心室的收缩和舒张几乎同步。每个心动周期分为三个时期：心房收缩期、心室收缩期、共同舒张期。由于在心动周期中心室收缩时间长，收缩力也大，它的收缩与舒张是推动血液循环的主要因素。每分钟内心脏搏动的次数，称为心率。心率快慢直接影响每个心动周期的时间，心率越快，每个心动周期的持续时间越短；心率越慢，心动周期持续时间就越长。由于在一个心动周期中，心脏收缩的时间较短，因此，在心率加快、心动周期缩短的情况下，被缩短的主要是心脏舒张期。由此可见，过快的心率不利于心脏的舒缓休息。动物的心率因种族、品种、性别和年龄不同而异。

2. 心脏的泵血过程及心内的压力和容积变化

在每个心动周期中，心脏内都发生压力、容积和心瓣膜启闭等的规律变化，驱使回心的静脉血液不断地从心室射入动脉，推动血液循环。

根据这些变化，整个心动周期又可分为 5 个时期。

（1）等容收缩期。在心室收缩初期，室内压逐步升高，并超过房内压，但仍低于主动脉和肺动脉内压，于是房室瓣和半月瓣都关闭，心室内血量和容积都不发生变化，所以这一时期称为等容收缩期。

（2）射血期。随着心室的继续收缩，当室内压升高并超过主动脉压和肺动脉压时，血液将半月瓣冲开而快速射入主动脉和肺动肺，故将这一时期称为射血期。在射血期末，心室的收缩力和室内压都开始下降，于是射血速度逐渐减慢，心室容积的缩小也趋于缓和。

（3）等容舒张期。当心室开始舒张，室内压下降至低于动脉内压时，半月瓣即关闭。但此时室内压仍高于房内压，房室瓣仍处于关闭状态。此时，心室虽继续舒张，心室内压有所下降，但心室内容积并无变化。

（4）充盈期。当心室内压降至低于心房内压时，充盈于心房和腔静脉内的血液迅速冲开房室瓣而进入心室。随着心室的不断充盈，心室内压不断升高，心室和心房内的压力差逐渐缩小，进入心室的血流速度也明显减慢。

（5）心房收缩期。心室内血液达到相当充盈之际，心房才开始收缩，于是残留在心房内的血液继续流入心室，心室进一步充盈。

从以上可以看出，心脏的射血主要是依靠心室舒缩所造成的心内压力和容积的改变以及瓣膜启闭的协同完成。

（四）心输出量

心脏的功能是将血液定向地射入动脉，以推动血液循环。因此，心输出量的多少是衡量心脏功能的重要指标之一。

1. 心输出量

一个心动周期中一侧心室射出的血量，称每搏输出量。正常情况下，两侧心室的射血量是相等的。每分钟射出的血量，称为每分输出量，等于每搏输出量与心率的乘积。一般所说的心输出量即是指每分输出量。

2. 影响心输出量的因素

心输出量的大小取决于每搏输出量和心率，因此凡能影响每搏输出量或心率的因素都会影响心输出量。

（1）心室收缩力。心室收缩力越强，每搏输出量越大，心输出量也越大。交感神经兴奋，或血液中去甲肾上腺素水平升高，均可使心室收缩力增强，心输出量增加。

（2）静脉回心血量。在一定范围内，静脉血回流量增大时，心室充盈良好，心室舒张末期容积增大，心肌收缩力量加强，每搏输出量增加；反之，每搏输出量减少。

（3）心率。在一定范围内，心率加快心输出量增加。但心率过快，如达到正常时的 1.5～2.0 倍时，由于心动周期缩短，特别是舒张期缩短，就会影响心室的充盈，使心输出量反而减少。

三、血管生理

血管是血液循环的管道，血管可分为动脉、毛细血管和静脉三大类。动脉将血液由心脏运送到全身各组织器官，小动脉和微动脉管壁富含平滑肌，可通过舒缩活动而改变口径，调节血流的阻力；静脉将血液由全身各组织器官送回心脏，数量多、口径大、管壁薄、容量大。毛细血管将动脉内的血液转送到静脉，管壁很薄，有很大的通透性。

血压是指血管内的血液对于单位面积血管壁的侧压力，也即压强。按照国际标准计量单位规定，压强单位为帕（Pa），帕的单位较小，血压数值通常用千帕（kPa）表示（1 mmHg=0.133 kPa）。

（一）动脉血压

通常所说的血压（BP），就是指体循环系统中的动脉血压。在每个心动周期中，动脉血压随心室的舒缩活动而发生波动。心室收缩时，动脉血压所达到的最高值，称为收缩压；心室舒张时，动脉血压下降所达到的最低值，称为舒张压；收缩与舒张压的差值，称为脉搏压，简称脉压。动脉血压数值以收缩压 / 舒张压的方式表示。

1. 动脉血压的形成

循环系统内足够的血液充盈量是形成动脉血压的前提，而心脏射血和外周阻力是动脉血压形成的两个基本条件。

2. 影响动脉血压的因素

影响动脉血压的主要因素有每搏输出量、心率、外周阻力、大动脉管壁弹性及循环血量等。

（1）每搏输出量。在心率和外周阻力基本不变的条件下，每搏输出量增加可使动脉内血容量加大，收缩压升高。

（2）心率。在一定范围内，心率加快时，心输出量增加，血压升高。但心率过快时心舒期过短，心室充盈不足，每搏输出量显著减少，血压反而下降。

（3）外周阻力。如果心输出量不变，而血管收缩，外周阻力增加时，动脉血流向外周的阻力加大，使心舒期之末动脉内血量增加，使舒张压升高。

（4）大动脉弹性。大动脉管壁弹性扩张主要是起缓冲血压的作用，使收缩压降低，舒张压升高，脉搏压减小。

（5）循环血量。循环血量增加可使血压升高。

（二）动脉脉搏

心室收缩时血液射进主动脉，主动脉内压升高，使管壁扩张；心室舒张时，主动脉压下降，血管壁弹性回缩而复位。这种随着心脏节律性泵血活动，使主动脉管壁发生的扩张－回缩的振动，以弹性波形式沿血管壁传向外周，即形成动脉脉搏。

（三）静脉血压

血液通过毛细血管后，绝大部分能量都消耗于克服外周阻力，因而到了静脉系统后血压已所剩无几，到腔静脉时血压更低，到右心房时血压已接近于零。通常将右心房和胸腔内大静脉内的血压，称为中心静脉压；将各器官静脉的血压称为外周静脉压。中心静脉压的高低取决于心泵功能与静脉回心血量之间的相互关系。

（四）静脉血流

单位时间内，由静脉回流到心脏的血量等于心输出量。其取决于外周静脉压和中心静脉压的压力差，以及静脉管内外的阻力。当动物躺卧时，全身各静脉大都与心脏在同一水平，所以单靠静脉系统中各段静脉的血压差，就足以推动血液回流入心脏；但在站立时，由于重力影响，大量血液将沉积在心脏水平以下的腹腔和四肢的末梢静脉中，而不利于静脉血回流，以致影响心输出量，这就需要外力作用来克服重力的影响。这些外力主要有两方面：①骨骼肌收缩的挤压作用；②胸内负压的抽吸作用。

（五）微循环

微循环是指微动脉和微静脉之间的血液循环。血液循环的血液与组织之间的物质交换功能就是通过微循环实现的。

微循环的血液可通过下述三条途径从微动脉流向微静脉。

1. 直捷通路

直捷通路是指血液从微动脉经后微动脉、通血毛细血管而回到微静脉的通路。此通路经常处于开放状态，血流速度较快，很少与组织细胞进行物质交换。直捷通路在骨骼肌的微循环中较多见，主要作用是使一部分血液迅速通过微循环由静脉回流入心。

2. 迂回通路

迂回通路是指血液从微动脉经后微动脉和由真毛细血管构成的毛细血管网到微静脉的通路。此通路迂回曲折，穿插于细胞间隙，血流缓慢，并且毛细血管管壁薄，通透性好，所以是血液和组织细胞进行物质交换的主要部位，故又称营养通路。

3. 动－静脉短路

动－静脉短路是指血液从微动脉经动－静脉吻合支直接流回微静脉的通路。此通路的血管壁厚，血流迅速，完全不进行物质交换。在一般情况下，动－静脉短路经常处于关闭状态。

（六）组织液和淋巴液

组织液是指存在于细胞间隙内组织中的液体，又称为组织间液。组织液是血液与组织细胞间物质交换的媒介。组织液绝大部分呈胶冻状，不能自由流动。

1. 组织液的生成与回流

组织液是血浆通过毛细血管管壁的滤出而形成的。组织液形成后又被毛细血管壁重吸收回到血液中去，保持组织液量的动态平衡。组织液的生成和重吸收决定于以下四种因素：毛细血管血压、血浆胶体渗透压、组织液静水压和组织液胶体渗透压。滤过因素与重吸收因素之差，称为有效滤过压。

可以表达为：有效滤过压＝（毛细血管血压＋组织液胶体渗透压）－（组织液静水压＋血浆胶体渗透压）。

2. 淋巴液

组织液约 90% 在毛细血管静脉端回流入血，其余 10% 则进入毛细淋巴管，成为淋巴液。形成的淋巴液，沿着毛细淋巴管流入集合淋巴管和淋巴结，最后经过淋巴导管（胸导管和右淋巴管），又进入前腔静脉，参加血液循环。所以淋巴循环是组织液向血液循环回流的一个重要辅助系统。

淋巴液回流具有重要的生理意义：①可以回收蛋白质；②运输脂肪及其他营养物质；③调节组织液与血浆间的液体平衡；④清除组织中异物。

淋巴系统由淋巴管道、淋巴组织、淋巴器官和淋巴组成。淋巴管道是起始于组织间隙，最后注入静脉的管道系；淋巴组织为含有大量淋巴细胞的网状组织，包括弥散淋巴组织、淋巴弧结和集结；被膜包裹淋巴组织即形成淋巴器官。淋巴组织（器官）可产生淋巴细胞，参与免疫活动，因而淋巴系统是机体内主要的防卫系统。此外，淋巴系统的免疫活动还协同神经及内分泌系统，参与机体其他神经体液调节，共同维持代谢平衡、生长发育和繁殖等。

3. 淋巴管

淋巴管道为淋巴液通过的管道，根据汇集顺序、口径大小及管壁薄厚，可分为毛细淋巴管、淋巴管、淋巴干和淋巴导管。

（1）毛细淋巴管。毛细淋巴管以盲端起始于组织间隙，其结构似毛细血管，管壁只有一层内皮细胞，且相邻细胞以叠瓦状排列。毛细淋巴管的管径较毛细血管的大，粗细不一，通透性也比毛细血管大，因此一些不能透过毛细血管壁的大分子物质如蛋白质、细菌等由毛细淋巴管收集后回流。

除无血管分布的组织器官如上皮、角膜、晶状体等以及中枢神经和骨髓外，机体全身均有毛细淋巴管的分布。

（2）淋巴管。毛细淋巴管汇集而成淋巴管，其形态结构与静脉相似，但管壁较薄，管径较细且粗细不均，常呈串珠状，瓣膜较多。在其行程中，通过一个或多个淋巴结。

按所在位置，淋巴管可分为浅层淋巴管和深层淋巴管。前者汇集皮肤及皮下组织淋巴液，多与浅静脉伴行；后者汇集肌肉、骨和内脏的淋巴液，多伴随深层血管和神经。此外，根据淋巴液对淋巴结的流向，淋巴管还可分成输入淋巴管和输出淋巴管。

（3）淋巴干。淋巴干为身体一个区域内大的淋巴集合管，由淋巴管汇集而成，多与大血管伴行。主要淋巴干有以下 3 种。

①气管淋巴干。伴随颈总动脉，分别收集左、右侧头颈、肩胛和前肢的淋巴，最后注入胸导管（左）和右淋巴导管或前腔静脉或颈静脉（右）。

②腰淋巴干。伴随腹主动脉和后腔静脉前行，收集骨盆壁、部分腹壁、后肢、骨盆内器官及结肠末端的淋巴，注入乳糜池。

③内脏淋巴干。由肠淋巴干和腹腔淋巴干形成，分别汇集空肠、回肠、盲肠、大部分结肠和胃、肝、脾、胰、十二指肠的淋巴，最后注入乳糜池。

4. 淋巴导管

淋巴导管由淋巴干汇集而成，包括胸导管和右淋巴导管。

（1）胸导管。胸导管为全身最大的淋巴管道，起始于乳糜池，穿过膈上的主动脉裂孔进入胸腔，沿胸主动脉的右上方，右奇静脉的右下方向前行，然后越过食管和气管的左侧向下行，在胸腔前口处注入前腔静脉。胸导管收集除右淋巴导管以外的全身淋巴。

乳糜池是胸导管的起始部，呈长梭形膨大，位于最后胸椎和前 1～3 腰椎腹侧，在腹主动脉和右膈脚之间。

（2）右淋巴导管。右淋巴导管短而粗，为右侧气管干的延续，收集右侧头颈、右前肢、右肺、心脏右半部及右侧胸下壁的淋巴，末端注入前腔静脉。

5. 淋巴生成和淋巴循环

血液经动脉输送到毛细血管时，其中一部分液体经毛细血管动脉端滤出，进入组织间隙形成组织液。组织液与周围组织细胞进行物质交换后，大部分渗入毛细血管静脉端，少部分则渗入毛细淋巴管，成为淋巴液。淋巴液在淋巴管内流动（只能向心流动），最后注入静脉。淋巴管周围的动脉搏动、肌肉收缩、呼吸时胸腔压力变化对淋巴管的影响和新淋巴液的不断产生，可促使淋巴管内的淋巴液向心流动，最后经淋巴导管进入前腔静脉，形成淋巴循环，以协助体液回流。因此，可将淋巴循环看作血液循环的辅助部分。

● 材料准备

收集牛心力衰竭疾病的相关资料，重点收集发病原因、发病机制；收集心脏生理相关动画与视频；心力衰竭症状图片、心脏搏动视频或动画、心脏标本。

- **人员准备**

人员分组，每组 5 人，明确职责分工。

任务角色	任务内容
组长：	任务：
组员 1：	任务：
组员 2：	任务：
组员 3：	任务：
组员 4：	任务：

任务实施

第一步：深入了解心脏生理。
第二步：根据病例，查找相关的资料。
第三步：从查找到的资料中找出鉴别诊断关键点。
第四步：为动物医院提出相关诊断意见。

任务评价

班级：________ 组别：________ 姓名：________

项目	评分标准	自我评价	小组评价	教师评价
心脏功能保健指南	结合心脏标本理解掌握心脏心肌特性、心动周期、心排出量等生理功能（5 分）			
	从收集的疾病症状和诊断方法中分析提炼牛的心脏生理的进行鉴别诊断要点（3 分）			
	整理分析并制作心脏功能保健指南，为动物医院的诊断提出意见（2 分）			
合计				
自我评价与总结				
教师点评				

课程思政专栏

爱，成就了心电图之父

心电图，是一种用于检测心脏功能的重要工具，也是医学临床诊断中常用的一种检查手段。而心电图之父，指的就是荷兰医生威廉·爱因托芬（Willer Einthoren），他不仅发明了现代心电图仪器，而且还建立了一个全新的医学领域——心电图学。

爱因托芬在医学领域的杰出贡献，也为他赢得了1924年获得的诺贝尔生理学或医学奖。改变了心脏医学的发展轨迹，使心电图这一诊断工具成为不可或缺的医学设备，帮助医生们更好地认识和治疗心脏疾病。

【启示】爱不仅仅是一种感情，更是一种动力和力量。正是因为他对医学事业的热爱和执着，才能留下不朽的科学传奇。

项目检测

项目八检测一　　项目八检测二

项目九 动物免疫系统

项目导读

免疫系统是机体保护自身的防御性结构，也是指身体对抗病原体引起疾病的能力，主要由淋巴器官（胸腺、淋巴结、脾、扁桃体）、免疫细胞和免疫分子组成。构成免疫系统的核心成分是淋巴细胞，它使免疫系统具备识别能力和记忆能力。淋巴细胞经血液和淋巴周游全身，从一处的淋巴器官或淋巴组织至另一处的淋巴器官或淋巴组织，使分散各处的淋巴器官和淋巴组织连成一个功能整体。免疫系统的功能主要有两方面：①识别和清除异物、一些微生物、大分子物质（抗原）；②监护机体防御体系，清除抗原发生变化的细胞，比如肿瘤细胞和病毒感染的一些细胞。免疫系统是生物在长期进化中与各种致病因子的不断斗争中逐渐建立起来的，在个体发育中也需要抗原的刺激才能发育完善。

知识目标

（1）掌握主要淋巴器官的位置、形态和结构。

（2）熟悉动物浅在淋巴结的位置、大小和体表投影。

（3）了解深层淋巴结和内脏淋巴结的分布规律。

技能目标

（1）能在活体上确定体表浅淋巴。

（2）能够分析疾病发生与免疫系统功能之间的关系。

素质目标

（1）引导学生理解免疫系统的防御机制，结合国家的防御机制，激发他们的爱国意识。

（2）培养学生的抗压能力。

思政目标

通过对防御机制的深层次理解，树立热爱祖国的坚定信念，具备成为后备力量的意识。

任务一　动物免疫器官的解剖特征

任务导入

某动物医院有一头青年牛，颈部肿大，转头有困难，触摸有抵触感，病牛后退，甩头，现怀疑甲状腺肿大，但需对具体位置进行鉴别诊断。

请为该动物医院提供一份全身淋巴器官位置、结构分析图，帮助动物医院进行鉴别诊断。

任务准备

- **知识准备**

免疫器官包括中枢免疫器官和周围免疫器官。中枢免疫器官又称一级免疫器官，包括骨髓、胸腺，它们是免疫细胞发生、分化和成熟的场所，主要的特点是发生早、退化早。鸟类还包括法氏囊或其同功器官。周围免疫器官有淋巴结、脾、扁桃体和血淋巴结等，它们是B细胞、T细胞和抗原进行免疫应答的场所。

一、中枢免疫器官

（一）骨髓

红骨髓可以生成血液中的一切血细胞，骨髓中原始的造血干细胞是多能干细胞，干细胞是一类具有自我复制能力的多潜能细胞。在一定条件下，它可以分化成多种功能的造血干细胞（APSC）多能细胞。所以多能造血干细胞具有自我更新和分化为各种谱系造血细胞的能力。骨髓中多数干细胞经过增殖分化，成为髓系干细胞和淋巴系干细胞，其中淋巴系干细胞演变为淋巴细胞。淋巴细胞在骨髓内可以分化、成熟B淋巴细胞，参与机体免疫反应。

（二）胸腺

胸腺随年龄在变化，位于胸腔纵隔内和颈部。胸腺既是淋巴器官，也是内分泌器官。淋巴细胞在胸腺中受胸腺素和胸腺生成素的诱导作用，增殖分化、成熟为具有免疫功能的T细胞，参与机体免疫。牛的胸腺为粉红色，柔软。犊牛胸腺发达，分颈部和胸部（图9-1）。胸部胸腺位于心前纵隔内，胸腺在性成熟后退化，但不完全消失。

1. 腮腺；2. 颈部胸腺；3. 胸部胸腺。

图 9-1　犊牛的胸腺

（马仲华，2010. 家畜解剖学及组织胚胎学，第三版）

胸腺的细胞分为淋巴细胞和非淋巴细胞两类。淋巴细胞包括原始 T 细胞向成熟 T 细胞分化过程中各种不同阶段的细胞，统称为胸腺细胞；胸腺细胞是胸腺内的主体细胞，其分布从皮质到髓质逐渐减少。非淋巴细胞包括上皮细胞、巨噬细胞、树突状细胞、抚育细胞、皮纤维细胞和网状细胞等。这些细胞一方面构成胸腺组织的支架，另一方面构成胸腺细胞营养和分化的微环境，统称为基质细胞。

胸腺皮质的毛细血管内皮细胞连接紧密，与网状细胞共同形成血液－胸腺屏障，使循环中的抗原物质不能进入胸腺。血液－胸腺屏障是体内为数不多的几个生理屏障之一，其意义目前尚不清楚。胸腺髓质的毛细血管内皮细胞之间有间隙，抗原性物质可进入髓质，在髓质内还可见多层扁平上皮细胞呈同心圆状排列成的胸腺小体，或称胸腺小体。直径 25～50 μm，其功能尚不清楚。

长期以来对胸腺的功能不甚了解，直到 20 世纪 60 年代初 Miller 和 Good 分别用切除新生小鼠和家兔胸腺的办法证明了胸腺的免疫功能。

胸腺还可促进肥大细胞发育，调节机体的免疫平衡，维持自身的免疫稳定性。新生动物摘除胸腺，可引起严重的细胞免疫缺陷和总体免疫功能降低。由此可见，胸腺在免疫系统中具有重要地位。

（三）胸腺的发育过程

胸腺于胚胎第 6 周时就在第 3 对咽囊的腹侧面形成胚基，至第 7 周形成胸腺雏形，至第 20 周时便已发育成熟。出生时胸腺重量仅约为 20 g，青春期达顶峰，约 40 g；以后随年龄增长而逐渐萎缩，至老年时仅剩 10 g 左右，且多为脂肪组织替代。机体的免疫功能与胸腺的生长周期相关。

（四）法氏囊

法氏囊旧称腔上囊，是鸟类动物特有的淋巴器官，位于胃肠道末端泄殖腔的后上方。与胸腺不同，法氏囊驯化 B 细胞成熟，主导机体的体液免疫功能。将孵出的雏鸡去掉法氏囊，会使血中 γ 球蛋白缺乏，且没有浆细胞，注射疫苗亦不能产生抗体。

人类和哺乳动物没有法氏囊，其功能由相似的组织器官代替，称为法氏囊同功器官；曾一度认为同功器官是阑尾、扁桃体和肠集结淋巴结，现在已证明是骨髓。

二、周围免疫器官

（一）淋巴结

1. 淋巴结的形态位置

淋巴结为近乎圆形的网状结构，位于淋巴管径路上，表面有一层结缔组织被膜，略凹陷处为门，有输出淋巴管和血管出入。淋巴结大小不一，大的几厘米，小的只有 1 mm，多成群分布。有球形、卵圆形、扁圆形等。在活体上呈淡红色，肉尸上略呈灰白色。淋巴结的外周部分为皮质，中央部分为髓质。皮质区有淋巴小结，又称淋巴滤泡；受抗原刺激后出现生发中心；此区内富含 B 细胞和滤泡树突状细胞，所以又称非胸腺依赖区。皮质深层和滤泡间隙为副皮质区，因富含 T 细胞又称胸腺依赖区；副皮质区是 T 淋巴细胞的主要分布区。在抗原的刺激下，副皮质区的淋巴细胞可大量繁殖，离开淋巴结进入血液。髓质位于中央部和门部，颜色较淡。主要由 B 淋巴细胞组成，还有一些浆细胞和巨噬细胞。淋巴结功能活跃时，会产生抗体，参与免疫反应。

2. 淋巴结的功能

滤过和净化作用：通过淋巴窦内吞噬细胞的吞噬作用以及体液抗体等免疫分子的作用，可以杀伤病原微生物，清除异物，从而起到净化淋巴液，防止病原体扩散的作用。

3. 免疫应答场所

淋巴结中富含各种类型的免疫细胞，利于捕捉抗原、传递抗原信息和细胞活化增殖。B 细胞受刺激活化后，高速分化增殖，生成大量的浆细胞形成生发中心；T 细胞也可在淋巴结内分化增殖为致敏淋巴细胞。不管发生哪类免疫应答，都会引起局部淋巴结肿大。

4. 淋巴细胞再循环基地

正常情况下，只有少数淋巴细胞在淋巴结内分裂增殖，大部分细胞是再循环的淋巴细胞。血中的淋巴细胞通过毛细血管后静脉进入淋巴结副皮质，然后再经淋巴窦汇入输出淋巴管。众多的淋巴结是再循环细胞的重要补充来源。

（二）脾

1. 脾的组织结构

脾是体内最大的淋巴器官，结构类似淋巴结。脾的表面有结缔组织被膜，实质比较柔脆，分为红髓和白髓。红髓由脾索和脾窦组成，有很多红细胞呈红色。其位于白髓周围。脾索为网状结缔组织形成的条索状分枝结构；血窦为迂曲的血管，其分枝吻合成网。红髓与白髓之间的区域称为边缘区，中央小动脉分枝由此进入，是再循环淋巴细胞入脾之处。与淋巴结不同，脾没有输入淋巴管，只有一条平时关闭的输出淋巴管与中央动脉并行，发生免疫应答时淋巴细胞由此进入再循环池。白髓是淋巴细胞聚集之处，沿中央小动脉呈鞘状分布，富含 T 细胞，相当于淋巴结的副质区。

白髓主要由密集的淋巴组织构成，分散于红髓之间。白髓中还有淋巴小结，是

B 细胞居留之处，受抗原刺激后可出现生发中心。脾中 T 细胞约占总淋巴细胞数 35%～50%，B 细胞占 50%～65%。

2. 脾的功能

脾通过淋巴细胞活动参与机体的免疫活动，在胚胎期也是重要的造血器官；出生后造血功能停止，但仍然是血细胞尤其是淋巴细胞再循环池的最大储库和强有力的过滤器。脾还有两个显著的特点。①产生抗体。脾富含 B 细胞和浆细胞，因此是全身最大的抗体产生器官，尤其是产生 IgM 和 IgG，其数量对调节血清抗体水平起很大作用。所以当自身抗体产生过多导致严重疾病时，曾用切除脾的办法进行缓冲治疗；但脾切除后机体的抗感染能力显著降低。②分泌体液因子。脾可以合成补体（C5 和 C8 等）和备解素等重要的免疫效应分子；还能产生一种白细胞激肽，促进粒细胞的吞噬作用。

各种动物脾的形态如图 9-2 所示。

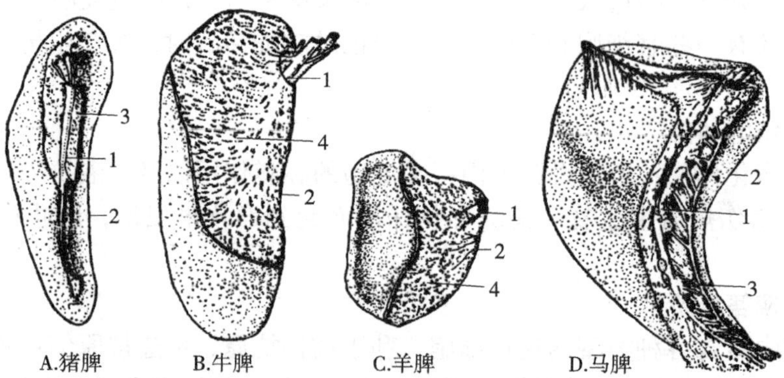

1. 脾门；2. 前缘；3. 胃脾韧带；4. 脾和瘤胃粘连处血管。

图 9-2　脾的形状

（马仲华，2010. 家畜解剖学及组织胚胎学，第三版）

（1）猪的脾。细长的带状，呈暗红色，质软，以胃脾韧带与胃大弯相连。

（2）牛的脾。长而扁的椭圆形、灰蓝色、质硬，位于瘤胃背囊左前方。

（3）羊的脾。扁的钝三角形，红紫色，质软，位于瘤胃左侧。

（4）马的脾。扁平镰刀形，蓝红或铁青色，位于胃大弯左侧。

（三）扁桃体

位于舌、软腭和咽的黏膜下组织内，形状和大小因动物种类而不同，仅有输出管，注入附近的淋巴结，没有输入管。以腭扁桃体最发达，卵圆形隆起。主要有两个作用：产生淋巴细胞；对抗原起反应。

（四）畜体主要浅在淋巴结

牛体浅层淋巴结如图 9-3 所示。

1. 下颌淋巴结

卵圆形，位于下颌间隙，牛的在下颌间隙后部，其外侧与颌下腺前端相邻；在猪

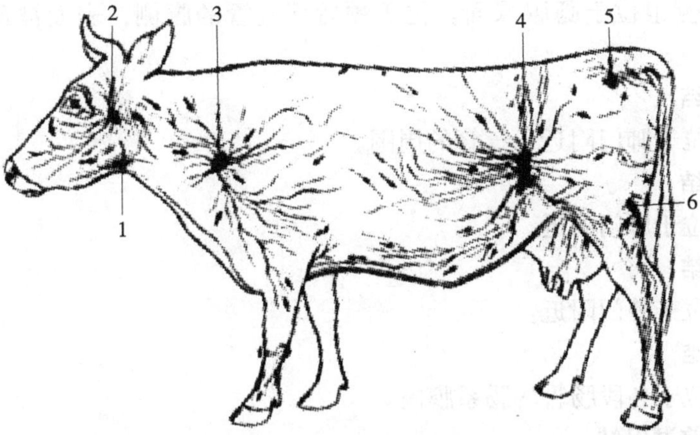

1. 下颌淋巴结；2. 腮腺淋巴结；3. 颈浅淋巴结；4. 髂下淋巴结；5. 坐骨淋巴结；6. 腘淋巴结。

图 9-3 牛体浅层主要淋巴结

（董常生，2001. 家畜解剖学，第三版）

位置更加靠后，表面有腮腺覆盖；在马则与血管切迹相对。收集头腹侧、鼻腔、口腔前部及唾液腺的淋巴。

2. 腮腺淋巴结

腮腺淋巴结位于颞下颌关节后下方，部分或全部被腮腺覆盖。

3. 颈浅淋巴结

颈浅淋巴结又称肩前淋巴结，位于肩前，在肩关节上方，被臂头肌和肩胛横突肌（牛）覆盖。猪的颈浅淋巴结分背侧和腹侧两组，背侧淋巴结相当于其他家畜的颈浅淋巴结，腹侧淋巴结则位于腮腺后缘和胸头肌之间。

4. 髂下淋巴结

髂下淋巴结又称股前淋巴结，位于膝关节上方，在股阔筋膜张肌前缘皮下。接纳腹壁、骨盆、股部、小腿部皮肤的淋巴。

5. 腹股沟浅淋巴结

腹股沟浅淋巴结位于腹底壁皮下，大腿内侧，腹股沟皮下环附近。公畜的位于阴茎两侧，称阴茎背侧淋巴结；母畜的位于乳房的后上方，称乳房上淋巴结。此淋巴结在母猪位于倒数第 2 对乳头的外侧。

6. 腘淋巴结

腘淋巴结位于臀股二头肌与半腱肌之间，腓肠肌外侧头的脂肪中。

（五）畜体主要深在淋巴结

1. 咽后淋巴结

每侧均有内、外两组，内侧组位于咽的背侧壁。

2. 颈深淋巴结

颈深淋巴结分为前、中、后 3 组。颈前淋巴结位于咽、喉的后方，甲状腺附近，前与咽淋巴结相连；颈中淋巴结分散在颈部气管的中部；颈后淋巴结与颈前淋巴结无明显界限；外侧组位于腮腺深面。位于颈后部气管的腹侧，表面被覆有颈皮肌和胸头肌。

3. 肺淋巴结

肺淋巴结位于肺门附近，气管的周围。

4. 肝淋巴结

肝淋巴结位于肝门附近。

5. 脾淋巴结

脾淋巴结位于脾门附近。

6. 肠淋巴结

肠淋巴结位于各段肠管的肠系膜内。

7. 肠系膜前淋巴结

肠系膜前淋巴结位于肠系膜前动脉起始部附近。

8. 髂内淋巴结

髂内淋巴结位于髂外动脉起始部附近。

9. 髂外淋巴结

髂外淋巴结位于旋髂深动脉前、后支分叉处。

● **材料准备**

收集牛、羊、禽类常见免疫系统疾病的相关资料，重点收集淋巴结肿大的病例，如腮腺淋巴结肿大、肩前淋巴结肿大等疾病；牛主要免疫器官结构、位置的动画、图片和视频；牛胸腺、脾、浅在淋巴结、深在淋巴结的图片和视频。

● **人员准备**

人员分组，每组 5 人，明确职责分工。

任务角色	任务内容
组长：	任务：
组员 1：	任务：
组员 2：	任务：
组员 3：	任务：
组员 4：	任务：

任务实施

第一步：深入了解免疫各器官的形态、结构和位置。

第二步：根据病例，查找相关的资料。

第三步：从查找到的资料中找出鉴别诊断关键点。

第四步：为临床诊断提出相关意见。

任务评价

班级：____________ 组别：____________ 姓名：____________

项目	评分标准	自我评价	小组评价	教师评价
淋巴器官结构、位置分析图	从收集的疾病症状和诊断方法中分析提炼牛、羊、禽类免疫系统的区别，总结不同动物诊断的要点（2分）			
	识别浅表淋巴结的体表投影位置、免疫器官的形态构造，脾的形态结构、颜色（3分）			
	认真对比分析，不同动物免疫器官的不同点，重点从淋巴结、脾脏投影位置进行分析，为临床诊断提出意见（3分）			
	绘制淋巴器官结构、位置分析图（2分）			
合计				
自我评价与总结				

课程思政专栏

免疫学发展史链接古今中国科学家的故事

人类对免疫的认识是在同传染病作斗争中开始的，早在2000多年前，我国古代医学家就观察到传染病患者在痊愈之后可以抵抗该病再次侵袭，称之为“以毒攻毒”，并尝试通过人工轻度感染某种传染病的方式使机体获得对该病的抵抗能力。约公元303年葛洪所撰《肘后备急方》对于防治狂犬病就有“取狂犬脑敷之，后不复发”的文字记载，这是人类历史上最早有文字记载的预防接种。天花曾是严重危害人类健康的一种烈性传染病，传染性强，死亡率极高。公元16世纪我国明朝隆庆年间已有关于种痘的医书记载，将天花患者康复后的皮肤痂皮研磨成粉，吹入未患病的儿童鼻腔，以预防天花感染，称之为种人痘。这种方法不仅在当时的国内广泛应用，还通过海上和陆上丝绸之路传到日本、俄罗斯和英国等国家，为200多年后英国医生Jenner发现牛痘苗预防天花提供了宝贵的经验。中华人民共和国成立后，我国涌现出一批杰出的现代免疫学家，如治疗性乙肝疫苗的开拓者之一闻玉梅院士、研究中药免疫调节的杨贵贞教授，研究树突状细胞的曹雪涛院士，研究自然杀伤细胞（NK细胞）的田志刚院士等，他们带领着年轻学者们在各自的研究领域奋战，从不同的角度探索免疫应答的机制，在国际免疫学领域占有一席之地。

【启示】通过这些事例的讲述，激发学生的民族自豪感和爱国热情，鼓励他们向医学前辈们学习，在医学科研的道路上努力攀登，为国争光。同时，引导学生认清我国免疫学研究的曲折历史和研究现状，我们的前辈们曾创造了早期的辉煌，我们有责任也有这个能力继续将其发扬光大，激发学生努力学习、报效祖国的情怀。

任务二 动物免疫细胞

任务导入

某动物医院有多份血样样本，其中有血小板偏低、中性粒细胞增多、淋巴细胞偏低、白细胞偏高等各种化验结果，现对这几份血样报告进行分析，并从结果给出初步诊断报告。

请为该动物医院提供一份关于免疫细胞种类及功能的总结，帮助动物医院进行鉴别诊断。

任务准备

- **知识准备**

免疫细胞是指参与免疫应答或与免疫应答相关的细胞。包括淋巴细胞、树突状细胞、单核－巨噬细胞、粒细胞、肥大细胞等。免疫细胞可以分为多种，在人体中各种免疫细胞担任着重要的角色。免疫细胞俗称白细胞，包括先天性淋巴细胞、各种吞噬细胞等和能识别抗原、产生特异性免疫应答的淋巴细胞等。

一、淋巴细胞

淋巴细胞是白细胞的一种，是体积最小的白细胞。其由淋巴器官产生，主要存在于淋巴管中循环的淋巴液中，是机体免疫应答功能的重要细胞成分，是淋巴系统几乎全部免疫功能的主要执行者，是对抗外界感染和监控体内细胞变异的一线“士兵”。淋巴细胞是一类具有免疫识别功能的细胞系，按其发生迁移、表面标志、形态结构和功能表现的不同，一般将淋巴细胞分为三类。分别为T淋巴细胞（又名T细胞）、B淋巴细胞（又名B细胞）和自然杀伤（NK）细胞。

（一）T细胞

胸腺依赖淋巴细胞简称T细胞，是骨髓来源的淋巴干细胞在胸腺内分化而成的。胸腺发育成熟的T细胞转移到外周淋巴器官或淋巴组织，在没有接触特异性抗原分子刺激前，保持相对静息状态，称初始T细胞。一旦接受相应抗原的刺激，它们便转化为代谢活跃、直径为15～20 μm的大淋巴细胞，并增殖分化。大部分分化为效应性T细胞，获得了迁移、产生细胞因子和其他效应的功能，小部分形成记忆性T细胞。效应性T细胞寿命较短，具有杀伤靶细胞的功能。记忆性T细胞寿命可长达数年，甚至终身，当机体再次遇到相同抗原刺激时，能迅速转化增殖，形成大量效应性T细胞，启动更大强度的免疫应答，并使机体较长时间保持对该抗原的免疫力。由于效应性T细胞可直接杀灭靶细胞，故T细胞参与的免疫称为细胞免疫。

（二）B细胞

骨髓依赖淋巴细胞简称B细胞，来源于骨髓，占血液淋巴细胞总数的10%～50%。在骨髓发育成熟的初始B细胞离开骨髓，迁入周围淋巴器官和淋巴组织，受抗原刺激后，增殖分化为效应性B细胞，即浆细胞，合成和分泌抗体，发挥免疫功能；少量转化为记忆性B细胞储备起来，其作用和记忆性T细胞相同。B细胞在体内存活的时间较短，仅数天至数周，但其记忆细胞在体内可长期存活。由于B细胞以分泌抗体这一可溶性蛋白分子进入体液循环而执行免疫功能，故B细胞介导的免疫称体液免疫，B细胞受抗原刺激后增殖分化形成大量浆细胞，分泌抗体，从而清除相应的抗原，此为体液免疫应答。

（三）自然杀伤细胞

自然杀伤细胞简称NK细胞：由骨髓中的淋巴干细胞分化而来，占血液淋巴细胞总数的10%～15%，缺乏B细胞、T细胞的分子标记特征，可直接杀伤病毒感染细胞、肿瘤细胞和异体细胞。NK细胞形似大淋巴细胞，在细胞质内有许多大小不等的嗜天青颗粒，故又称大颗粒淋巴细胞。

二、抗原呈递细胞

抗原呈递细胞（APC）是指能够摄取、加工处理抗原，并将处理过的抗原呈递给T细胞的一类免疫细胞。APC主要包括单核－吞噬细胞、树突状细胞、B细胞、朗格汉斯细胞以及肿瘤细胞的病毒感染的靶细胞等（其中树突状细胞的抗原呈递能力最强。

三、单核吞噬细胞系统

单核吞噬细胞系统包括分散在全身各器官组织中的巨噬细胞、单核细胞及幼稚单核细胞。当异物或细菌侵入机体，体内各处的吞噬细胞可吞噬清除异物，这是机体最原始的一种防御方式，至今仍具有重要的意义。Aschoff（1924）将这些吞噬细胞（除粒细胞外）和血液内的单核细胞以及骨髓和淋巴器官内的网状细胞和内皮细胞归纳为一个系统，称为网状内皮系统，并认为这些细胞的起源、形态和功能是相同的。此后的许多实验发现，网状细胞和内皮细胞在发生来源方面不同于巨噬细胞，又缺乏明显的吞噬功能，也不能转变成吞噬细胞，该系统包括结缔组织的巨噬细胞、肝的枯否细胞、肺的尘细胞、神经组织的小胶质细胞、骨组织的破骨细胞、表皮的郎格汉斯细胞和淋巴组织内的交错突细胞等。它们均来源于骨髓内的幼单核细胞，幼单核细胞分化为单核细胞进入血流，后者从不同部位穿出血管壁进入其他组织内，分别分化为上述各种细胞。

单核吞噬细胞系统在机体内分布广，细胞数量多，除了吞噬作用，还有许多其他重要功能。主要是吞噬侵入机体的细菌、病毒、异物以及衰老、死亡的细胞，清除病灶中坏死的细胞和组织；炎症恢复期参与组织修复；肝中的库普弗细胞还参与胆色素的生成等。

巨噬细胞属不繁殖细胞群，在条件适宜下可生活 2～3 周，多用做原代培养，难以长期生存。巨噬细胞的活化是一个渐进的过程。当机体或局部未受到病原体等的刺激时，巨噬细胞等常处于静息状态，胞体较小，细胞器较不发达，几乎不运动，但寿命较长而更新率低。在炎症或其他因子的刺激下，巨噬细胞从静息转向活化，细胞增大，代谢增强，溶酶体增多，细胞的变形运动及吞噬能力均增强。在 T 细胞分泌的淋巴因子和干扰素的刺激下，巨噬细胞可进一步活化，活化巨噬细胞表面的 MHC-Ⅱ类抗原阳性，能处理抗原，促进免疫应答，吞噬能力增强，吞噬速度加快。

- **材料准备**

收集牛、羊血样样本的正常范围值，重点收集牛、羊异常血样病例；收集牛、羊常见血常规异常的血涂片照片；正常血涂片；异常血样血涂片。

- **人员准备**

人员分组，每组 5 人，明确职责分工。

任务角色	任务内容
组长：	任务：
组员 1：	任务：
组员 2：	任务：
组员 3：	任务：
组员 4：	任务：

任务实施

第一步：深入了解免疫细胞的种类及功能。
第二步：根据查找的相关资料，结合病例，进行总结。
第三步：从总结的结果中找出鉴别诊断关键点。
第四步：为临床诊断提出相关意见。

任务评价

班级：________　组别：________　姓名：________

项目	评分标准	自我评价	小组评价	教师评价
免疫细胞分析图	观察异常血样血涂片，整理总结白细胞数量与形态（3 分）			
	观察正常血样血涂片，整理总结白细胞数量与形态（3 分）			

（续表）

<table>
<tr><th>项目</th><th>评分标准</th><th>自我评价</th><th>小组评价</th><th>教师评价</th></tr>
<tr><td rowspan="2">免疫细胞分析图</td><td>将异常血涂片与正常血涂片进行比对总结（2 分）</td><td></td><td></td><td></td></tr>
<tr><td>整理总结免疫细胞种类及功能（2 分）</td><td></td><td></td><td></td></tr>
<tr><td colspan="2">合计</td><td></td><td></td><td></td></tr>
<tr><td>自我评价与总结</td><td colspan="4"></td></tr>
</table>

课程思政专栏

观看短视频《我是一个病毒》，培养爱岗敬业、团队协作精神

流行性感冒病毒的流行对人们的生活方式造成了较大影响，然而却为医学生们学习抗病毒免疫应答提供了直观的典型教学案例。通过观看自媒体短视频《我是一个病毒》，使得学生能够更直接更形象地理解免疫系统清除病毒的固有和适应性免疫应答模式，认识到各种免疫细胞既有各自严密的分工，又相互协作，在完成清除病毒的同时又能保护自身免受剧烈的炎症损伤。任何一种免疫细胞的功能出现异常，都会使整个系统陷入混乱。现代社会分工较细，每个个体均要从事一份具体的工作，不论从事什么职业，都要认真完成，只有分工不同而无贵贱之分。大多数医学院校学生将来从事和疾病诊断、防治相关的临床或科研工作，不但要爱岗敬业还要有团队合作的精神。诊断一种疾病，不仅需要医生的门诊检查，还需化验室、影像学和内镜等多科室协同检查。搞研究亦是如此，多人协作甚至跨专业多人协作，才能取得更大的成绩。

【启示】此短视频生动形象地描述淋巴细胞这个特种兵团的威力，可引起大家强烈的学习兴趣，为进一步学习 T 细胞、B 细胞的内容做好铺垫。

项目检测

项目九检测

项目十 动物神经系统

项目导读

动物生活中，运动与平衡、内脏的活动和血液的供应、代谢产物的排放等均受神经系统的控制和调节。一旦神经系统发生异常，平衡立即失调，或肌肉松弛或代谢障碍等，甚至危及动物的生命。因此，神经系统是调整动物体内外环境的平衡，进行生命活动的重要器官。

神经系统由位于颅腔和椎管中的脑和脊髓，以及与脑和脊髓相连并分布于全身各处的周围神经所组成。神经系统可分为中枢神经系统和周围神经系统，中枢神经系统包括脑和脊髓。周围神经系统是指脑和脊髓以外的神经成分，一端与脑或脊髓相连，另一端通过各种末梢装置与全身各器官、系统相联系。在周围神经系统中分布于骨、关节、骨骼肌、体浅层和感觉器官的神经，称躯体神经，其中与脑相连的，称脑神经，同脊髓相连的，称脊神经；分布于内脏和血管平滑肌、心肌及腺体的神经，称植物性神经或自主神经。植物性神经又分为交感神经和副交感神经。

知识目标

（1）掌握脊髓的形态位置及功能。

（2）熟悉脊髓是神经系统中较低级的中枢。

（3）识别脑的形态位置结构。

（4）掌握躯体神经的分类和主要的分布位置。

（5）熟悉十二对脑神经按其所含纤维主要的分类特点。

技能目标

（1）识别脑和脊髓的位置、形态及结构。

（2）掌握躯体神经和植物性神经的区别。

素质目标

培养学生敬畏生命，尊重生命，爱护生命的意识。

思政目标

通过对大脑这个中枢的深层次理解，衍生到对一个团队、一个班级，甚至一个国家而言，互助团结、遵守规章制度、重视法律法规对于建立友好、和平的团队和国家的重要性。

任务一　动物神经系统的构造

任务导入

某动物医院有一只羊，四肢、肌肉不协调感加重，运动失调现象明显，无法控制姿势与步伐，状似企鹅行走；摇摇晃晃，两腿微张或剪刀步，无法保持平衡、长距离行走、跑步，上下楼梯困难，走路时身体无法灵活调整，容易摔跤。怀疑是中期小脑萎缩。

请为该动物医院提供一份神经系统组成思维导图，帮助动物医院进行鉴别诊断。

任务准备

- **知识准备**

一、中枢神经系统构造

中枢神经系包括脑和脊髓，分别位于颅腔和椎管内，呈两侧对称的形式，均由胚胎期的神经管分化而成。脑和脊髓是各种反射弧的中枢部分，起着协调各种刺激，以达到全身活动的平衡。它们主要由中间神经元、运动神经元以及上下传导冲动的神经束和感觉神经纤维等构成。

（一）脊髓

脊髓位于椎管内，自枕骨大孔后缘向后伸延至荐部。它发出一系列脊神经，广泛分布于躯干和四肢的肌肉和皮肤，使脊髓与各部位直接联系而成为低级的反射中枢。同时，脊髓与脑的各部有广泛的传导径路，可把外周的信息通过脊髓传导到脑，也可将脑的冲动通过脊髓传至外周，引起各部位的活动。

1. 脊髓的构造（图 10-1）

（1）脊髓的外形。脊髓呈背、腹向稍扁的圆柱状，向后端逐渐缩细形成圆锥状称为脊髓圆锥，最后形成一根来自软膜的细丝称为终丝。终丝外面包以硬膜附着于尾椎椎体的背侧，有固定脊髓的作用。脊髓在颈胸段之间和腰荐段之间由于有强大的神经干分布至四肢，其内部神经元的数量增多，在外形上形成两个膨大部。

（2）脊髓的内部结构。脊髓内部中央有细长纵走的中央管，前通第四脑室，内含

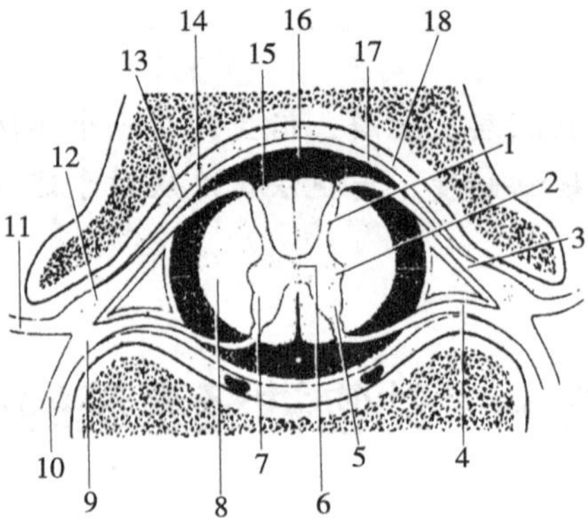

1. 背角；2. 侧角；3. 背根；4. 腹根；5. 腹角；6. 中央管；7. 灰质；8. 白质；9. 脊神经；10. 腹支；11. 背支；12. 脊神经节；13. 硬膜；14. 蛛网膜；15. 软膜；16. 蛛网膜内腔；17. 硬膜内腔；18. 硬膜外腔。

图 10-1　脊髓构造

（马仲华，2010. 家畜解剖学及组织胚胎学，第三版）

脑脊髓液。脊髓内部中央管周围的是灰质，灰质外面是白质。

①灰质。灰质在脊髓的横断面上，灰质呈“H”形，其全长形成纵柱，每侧部的灰质分别向背、腹侧伸入白质，分别称背侧柱和腹侧柱，柱的横断面呈角状也可称为角。

②白质。白质位于灰质的周围，主要由纵走的神经纤维构成，为脊髓上、下传导冲动的传导径路。白质可划分为 3 对索：背侧索为背正中沟至背外侧沟之间的白质；外侧索是背外侧沟与腹外侧沟之间的白质；腹侧索是腹外侧沟至腹正中裂之间的白质。

2. 脊膜

脊髓外面被盖有三层结缔组织膜，总称为脊膜。由内向外依次为脊软膜、脊蛛网膜和脊硬膜。脊软膜薄，内含血管、紧贴在脊髓的表面。脊蛛网膜也很薄、细而透明，与软膜之间形成相当大的腔隙，称为蛛网膜下腔。该腔向前与脑蛛网膜下腔相通，内含脑脊髓液以营养脊髓。

脊硬膜是白色致密的结缔组织膜，与脊蛛网膜之间形成狭窄的硬膜下腔，内含淋巴液，向前方与脑硬膜下腔相通。在脊硬膜与椎管之间有一较宽的腔隙，称为硬膜外腔，内含静脉和大量脂肪，有脊神经通过。在临床上做硬膜外麻醉时，即将麻醉药注入硬膜外腔，阻滞脊神经的传导作用。

（二）脑

脑位于颅腔内，后端在枕骨大孔处延接脊髓，是神经系的高级中枢。脑可分大脑、小脑和脑干三部分。大脑在前，脑干位于大脑和脊髓之间，小脑位于脑干的背侧。大脑和小脑之间有一大脑横裂分开。

1. 脑干

脑干由后向前依次分为延髓、脑桥、中脑和间脑，是脊髓向前的直接延续。脑干从前向后依次发出第 3～12 对脑神经，大脑皮质、小脑、脊髓之间要通过脑干进行联系。此外，脑干中还有许多重要的神经中枢。

（1）延髓。延髓为脑干的末段，其后端在枕骨大孔处接脊髓，两者之间没有明显界限；前端连脑桥；腹侧部位于枕骨基底部上，背侧部大部分为小脑所遮盖。

延髓呈前宽后窄、背腹侧稍扁的四边形。在腹侧面的正中有腹正中裂，为脊髓腹正中裂的延续。腹正中裂的两侧各有一条纵行隆起，称为延髓锥体，它是由大脑皮质发出的运动纤维束（锥体束）构成。在延髓的后端，锥体束的大部分纤维向背内侧越过中线交叉至对侧，称锥体交叉，再向后则锥体消失。

延髓是生命中枢所在地，呼吸、心跳等均直接由延髓控制，它还是唾液分泌、吞咽、呕吐等中枢。

（2）脑桥。脑桥位于延髓的前端，在中脑的后方、小脑的腹侧。背侧面凹，为第四脑室底壁的前部；腹侧有横行隆起，又分为背侧的被盖和腹侧及两侧的基底部。基底部呈横行隆起，由纵行和横行纤维构成。横行纤维是主要的，自两侧向上伸入小脑，形成小脑中脚或脑桥臂。

（3）中脑。中脑位于脑桥和间脑之间，其脑室是中脑（导）水管，前方通第三脑室，后方通第四脑室。中脑水管将中脑分为背侧的四叠体和腹侧的大脑脚。

（4）间脑。间脑位于中脑的前方，前外侧被大脑半球所遮盖，内有第三脑室。间脑主要可分为丘脑和下丘脑。

①丘脑。丘脑占间脑的最大部分，为一对卵圆形的灰质团块，由白质髓板分隔为许多不同机能的核群组成。

②下丘脑。下丘脑又称丘脑下部，位于间脑的下部，在第三脑室的底壁，是植物性神经的重要中枢。从脑底面看，自前向后可将下丘脑分为视前部，视上部、灰结节部和乳头体部等四部分。

2. 小脑

小脑略呈球形，位于大脑后方，在延髓和脑桥的背侧。小脑的表面有许多平行的横沟，将小脑分成许多小叶；而两条距离相近的平行纵沟，将小脑分为三部分：两侧的小脑半球和中央部分的蚓部。小脑半球是随大脑半球发展起来的，属新小脑，与大脑半球密切相联系，参与调节随意运动。

3. 大脑

大脑或称端脑（图 10-2），位于脑干前方，后端以大脑横裂与小脑分开，背侧以大脑纵裂分为左、右大脑半球，纵裂的底是连接两半球的横行宽纤维板，即胼胝体。每个大脑半球包括大脑皮质、白质、嗅脑和基底核。半球内有侧脑室。

（1）大脑半球的外形。大脑表层被覆一层灰质，称大脑皮质，其表面凹凸不平，凹陷处为沟，凸起处为回，以增加大脑皮质的面积。每个大脑半球可分为背外侧面、内侧面和腹侧面。

①背外侧面。背外侧面的皮质为新皮质，可分为四叶。前部为额叶，是运动区；后部为枕叶，是视觉区；外侧部为颞叶，是听觉区；背侧部为顶叶，是一般感觉区。各区的面积和位置因动物种类不同而异。

②内侧面。内侧面位于大脑纵裂内，与对侧半球的内侧面相对应。内侧面上有位于胼胝体背侧并环绕胼胝体的扣带回。

③腹侧面。腹侧面又称底面，为构成嗅脑的各组成部分，包括嗅球、嗅束、嗅三角、梨状叶、海马和齿状回等部分。

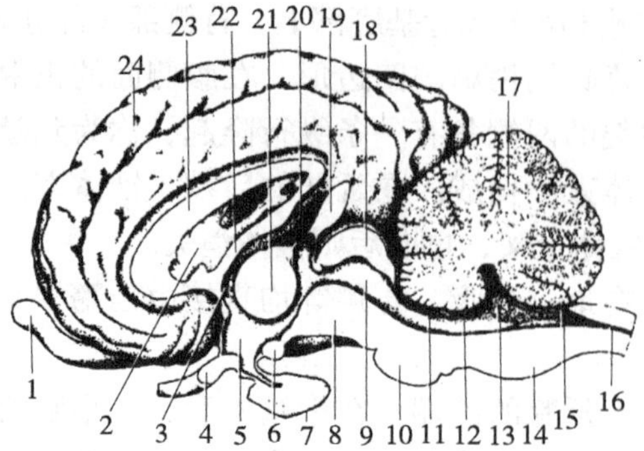

1. 嗅球；2. 透明隔；3. 室间孔；4. 视交叉；5. 第三脑室；6. 乳头体；7. 脑垂体；8. 大脑脚；9. 中脑导水管；10. 脑桥；11. 前髓帆；12. 第四脑室；13. 脉络层；14. 延髓；15. 后髓帆；16. 中央管；17. 小脑；18. 四叠体；19. 松果体；20. 脉络层；21. 中间块；22. 丘脑；23. 胼胝体；24. 大脑半球。

图 10-2 脑正中切面

（马仲华，2010. 家畜解剖学及组织胚胎学，第三版）

（2）大脑半球的内部结构。两侧大脑半球的表面覆盖着大脑皮质，皮质深面为白质，由各种神经纤维构成。在大脑基底部有一些灰质团块，称基底核。半球内各有一个内腔称侧脑室。

①基底核。基底核是皮质下运动中枢，主要由尾状核和豆状核构成。尾状核位于丘脑的前背侧，构成侧脑室前部的底壁，其外侧为内囊。

②白质。白质大脑半球内的白质由以下三种纤维构成。

- 连合纤维是连接左、右大脑半球的纤维，主要为胼胝体。
- 联络纤维是连接同侧半球各脑回、各叶之间的纤维。
- 投射纤维是连接大脑皮质与脑其他各部分及脊髓之间的上、下行纤维，内囊就是由投射纤维构成的。

③侧脑室。侧脑室为每侧大脑半球中的不规则腔体，经室间孔与第三脑室相通，侧脑室的内壁是透明隔，位于胼胝体与穹窿之间；顶壁为胼胝体；底壁的前部为尾状核，后部是海马。

4. 脑膜和脑脊髓液

脑的外面包有 3 层膜：脑硬膜、脑蛛网膜和脑软膜。

（1）脑软膜。脑软膜较薄，富含血管，紧贴于脑的表面并深入脑沟，并随血管分枝入脑质中形成一鞘，包围在小血管的外面。进入侧脑室、第三脑室和第四脑室的脑软膜内含大量的血管丝，形成脉络丛，能产生脑脊髓液。

（2）脑蛛网膜。脑蛛网膜也很薄，包于软膜的外面，并以纤维与软膜相连，但不伸入脑沟内。位于蛛网膜与软膜之间的腔隙称蛛网膜下腔，内含脑脊髓液。通过第四脑室脉络丛上的孔使脑室与蛛网膜下腔相通。

（3）脑硬膜。脑硬膜较厚，包围于蛛网膜之外。位于硬膜与蛛网膜之间的腔隙称硬膜下腔，内含淋巴液。脑硬膜紧贴于颅腔壁，其间无腔隙存在。脑硬膜在两半球间的大脑纵裂内形成大脑镰，在大脑半球与小脑之间的横沟，内形成一小脑幕。在大脑镰和小脑幕的根部内含有脑硬膜静脉窦，接受来自脑的静脉血。

（4）脑脊髓液。脑脊髓液是无色透明的液体，由侧脑室、第三脑室和第四脑室的脉络丛产生，充满于脑室和脊髓中央管，通过第四脑室脉络丛上的孔（正中孔和外侧孔）进入蛛网膜下腔。蛛网膜下腔内的脑脊髓液通过硬膜窦而归入静脉。脑脊髓液与位于硬膜下腔的淋巴，共同起保护和营养脑、脊髓的作用。

二、外周神经系统构造

周围神经简称神经，白色，呈带状或索状，由联系中枢神经与外周器官之间的神经纤维组成，其中有运动神经元的轴突和感觉神经元的周围突。

感觉神经元的胞体位于脑和脊髓以外的神经节内或在感受器内，其周围突与感受器相连，中枢突至脊髓或脑干。运动神经元的胞体位于脑运动核或脊髓的腹侧柱内，其轴突接于效应器。

（一）脊神经

脊神经为混合神经，在椎间孔附近由背侧根（感觉根）和腹侧根（运动根）聚集而成，它由椎间孔或椎外侧孔伸出，分为背侧支和腹侧支。背侧支分布于脊柱背侧的肌肉和皮肤；腹侧支分布于脊柱腹侧与四肢的肌肉和皮肤。分布于肌肉的为肌支，分布于皮肤的为皮支。

脊神经按部位分为颈神经、胸神经、腰神经、荐神经和尾神经。

1. 颈神经

（1）背侧支。背侧支又分为内侧支和外侧支，分别穿行于头半棘肌的内侧面，或头最长肌、颈最长肌和夹肌之间，最终分布于颈部背、外侧的肌肉和皮肤。

（2）腹侧支。腹侧支自前向后逐渐变粗。前四五对颈神经的腹侧支小，分布于颈部腹外侧的肌肉和皮肤。后三对颈神经的腹侧支较大，参与组成臂神经丛和膈神经。

（3）耳大神经。耳大神经为第 2 颈神经腹侧支的分枝，在腮腺表面沿腮耳肌向上延伸，分布于耳廓凸面。

（4）颈横神经。颈横神经为第 2 对颈神经腹侧支的分枝，穿过臂头肌，沿颈静脉向后伸延，分出小支至腮腺部、喉部的皮肌和皮肤，并有一支向前至下颌间隙。

（5）膈神经。膈神经为膈的运动神经，来自第 5、第 6、第 7 颈神经的腹侧支。膈神经沿斜角肌的腹侧缘向后伸延，经胸前口入胸腔，沿纵隔向后伸延，分布于膈。

2. 胸神经

（1）背侧支。背侧支又分为内侧支和外侧支。内侧支分布于背多裂肌和棘肌等背部深层肌肉。外侧支分布于肋提肌、背最长肌和背髂肋肌以及胸壁上 1/3 部的皮肤。

（2）腹侧支。腹侧支较大，称肋间神经。第 1、第 2 胸神经的腹侧支主要参与形成臂神经丛。肋间神经位于肋间隙，沿肋骨后缘向下伸延，与同名血管并行，分布于肋间肌、腹肌和皮肤。最后胸神经的腹侧支，沿最后肋骨后缘，向下伸延，进入腹直肌，有浅支穿过腹斜肌形成皮神经，分布于腹部的皮肤。

3. 臂神经丛

臂神经丛由第 6、第 7、第 8 颈神经和第 1、第 2 胸神经的腹侧支组成，经斜角肌背腹侧两部之间穿出，在肩关节的内侧，分出下列分枝，主要分布于前肢。

（1）肩胛上神经。肩胛上神经由臂丛的前部发出，纤维来自第6、第7、第8颈神经腹侧支，经肩胛下肌与冈上肌之间，绕经肩胛骨前缘，分布于冈上肌和冈下肌及肩胛骨。因位置关系，肩胛上神经常受损伤，发生肩胛上神经麻痹。

（2）肩胛下神经。肩胛下神经在肩胛上神经的后方自臂神经丛发出，纤维来自第6、第7、第8颈神经腹侧支，有2～4支分布于肩胛下肌及肩关节。

（3）桡神经。桡神经纤维来自第8颈神经和第1胸神经的腹侧支，自臂神经丛的后部分出，与尺神经一起沿臂动脉的后缘向下伸延，在臂内侧中部，经臂三头肌长头与内侧头之间，进入肌旋沟，沿臂肌后缘向下伸延，分出肌支分布于臂三头肌之后，在臂三头肌外侧头的深面分为深、浅两支。深支分布于腕和指的伸肌。浅支在马分布于前臂外侧的皮肤。此浅支在牛较粗，可继续下行，分布于指部。桡神经易受压迫，在临床上常见桡神经麻痹。

（4）尺神经。尺神经纤维来自第1、第2胸神经的腹侧支，与正中神经同起于臂神经丛的后部，向后下方伸延，经肱骨内侧髁与肘突之间，进入前臂，沿腕外侧屈肌与腕尺侧屈肌之间继续向下伸延到腕部。

（5）腋神经。腋神经由臂神经丛中部发出，纤维来自第7、第8颈神经的腹支；穿过肩胛下肌与大圆肌之间的缝隙，分枝分布于肩胛下肌、大圆肌、三角肌、小圆肌、臂肌以及关节囊等，腋神经在三角肌的深面分出前臂前皮神经，分布于前臂近端背侧和前臂外侧的皮肤。

4. 腰神经

（1）背侧支。背侧支又分为内侧支和外侧支。内侧支在背腰最长肌深面分布于多裂肌等。外侧支有肌支至背腰最长肌，主干穿出背腰最长肌和臀中肌分布于腰臀部的皮肤。

（2）腹侧支。腹侧支第1～4腰神经的腹侧支形成髂腹下神经、髂腹股沟神经、生殖股神经和股外侧皮神经。第4～6腰神经的腹侧支参与构成腰荐神经丛。

①髂膜下神经。髂膜下神经来自第1腰神经的腹侧支。在腰大肌与腰方肌之间穿出，马的向后向外，行经第2腰椎横突末端腹侧，牛的行经第2腰椎横突腹侧及末端的外侧缘，分为浅深两支。浅支最初沿腹横肌外侧面向后下方伸延，以后穿过腹内、外斜肌，分布于腹下壁及膝关节外侧的皮肤，且有分枝分布于腹内、外斜肌；深支先后在腹膜与腹横肌之间以及腹横肌和腹内斜肌之间，向下伸延，进入腹直肌，且有分枝分布于腹横肌和腹内斜肌。

②髂腹股沟神经。髂腹股沟神经来自第2腰神经的腹侧支。在腰大肌与腰小肌之间向外侧伸延，分为浅深两支（马的行经第3腰椎横突末端，牛的行经第4腰椎横突末端外侧缘）。浅支分布到膝外侧及以下的皮肤；深支分布的情况与髂腹下神经的相似，分布区域略靠后方。

③生殖股神经。生殖股神经来自第2、第3、第4腰神经的腹侧支，沿腰肌间下行，分为前、后两支，向下伸延穿过腹股沟管，公畜分布于睾外提肌、阴囊和包皮；母畜分布于乳房。

④股外侧皮神经。股外侧皮神经纤维来自第3、第4腰神经的腹侧支，经腰大肌与腰小肌间向后外侧伸延，与旋髂深动脉的后支伴行，在髋结节的后方穿出腹壁，分布于膝关节以上股前和外侧部的皮肤。

5. 荐神经

（1）背侧支。背侧支经荐背侧孔出椎管，分布于臀部的皮肤以及尾基部的肌肉、皮肤。

（2）腹侧支。腹侧支第 1、第 2 荐神经的腹侧支参与构成腰荐神经丛。第 3～4 对荐神经的腹侧支形成阴部神经与直肠后神经。最后 1 对荐神经的腹侧支分布于尾的腹侧。

6. 尾神经

尾神经也包括背侧支和腹侧支，分别分布于尾背侧、腹侧肌肉和皮肤。

各种家畜脊神经对数见表 10-1。

表 10-1　各种家畜脊神经对数　　单位：对

名称	牛羊	猪	马	犬	猫	兔
颈神经	8	8	8	8	8	8
胸神经	13	14～15	18	13	13	12～13
腰神经	6～7	6～7	8（驴 5）	7	7	7
荐神经	5	4	5	3	3	4
尾神经	5～6	5	5～6	4～7	7～9	6
合计	37～38	38～39	42～43	35～38	38～40	37～38

（二）脑神经

脑神经是与脑相连的周围神经，共有 12 对，按其与脑相连的前后顺序及其功能、分布和行程而命名。它们通过颅骨的一些孔出颅腔，其中有的是感觉神经，有的为运动神经，有的是含有感觉纤维和运动纤维的混合神经。

1. 嗅神经

嗅神经为传导嗅觉的感觉神经，起于鼻腔嗅区黏膜中的嗅细胞。嗅细胞为双极神经元，其周围突伸向嗅区黏膜；中枢突聚集成许多嗅丝，穿过筛板，入颅腔连接嗅球。

2. 视神经

视神经为传导视觉的感觉神经，由眼球视网膜节细胞的轴突构成，经视神经孔入颅腔，两侧视神经在脑底面部分纤维互相交叉，形成视神经交叉及视束，至间脑的外侧膝状体，将视觉冲动传至大脑皮质或对光反射中枢。

3. 动眼神经

动眼神经含有运动神经纤维和植物性神经的副交感纤维。运动神经纤维起于中脑的动眼神经核，自脚间窝外缘出脑，分布于眼球肌，支配眼球和上眼睑的运动。副交感神经纤维起于中脑动眼神经副交感核或缩瞳核，支配瞳孔括约肌和睫状肌的活动。

4. 滑车神经

滑车神经为运动神经，起于中脑的滑车神经核，出颅腔后，分布于眼球上斜肌，调节眼球的运动。

5. 三叉神经

三叉神经为最粗大的脑神经，属混合神经，由大的感觉根和较小的运动根组成，连于脑桥的外侧部。感觉根上有一大的半月形三叉神经节，其感觉神经元的中枢突组成感觉根入脑桥，终于三叉神经感觉核；周围突组成眼神经、上颌神经和下颌神经。运动根起自脑桥三叉神经运动核，参与组成下颌神经。眼神经、上颌神经和下颌神经是三叉神经的三大分支。

6. 外展神经

外展神经为运动神经，起于延髓内的外展神经核，自延髓的前端锥体的两侧发出，伸入眶窝分布于眼球外直肌和眼球退缩肌，调节眼球的运动。

7. 面神经

面神经由延髓斜方体的前外侧发出，属混合神经。

8. 前庭耳蜗神经

前庭耳蜗神经属感觉神经，因有听觉和平衡觉，也称位听神经，分为前庭神经和耳蜗神经。

9. 舌咽神经

舌咽神经为混合神经，其根在延髓的外侧缘，在前庭耳蜗神经根后方与迷走神经根的前面。

10. 迷走神经

迷走神经为混合神经，含有感觉传入纤维和躯体传出与内脏传出纤维。其根丝附着于延髓的侧面，是脑神经中行程最远、分布区域最广的神经。

11. 副神经

副神经为运动神经，由两根组成，颅根起自延髓，脊髓根起自前 6 节颈段脊髓，经枕骨大孔入颅腔，与颅根合并成副神经，分布于喉、咽肌、胸头肌、斜方肌和臂头肌。

12. 舌下神经

舌下神经为运动神经，起自延髓的舌下神经核，自延髓腹面的后部出脑，分布于舌肌和舌骨肌。

（三）植物性神经系

植物性神经系又名自主神经系，是指分布到内脏器官、血管和皮肤的平滑肌以及心肌、腺体等处的神经，有的学者也称其为内脏神经。

植物性神经与躯体神经在功能与形态结构上有如下区别（表 10-2）。

表 10-2　内脏神经与躯体神经的区别

	躯体神经	内脏神经
神经元胞体的位置	脑、脊髓内	脑、脊髓内（节前神经元）
		植物性神经节内（节后神经元）
神经纤维	中枢内神经元发出轴突，直接支配效应器，有髓纤维	节前神经纤维：节前神经元的轴突，与节后神经元构成突触，有髓纤维
		节后神经纤维：节后神经元的轴突，支配效应器，无髓纤维
效应器	骨骼肌	内脏器官、血管、皮肤的平滑肌、心肌、腺体
受支配情况	受意识支配	不受意识支配

（1）植物性神经支配平滑肌、心肌和腺体；躯体神经则支配骨骼肌。植物性神经支配内脏正常有节律的活动，如呼吸、消化、循环、排泄等，以调节机体的新陈代谢，并在环境突变时，使机体能应对紧急情况；而躯体神经则能使横纹肌产生迅速适宜的运动。植物性神经也分为传入（感觉）和传出（运动）纤维，其传入纤维传导内脏来的冲动，它对机体内在环境的调节起重要作用；躯体传入纤维是传导来自体表浅部感觉和躯体深部感觉的刺激，以调节机体的运动和平衡。

（2）内脏感觉（传入）神经。内脏神经里也含有许多传入神经。传入神经元与躯体神经相似，属假单极神经元，胞体位于脑和脊神经节内，其外周突随交感和副交感神经分布，中央突到脑干的有关感觉核和脊髓灰质背侧柱。在中枢内，这些中央突一部分借中间神经元直接与内脏神经的节前神经元或躯体运动神经元相联系，完成内脏反射活动或内脏-躯体反射活动；另一部分可经过特定的传导路径，到达内脏神经在脑干的高级中枢，直至大脑皮质而产生内脏感觉，从而对内脏活动进行综合调整。一般来讲，内脏痛觉的传入纤维主要行于交感神经内，而内脏特殊感觉（如饥饿、膨胀等）的传入纤维主要行于副交感神经内。

动物体是一个极其复杂的有机体，各器官、系统的功能互相联系，相互制约；同时，动物生活在不断变化的环境中，内外环境变化随时影响着体内的各种功能活动。动物体主要依靠神经系统的活动和体液因素对体内各种功能作出迅速而完善的调节，使有机体适应变化的内外环境。神经系统是动物生命活动中起主导作用的整合和调节系统。

- **材料准备**

收集牛常见神经系统疾病症状的相关资料，重点大脑、小脑和脊髓结构等；神经系统各器官的标本、图片和视频；脑、脊髓的标本。

- **人员准备**

人员分组，每组 5 人，明确职责分工。

任务角色	任务内容
组长：	任务：
组员 1：	任务：
组员 2：	任务：
组员 3：	任务：
组员 4：	任务：

任务实施

第一步：重点剖析脑、小脑、脑干的形态、结构和位置。

第二步：根据病例，查找相关的功能应用及分布。

第三步：从查找到的资料中找出鉴别诊断关键点。

第四步：为动物医院提出相关诊断意见。

任务评价

班级：________ 组别：________ 姓名：________

项目	评分标准	自我评价	小组评价	教师评价
神经系统组成思维导图	准确观察脊髓结构、形态和位置（2分）			
	准确观察脑干结构、形态和位置（2分）			
	准确观察小脑结构、形态和位置（2分）			
	准确观察大脑结构、形态和位置（2分）			
	总结绘制思维导图（2分）			
合计				
自我评价与总结				
教师点评				

课程思政专栏

从古希腊到现代，大脑研究3 000年，解开人类智慧之谜

人类对大脑的第一次文字记录，可以追溯到4 000年前的埃及。但，那时的人们普遍的观点是“心脏中心论”。心脏才是情感和精神活动的发源之处，是身体的中心，而非大脑。这种观点也隐含在宗教信仰中。比如，古埃及宗教中以“称量灵魂”来决定死者命运的方式古埃及人认为，人死后，心脏会忠实地记录个人的行为和过失，死者的心脏在死后会由冥神阿努比斯用天平称量，天平上有一根象征真理与正义的羽毛。

据记载，在古希腊文明中，也早有生理学家开始研究大脑。大约从5世纪起，人们才把大脑看作是最重要的器官。看起来，人类对大脑的认知，从0到1的突破，花费了几个世纪的时间。这段脑科学史，也是人类发现、认识自我的历史。《大脑简史》作者克劳迪奥·波利亚诺（意）在书里说，这本书的重点不是界定大脑在各个历史时段扮演的角色，而是从哲学、医学、解剖学、伦理学等多元学科的解读，来讲述人类和大脑的故事。随着解剖人体禁忌的解除、显微镜的发明、比较解剖学的产生，颅相学诞生以及脑电图的使用，科学家们对大脑的研究成果精彩纷呈。历史上，每个重大时间节点的脑科学的突破，都会刮起一阵旋风。小说家、画家将科学的结果，以艺术的方式表现出来。

颅相学的风潮让英美法的作家都如中了魔一般。狄更斯、勃朗特、马克·吐温、巴尔扎克、雨果等大作家都将小说中人物的创作与颅相学结合起来。画家伦勃朗还以

绘画的方式，记录了外科医生进行的大脑开颅手术。大脑是“独立器官”这一认知，开始受到大众的认同。

目前，对于脑科学的研究还在继续，并更广泛地运用在了临床医学中，新的探索和发现正在路上。

【启示】每一次的科学进步离不开科学家们的坚持，展示了一个进步的时代需要每一次的反复验证，得出结论，同时也证明了每个节点出现对人类的意义，也培养学生看待任何事物需要多方面思维考虑。

任务二　动物神经生理规律

任务导入

某动物医院有一头牛，精神沉郁，嗜睡，呆立，感觉迟钝、听觉和视力减退。两眼均向内侧斜视。

请为该动物医院提供反射弧的结构模式图，以此基础帮助分析导致该牛这些症状的因素，帮助动物医院进行鉴别诊断。

任务准备

- **知识准备**

一、神经元活动的一般规律

神经系统分为中枢神经系统和外周神经系统两大部分。神经系统的基本结构和功能单位是神经细胞，即神经元。神经元是具有突起的细胞，由胞体和突起构成。突起又分为树突和轴突，树突短而粗，分枝多；轴突往往细而长，且仅只有一条，通常所说的神经纤维指的就是轴突。

（一）神经纤维传导冲动的一般特征

神经纤维的主要功能是以动作电位的形式传导兴奋。在生理学上将在神经纤维上传导的动作电位，称为神经冲动。

1. 生理完整性

生理完整性指神经纤维只有在结构和功能完好的状态下，才能传导冲动的特性。

2. 绝缘性

绝缘性在一条神经干中各纤维传导的冲动相互不干扰的特性。保证了混合神经中不同功能的神经纤维能够同时进行传导而互不干扰，准确地完成各自的生理功能。

3. 双向性

双向性一条神经纤维的任何一点受刺激而兴奋时，冲动沿着神经纤维向其两端传布的特性。

4. 不衰减性

神经纤维在传导冲动时，不因传导距离的增加而发生动作电位的幅度变小和传导速度减慢的特性。

5. 相对不疲劳性

实验表明，以每秒 50～100 次的感应电震连续刺激蛙的神经 9～12 h，神经纤维仍保持传导冲动的能力，这说明神经纤维具有相对不疲劳性。

（二）神经纤维的分类和传导速度

神经纤维除了可分为有髓纤维和无髓纤维两类外，还可以根据神经传导速度的不同，将外周神经分为 A、B 和 C 三类。不同种类的神经纤维其传导速度和纤维的直径、有无髓鞘以及温度有关。有髓纤维传导兴奋是以跳跃的方式，从一个郎飞结跳跃至下一个郎飞结，因此传导速度要快于无髓纤维。

二、中枢活动的一般规律

（一）反射与反射弧

反射是指机体在中枢神经系统参与下，对内外环境刺激的应答性反应。反射是神经系统活动的基本形式。反射弧是实现反射活动的结构基础，它包括感受器、传入神经、神经中枢、传出神经和效应器五部分。

（二）中枢神经元的联系方式

中枢神经系统中有数以亿计的神经元，它们之间的联系十分复杂，形式多样。其基本形式主要有聚合式、辐射式、链锁式和环式，每种形式各具有不同的生理功能。

（三）中枢抑制

抑制过程是中枢神经系统的另一种基本神经活动。根据中枢神经系统内抑制发生机制的不同，目前认为抑制可分为两类。

1. 突触后抑制

突触后抑制根据神经元联系的方式不同，又可分为传入侧支柱抑制和回返性抑制。

（1）传入侧支性抑制。传入侧支性抑制是指一条感觉传入纤维的冲动进入脊髓后，一方面直接兴奋另一抑制性中间神经元，然后通过抑制性中间神经元的活动转而抑制另一中枢神经元。这种抑制曾被称为交互抑制，往往存在于两个彼此独立的中枢。

（2）回返性抑制。回返性抑制是指某一中枢的神经元兴奋时，其传出冲动在沿轴突外传的同时，又经其轴突侧支兴奋另一抑制性中间神经元，后者兴奋沿其轴突返回来作用于原先发出冲动的神经元。

2. 突触前抑制

当突触后膜受到突触前轴突末梢的影响，使后膜上的兴奋性突触后电位减少，导致突触后神经元不易或不能兴奋而呈现抑制，称为突触前抑制。

三、神经系统的感觉功能

感觉是机体反映内外环境变化的一种特殊机能。这一机能是通过感受器、传入系统和大脑皮质三者联合活动而实现的。内外环境的变化首先作用于感受器，引起它产生神经冲动，后者经传入纤维以达反射中枢，在此进行多次换元，最后投射到大脑皮质的各感觉区，产生不同的感觉。

（一）感受器

感受器是机体感受内外环境变化的特殊装置，分布在体表或体内，结构形式多种多样。有的感受器就是游离的感觉神经纤维末梢；有的则结构很复杂。无论是何种结构的感受器，都有如下生理特性。

1. 适宜刺激

一般而言，一种感受器只能接受某一种刺激，这就是这种感受器的适宜刺激。

2. 换能作用

各种感受器接受适宜刺激后，都能将刺激的能量转化成可在传入神经纤维上传布的动作电位，称为换能作用。

3. 适应现象

当感受器接受一定强度的适宜刺激时，尽管刺激在继续作用，但感觉神经的冲动频率已开始下降的现象，称为感受器的适应。

（二）感觉传入系统

来自内外感受器的神经冲动，小部分是通过脑神经中的传入神经纤维先传到脑部，然后经多次换元后再传到大脑皮质；大部分则是由脊神经背根先传到脊髓，经前行传入径路传至丘脑，而后通过丘脑投射纤维传到大脑皮质。根据丘脑各部分向大脑皮质投射特征的不同，可把丘脑分为两大系统，即特异投射系统和非特异投射系统。

1. 特异投射系统

特异投射系统是指感受器发出的冲动沿特定的传入径路投射到大脑皮层特定部位，产生特异性感觉的传导束。

2. 非特异投射系统

非特异投射系统是指特异投射系统中各种感觉的传入纤维在途经脑干时，向脑干网状结构发出侧支，与其中的神经元形成突触联系，最终都在丘脑换元，换元后以点对面的弥散方式投射到大脑皮质的广泛区域。非特异投射系统的主要功能是维持大脑皮质神经元的兴奋状态。

大脑皮质产生清晰的特异性感觉必须依靠特异投射系统和非特异投射系统的共同作用。

（三）大脑皮质的感受分析功能

各种感受器的传入冲动最后都必须到达大脑皮质，通过大脑皮质的分析和综合才能产生各种感觉。因此，大脑皮质是感觉分析的最后和最高级部分。不同感觉在大脑皮质内有不同的代表区。

四、神经系统对躯体运动的调节

躯体运动是指运动器官（骨骼肌、骨和关节）的活动。躯体运动是以骨骼肌的舒缩为基础的肌群协调活动。这是一种复杂的反射活动，是在中枢神经系统各部分结构的控制和调节下完成的。

（一）脊髓对躯体运动的调节

脊髓是躯体运动的基本反射中枢。脊髓对躯体运动的调节包括牵张反射和屈肌反射。

1. 牵张反射

受神经支配的骨骼肌受外力牵拉而伸长时，肌肉中的感受器（肌梭）产生兴奋，反射地引起被牵拉的肌肉收缩，这一活动称为牵张反射。肌紧张是牵张反射的一种，是指缓慢持续牵拉肌腱时发生的牵张反射，表现为受牵拉的肌肉能产生微弱而持久的收缩，阻止被拉长。肌紧张是一切姿势反射的基础，是维持各种姿态的最基本的反射活动。

2. 屈肌反射

在脊动物，以针或电刺激一侧后肢皮肤时，就可引起该侧后肢屈肌收缩和伸肌舒张，从而使该侧后肢屈曲的现象，称为屈肌反射。

（二）脑干对肌紧张的调节

在脑干内，有使肌紧张加强的易化区和使肌紧张减弱的抑制区。在正常情况下，这两个区域的活动保持相对平衡，保证肌纤维适宜的紧张，以保护正常的躯体运动。如果两者的作用平衡失调，将引起肌紧张亢进或减弱。

1. 基底神经节和小脑对射体运动的调节

基底神经节主要生理作用是调节肌紧张，稳定或协调躯体的随意运动。小脑是调节躯体运动的重要中枢，在调节肌紧张、协调随意运动和维持身体平衡中起重要作用。

2. 大脑皮质对躯体运动的调节

大脑皮质是中枢神经系统控制和调节躯体运动的最高级中枢，它对躯体运动的控制和调节作用是通过锥体系和锥体外系而实现的。

（1）大脑皮质的主要运动区。大脑皮质的某些区域与躯体运动密切相关，这些区域称为大脑皮质运动区，简称皮质运动区。在哺乳类动物，运动区主要在大脑皮质十字沟周围。

（2）锥体系及其功能。锥体系一般是指由皮质发出经延髓锥体后行到脊髓的传导束（皮层脊髓束）。锥体系的功能在于发动肌肉收缩，调节肌肉的精细运动；同时还能使肢体运动具有合适的强度，保持运动的协调性。

（3）锥体外系及其功能。锥体外系分为两部分，皮层锥体外系和旁锥体系。由于上述两部分在后行过程中均不经过延髓的锥体，故称为锥体外系。锥体外系的主要功能是调节肌紧张，协调全身各肌肉群运动，以保持正常姿势。在家畜，锥体外系较锥体系发达，因此在协调运动中锥体外系更为重要。

五、神经系统对内脏活动的调节

在神经系统中，调节内脏活动的结构，称为植物性神经系统，也称为自主神经系统或内脏神经系统。

（一）植物性神经的结构特征

植物性神经系统是神经系统控制心肌、平滑肌和腺体活动的结构，包括传入纤维、传出纤维和中枢。通常情况下，植物性神经系统仅指其传出部分。由于在起源、结构和功能等方面的不同，故通常将植物性神经系统又分成交感神经和副交感神经系统。

（二）植物性神经的主要功能

交感神经生理功能的总趋势是动员体内贮备力量，增加能量消耗，加强分解代谢，提高机体的应变能力，适应突变的内外环境变化，如紧张、恐惧、寒冷、剧烈运动和大量失血等；副交感神经生理功能的总效应是促进消化、吸收和排泄，加速能量贮备，进行组织修复。在正常情况下，交感神经和副交感神经，经常处在一定的兴奋状态，向所支配的器官不断发起冲动，这种生理活动称为植物性神经的紧张性。

（三）各级中枢对内脏活动的调节

在正常情况下，中枢神经系统在调节躯体运动的同时，也调节内脏的活动。所以脊髓、脑干网状结构、丘脑下部和大脑皮质也存在有调节内脏活动的中枢，只是它们的调节能力有所侧重。

1. 脊髓

脊髓是调节内脏活动的基本中枢。它主要是进行局部的简单反射，完成排粪、排尿、血管舒缩，以及出汗、竖毛等活动。这些反射活动在正常时受高级中枢的调节。

2. 脑干

脑干，特别是在延髓内，有许多生命活动的基本中枢，调节着重要的生命活动，完成较复杂的调节机能。如调节呼吸运动的呼吸中枢，调节心、血管活动的心、血管中枢等。此外，延髓内还有消化管运动和消化腺分泌活动的基本中枢。

3. 丘脑下部

丘脑下部是植物性神经的皮质下高级中枢。它控制着交感神经和副交感神经的活动，而且还参与调节体温、摄食和水盐代谢等生理活动。

4. 大脑皮质

大脑皮质是调节内脏活动的最高级中枢。

六、脑的高级功能——条件反射

中枢神经系统除具有感觉和运动功能外，还有更复杂的高级功能，如条件反射，动力定型等。但这些高级功能只有在大脑皮质的参与下才能完成，因此脑的高级功能主要是指大脑皮质的功能。

21 世纪初，俄国生理学家巴甫洛夫开展了慢性动物实验方法，开创性地研究了动物在清醒状态下大脑皮质的功能，从而创立了高级神经活动学说，提出高级神经活动的基本方式是条件反射。

（一）条件反射的建立和消退

在动物实验中，给犬喂食可引起唾液分泌，这是非条件反射，喂食为非条件刺激。若给犬以铃声刺激，由于它与喂食无关，故铃声不会引起唾液分泌。但是，如果每次给犬喂食前，先给予铃声刺激，然后再喂食，如此多次重复进行。此后，若给犬以单独的铃声刺激，就能引起唾液分泌。铃声由原来的无关刺激成为信号刺激或条件刺激，故能引起唾液分泌，这样的反射就称为条件反射。巴甫洛夫认为，条件反射的形成是由于两种刺激在大脑皮质中所引起的两个兴奋点之间发生了暂时性神经联系。条件反射建立后，如果只反复应用条件刺激而不给予非条件刺激强化，条件反射就会逐渐减弱，最后完全消失的现象，称为条件反射的消退。

（二）条件反射的生理意义

动物所生活的环境千变万化，动物在后天生活环境中所形成的条件反射是数量无限、灵活易变的高级反射活动，将会使动物更广泛、更完善地适应多变的生活环境，即提高了动物对环境变化的适应能力，增强了活动的主动性与精确性，就会大大提高动物的反应能力和反应的预见性，使动物能更主动而有效地适应环境的变化，以利生存。

- **材料准备**

收集牛常见神经性疾病症状的相关资料，重点收集脑部疾病，如脑积水等疾病，收集牛常见神经性疾病的诊断方法，神经反射弧视频、图片，神经传递视频、动画；神经标本。

- **人员准备**

人员分组，每组 5 人，明确职责分工。

任务角色	任务内容
组长：	任务：
组员 1：	任务：
组员 2：	任务：
组员 3：	任务：
组员 4：	任务：

任务实施

第一步：观察神经标本，记录神经分布。

第二步：根据病例，查找相关的资料。

第三步：从查找到的资料结合神经生理知识点，总结神经反射弧结构。

第四步：为动物医院提出相关诊断意见。

任务评价

班级：＿＿＿＿＿＿＿＿　　组别：＿＿＿＿＿＿＿＿　　姓名：＿＿＿＿＿＿＿＿

项目	评分标准	自我评价	小组评价	教师评价
绘制神经反射模式图	准确观察神经标本，准确把握神经分布（4 分）			
	理解神经传递机制（4 分）			
	整理总结绘制反射弧模式图（2 分）			
合计				
自我评价与总结				
教师点评				

课程思政专栏

望梅止渴的故事

曹操带兵出征途中找不到有水的地方，士兵们都很口渴。于是曹操叫手下传话给士兵们说：前面就有一大片梅林，结了许多梅子，又甜又酸，可以用来解渴。士兵们听后，（由于条件反射）嘴里都流口水（一时也就不渴了）。他们凭借着这个（暂时的不口渴或想吃梅子的愿望），得以到达前方有水源的地方。

【启示】曹操利用士兵对梅子酸味的条件反射，成功地克服了干渴的困难。可见人们在遇到困难时，不要一味畏惧不前，应该时时用对成功的渴望来激励自己，就会有足够的勇气去战胜困难，到达成功的彼岸。引导学生认识到只有对前景充满信心，抱有希望，才能激发动力。

项目检测

项目十检测一　　项目十检测二

项目十一　动物内分泌系统

项目导读

内分泌系统是动物机体内另一重要的调节系统，其与神经系统一同调节机体各器官的活动，保证机体正常功能的发挥。

知识目标

（1）理解激素的概念。
（2）了解激素的作用机理。

技能目标

（1）明确激素对动物机体的调节作用。
（2）能识别动物体主要内分泌腺。

素质目标

培养学生养成勤锻炼、有情趣、爱劳动的生活取向，注重体魄强健、审美高雅、热爱劳动的素养。

思政目标

通过对激素的认识，引导学生认识到任何事物都有自身的意义和使命，培养学生增强自身的自信感。

任务一　动物内分泌系统的构造

任务导入

某动物医院收治一只新生羊羔，该幼羔消瘦，结膜苍白，反应迟钝，步态不稳、四肢无力、卧地不起、微寒发抖，头向后仰，四肢呈游泳状，瞳孔散大，眼球不能动，体温下降，现怀疑该羊羔为羔羊低血糖症。

请为该动物医院提供一份激素作用机理与机制分析图，帮助动物医院进行疾病诊断。

任务准备

- **知识准备**

一、内分泌系统的组成

内分泌系统是动物体内所有内分泌腺和散在的内分泌细胞的总称。可分为两大类：一是在形态结构上独立存在的肉眼可见器官，即内分泌器官，如垂体、松果体、甲状腺、甲状旁腺、胸腺及肾上腺等；二是分散存在于其他器官组织中的内分泌细胞团，即内分泌组织，如胰腺内的胰岛、睾丸内的间质细胞、卵巢内的卵泡细胞及黄体细胞。

二、内分泌的概念

内分泌系统是由机体各内分泌腺和分散存在于某些组织器官的内分泌细胞共同组成的一个信息传递系统。内分泌系统没有导管，分泌的激素通过血液循环或直接扩散传递给相应的靶细胞，通过血液循环到达全身，调节其生理功能。

三、激素的概念及其分类

高度分化的内分泌细胞合成并直接分泌入血的高效生物活性物质，经血液或组织液传递而发挥其调节作用，由内分泌腺或内分泌细胞分泌的，在体内作为信使传递信息，这种化学物质称为激素。被激素作用的细胞称为靶细胞。

激素的种类繁多，来源复杂，按化学性质分为以下两大类。

(一) 多肽类激素

如肾上腺素、甲状腺激素、垂体激素、胰岛素等。这类激素容易被胃肠道的消化酶分解破坏，因此不宜口服，必须注射给药。

(二) 类固醇激素

肾上腺皮质和性腺分泌的激素，如皮质醇、醛固酮、雌激素等，这类激素可口服。

目前有人工合成并应用于畜牧生产和兽医治疗工作中。

四、激素的一般作用特点

激素在体内主要对机体的生长、分化、生殖、维持内环境稳态和适应环境起作用。

（一）调节新陈代谢

如胰岛素、胰高血糖素、糖皮质激素、甲状腺激素、生长激素、肾上腺素等一些激素，能根据机体的需要控制物质的代谢过程。

（二）维持内环境的稳态

如醛固酮、糖皮质激素、甲状旁腺激素、降钙素等一些激素，能通过不同途径对体液内的离子组成、水盐代谢和血管内容量等进行调节，从而维持机体内环境的恒定。

（三）促进机体的正常生长、发育和功能活动

如甲状腺激素和生长激素等多种激素，通过复杂的相互作用，控制机体的正常生长和发育。

（四）适应环境

当内外环境突然变化时，在神经和激素的参与下，使机体对环境变化适应和对疾病侵袭产生抵抗力。

五、激素作用的机理

激素对靶细胞的作用大都通过与靶细胞特异性受体的结合和靶细胞内特定的效应系统实现。

（一）含氮激素的作用机制——第二信使学说

含氮激素特别是蛋白质和多肽类激素是大分子，一般不能通过细胞膜进入细胞，而是首先与细胞膜上的特异性受体结合，生成激素受体复合物，并通过 G 蛋白（鸟苷酸结合蛋白）激活位于细胞膜内侧的腺苷酸环化酶（AC），在 Mg^{2+} 存在的条件下，AC 促使 ATP 脱去焦磷酸形成环磷酸腺苷（cAMP），cAMP 作为细胞内信使进一步激活一种或多种 cAMP 依赖性激酶，促进细胞内许多特异蛋白的磷酸化作用，生成各种磷酸化蛋白，从而引起靶细胞不同的生理反应。

（二）类固醇激素的作用机制——基因调节学说

类固醇激素分子小并易溶于脂类，可以穿过细胞膜，进入靶细胞内与细胞质中的特异受体结合成激素 - 细胞质受体复合物，后者的结构发生改变之后，能进入细胞核，形成激素 - 核受体复合物，作用于基因组，启动 DNA 的转录过程，从而促进 mRNA 的形成。mRNA 转入细胞质后，与核蛋白结合，诱导新蛋白质的生成。新生成的蛋白

质或酶参与生理活动过程，发挥该激素的作用。

六、激素分泌的调节

激素分泌受神经和体液因素的调节。

（一）神经调节

内外环境发生变化的信号传入中枢神经系统，经整合后将信号可直接或间接地传递到靶细胞，进而影响和调节激素的分泌。

（二）体液调节

1. 激素的反馈调节

当一种激素经体液作用于靶细胞引起特异的生理效应时，几乎同时反馈控制该激素的分泌。引起激素分泌减少的称负反馈，以负反馈为多见。根据反馈路线长短有长反馈、短反馈和超短反馈三种。

2. 代谢物的反馈调节

有些激素引起体内代谢发生变化，而血中代谢产物的浓度对该激素的分泌也有负反馈影响，以维持该激素的正常分泌和血中代谢产物浓度的相对稳定。

● **材料准备**

收集羔羊低血糖症症状的相关资料，重点收集调节血糖相关激素；激素作用机制机理视频、动画。

● **人员准备**

人员分组，每组 5 人，明确职责分工。

任务角色	任务内容
组长：	任务：
组员 1：	任务：
组员 2：	任务：
组员 3：	任务：
组员 4：	任务：

任务实施

第一步：深入理解激素的概念与分类。

第二步：理解激素的作用机理。

第三步：根据病例，查找血糖调节激素的资料。

第四步：整理总结激素作用机理与机制，绘制分析图，为动物医院提出相关诊断意见。

任务评价

班级：________ 组别：________ 姓名：________

项目	评分标准	自我评价	小组评价	教师评价
激素作用机理与机制分析图	理解激素的概念与分类（4 分）			
	理解激素作用的机制（4 分）			
	整理总结激素作用机理与机制，绘制分析图（2 分）			
合计				
自我评价与总结				
教师点评				

课程思政专栏

一段永远被铭记的历史：人工合成牛胰岛素

经过 7 年时间，1965 年，我国科学家终于完成了结晶牛胰岛素的合成，它有着极为深远的意义。由于蛋白质和核酸两类生物高分子在生命现象中所起的主要作用，人工合成了第一个具有生物活力的蛋白质，便突破了一般有机化合物领域到信息量集中的生物高分子领域之间的界限，在人类认识生命现象的漫长过程中迈出了重要的一步。最后，合成胰岛素工作的简报发表于 1965 年《中国科学》（*SCIENCE CHINA*）。

胰岛素的全合成开辟了人工合成蛋白质的时代。结构与功能研究、晶体结构测定等结构生物学亦从此开始。多肽激素与类似物的合成，在阐明作用机理方面提供了崭新的有效途径，并为我国多肽合成制药工业打下了牢固的基础。

【启示】从胰岛素的发现中学习积极思索和解决问题，迎难而上、坚持不懈的科学精神，同时，了解中国科学家在合成人工胰岛素方面作出的重要贡献，鼓励学生在以后的工作和研究中抓住机遇、自信勤奋，培养学生热爱祖国的感情。

任务二 动物主要内分泌腺

任务导入

某动物医院有一只病羊，综合症状表现为食欲增加，体重减轻，排便次数增加，多饮多尿，体乏无力。随后出现不安，运动活泼，易兴奋。程度不同的眼球突出，眼睑水肿，羞明流泪，结膜充血，脉搏及呼吸数增加，心房颤动，血压升高。现怀疑为甲状腺功能亢进，但需对甲状腺进行鉴别诊断。

请为该动物医院提供一份甲状腺位置及功能的总结，并对甲状腺激素过低、过剩出现的症状进行总结，帮助动物医院进行鉴别诊断。

任务准备

- **知识准备**

一、激素

激素是由分泌腺或散在的内分泌细胞分泌的高效能的生物活性物质。

（一）腺垂体

1. 腺垂体激素及其生理作用

腺垂体是体内最重要的内分泌腺，其作用广泛而复杂。腺垂体主要分泌下列六种激素。

（1）催乳素（PRL）。催乳素是促进妊娠期乳腺的充分发育，使其具备泌乳能力，于分娩后发动和维持乳的分泌，促进性腺发育。

（2）促甲状腺激素（TSH）。促甲状腺激素可以加速甲状腺细胞的增生，促进甲状腺激素的合成和释放。

（3）促肾上腺皮质激素（ACTH）。促肾上腺皮质激素可以促进肾上腺皮质细胞增生，糖皮质激素合成和释放。

（4）促性腺激素（GTH）。促性腺激素包括下列两种激素。①卵泡刺激素（FSH）。主要作用为促进未成熟的卵泡成熟并分泌雌激素，可用于母畜同期发情；在公畜可刺激精细胞的形成，又被称为精子生成素。②黄体生成素（LH）。其生理作用是促进卵泡成熟和排卵，刺激已排过卵的卵泡生成黄体并使其分泌孕酮，也能用于保胎；对雄性动物，能刺激睾丸间质细胞发育并分泌睾酮，称为间质细胞刺激素。

（5）生长激素（GH）。生长激素的主要生理功能是促进动物的生长发育，如果生长激素分泌过度会得巨人症，如果分泌不足为侏儒症。同时对动物的三大物质代谢有着重要的影响。

①促进生长。生长激素促进动物生长的作用是通过刺激骨骼增长和提高蛋白质的

合成来实现的。生长激素需要一种由肝脏产生的生长素介质（SOM）-胰岛素样生长因子（IGF）作为媒介来帮助实现的。如将幼龄动物的垂体切除，则生长发育停滞，若分泌过多，则使长骨生长过快，躯体特别高大。

②对代谢的影响。生长激素能促进体脂分解，使血中游离脂肪酸增加；能促进骨骼肌和肝脏对游离脂肪酸的氧化，以提供机体对能量的需要；能促进肝糖原分解和抑制外周组织对葡萄糖的利用，因而血糖升高。

（6）促黑素细胞激素（MSH）。其主要作用是刺激两栖类动物黑色素细胞内黑色素的生成和扩散，使皮肤的颜色变暗、变黑。

2. 腺垂体激素分泌的调节

腺垂体的分泌活动受下丘脑调节激素的控制和外周靶腺所分泌的激素、代谢产物的反馈调节。

（1）下丘脑调节激素的控制。外周感受器的兴奋冲动，由传入神经传到大脑皮质。皮质的兴奋，引起下丘脑促垂体区细胞兴奋，下丘脑分泌调节激素增多。后者经门脉到达腺垂体，控制腺垂体分泌有关激素。

（2）反馈调节。

①靶腺激素的反馈调节。靶腺激素在血液中的浓度通过反馈途径可直接影响，也可间接通过下丘脑影响腺垂体激素的分泌。

②代谢产物的反馈调节。如血糖浓度和血液中氨基酸的浓度可调节生长激素的分泌。

（二）神经垂体

神经垂体不含腺体细胞，不能合成激素。所谓神经垂体激素是指由下丘脑视上核、室旁核产生而贮存于神经垂体的升压素（抗利尿激素）与催产素，在适宜的刺激作用下，由神经垂体释放进入血液循环。

1. 升压素

升压素又称抗利尿激素（ADH），其主要作用是使肾远曲小管和集合管上皮对水的通透性增加，水沿着渗透梯度被动地重吸收，从而尿量减小，起到抗利尿的效应。

2. 催产素（OXT）

主要作用是促进子宫平滑肌的收缩，促进胎儿的排出和产后止血；诱发乳腺导管平滑肌收缩，促进乳的排出。

（三）甲状腺

1. 甲状腺激素的生理作用

甲状腺在喉的后方，红褐色，气管前端两侧和腹面。甲状腺内还有内分泌细胞，这些内分泌细胞具有产生降钙素的作用。甲状腺分泌的甲状腺激素具有作用范围广、慢而持久的特点，其主要功能是促进物质与能量代谢，促进生长发育。

（1）对代谢的影响。对能量代谢的作用。甲状腺激素可提高组织内营养物质的氧化分解，提高新陈代谢，增加产热量。

对物质代谢的作用。甲状腺激素能促进小肠对葡萄糖的吸收，加速肝糖原的分解和异生作用，加速外周组织对糖的利用，但总的效果是升血糖。在生理状况下，甲状腺激素能促进蛋白质合成，当甲状腺激素大幅升高时，蛋白质大量分解，从而变得消瘦，甲状腺激素能促进脂肪的分解。

（2）促进生长发育。动物正常生长发育和成熟离不开甲状腺激素，尤其对幼龄动物影响最大。其功能突出表现在促进神经系统发育和促进骨骼的生长与成熟。若胎儿或初生幼畜的甲状腺机能低下，一方面会使长骨的发育受阻而使骨骼短小，另一方面使脑的分化受阻，容易得“呆小症”。

（3）其他效应。甲状腺激素能提高中枢神经的兴奋性，促进性腺发育，心率增快等。

2. 甲状腺功能的调节

甲状腺功能活动主要受下丘脑和腺垂体的调节。

（1）下丘脑－腺垂体对甲状腺活动的调节。下丘脑分泌的促甲状腺激素释放激素（TRH），刺激腺垂体分泌 TSH，TSH 促使甲状腺增生和 T3、T4 的合成、贮存、分泌。神经系统对甲状腺机能的控制，主要就是通过这一途径实现的。

（2）甲状腺的自身调节。甲状腺细胞能根据自身腺体内碘的含量，在一定范围内调整对碘的摄取和浓缩能力及对 TSH 的敏感性，这称为甲状腺自身调节。

（四）甲状旁腺

1. 甲状旁腺激素的生理作用

（1）甲状旁腺激素（PTH）。甲状旁腺激素主要是调节体内钙磷代谢，使血钙水平升高，血磷水平降低。升高血钙是通过如下途径实现的：①作用于骨，促进骨钙入血组，从而使血钙升高；②作用于肾，促进肾小管对钙的重吸收和抑制对磷的重吸收；③间接地促进小肠上皮对钙的重吸收。

（2）降钙素。在甲状腺腺泡壁内散在一类细胞，称为滤泡旁细胞或称 C 细胞，它分泌的活性物质称降钙素（CT）。CT 的生理作用是对抗甲状旁腺激素，使血钙下降。CT 也是通过对骨、肾和肠的作用来实现其调节钙磷代谢的。CT 能抑制破骨细胞的活动使溶骨过程减弱，而使成骨过程加强；抑制肾小管上皮对钙磷的重吸收；抑制肾内 $1,25\text{-}(OH)_2D_3$ 生成，间接地抑制了肠黏膜对钙的吸收。

2. 甲状旁腺激素、降钙素分泌的调节

血钙浓度是影响 PTH 和 CT 分泌的直接原因。当血浆中钙浓度升高时，PTH 分泌减少，CT 分泌增加；相反，血钙浓度下降时，则 PTH 分泌增多，CT 分泌减少。肾小管和肠上皮吸收钙的直接影响因素是 $1,25\text{-}(OH)_2D_3$，后者能刺激钙泵活动。

（五）胰腺

1. 胰岛素和胰高血糖素的作用

（1）胰岛素的生理作用是调节代谢过程。它对维持机体血糖平衡，促进营养物质在体内合成和贮存等方面都有重要的调节作用。促进肝糖原合成，抑制糖异生，增强组织对葡萄糖的摄取和利用，并促使糖转变为脂肪，因而使血糖降低。促进体内脂肪的储存，抑制脂肪的分解。促进氨基酸进入细胞和蛋白质合成。胰岛素分泌过多，血糖下降迅速，脑组织受影响最大，可出现惊厥、昏迷，甚至引起胰岛素休克。相反，胰岛素分泌不足或胰岛素受体缺乏，血糖升高，超过肾糖阈，则糖从尿中排出，引起糖尿。

（2）胰高血糖素的生理作用。胰高血糖素的生理作用与胰岛素相反，是动员机体能源物质分解的激素之一。胰高血糖素能加速糖原分解，促进糖异生，促使血糖升高；促进脂肪分解。此外，还能增强心肌收缩力等。

2. 胰岛功能的调节

胰岛分泌的胰岛素和胰高血糖素是对物质代谢具有颉抗作用的两种激素，这两种激素在神经和体液因素的调节下，维持着机体物质代谢的动态平衡。血糖浓度是生理条件下胰岛素和胰高血糖素分泌的主要调节因素。在一定范围内，血糖浓度升高，可使胰岛素分泌增加，胰高血糖素分泌减少；反之，胰岛素分泌减少，胰高血糖素分泌增加，从而维持机体内血糖的相对恒定。参与糖代谢的激素，通过对血糖的影响而间接调节胰岛的功能。

（六）肾上腺

肾上腺分为皮质与髓质两个部分，分别分泌肾上腺皮质激素和肾上腺髓质激素。

1. 肾上腺皮质激素

肾上腺皮质分泌盐皮质激素、糖皮质激素和性激素。

（1）肾上腺皮质激素及其生理作用。

①盐皮质激素。醛固酮是作用最强的盐皮质激素，其作用是维持体内水和电解质的平衡。醛固酮能促进肾远曲小管和集合管对 Na^+、Cl^- 的重吸收和对 K^+ 的排出，即有"排钾保钠"的作用。

②糖皮质激素。最早发现此激素具有生糖效应，故称为糖皮质激素。以后发现它具有多种生理功能，对机体的发育、生长、代谢以及免疫功能起着重要的调节作用，而且也是维持生命必需的激素。皮质醇是主要的糖皮质激素。皮质醇对维持体内糖代谢的正常进行非常重要，主要是促进糖异生，抑制糖利用，引起血糖升高。促进组织中蛋白质和脂肪的分解，增加氨基酸和游离脂肪酸释放入血液。当机体受到各种有害刺激，如创伤、中毒、恐惧等，均能引起下丘脑－腺垂体－肾上腺皮质系统机能活动加强，使促肾上腺皮质激素（ACTH）和糖皮质激素浓度升高，并由此而产生一系列代谢改变和其他全身反应，这称为机体的应激反应。

③性激素。网状区分泌少量性激素以睾酮为主。正常时因分泌量少并不产生明显效应。

（2）肾上腺皮质激素分泌的调节。

①盐皮质激素分泌的调节。盐皮质激素的分泌主要受肾素－血管紧张系统调节。

②糖皮质激素分泌的调节。糖皮质激素主要受下丘脑－腺垂体－肾上腺皮质系统节。

③下丘脑－腺垂体的调节。腺垂体分泌的 ACTH 是调节肾上腺皮质机能的最重要因素。腺垂体分泌 ACTH 的活动又受下丘脑分泌的促肾上腺皮质激素释放激素（CRH）的控制。当机体受到有害刺激时，CRH 由下丘脑释放，经垂体门脉到达腺垂体，促进

ACTH 的分泌。后者通过循环到达肾上腺皮质引起束状区增生，糖皮质激素分泌增多，以适应应激时的需要。

④反馈性调节。当血浆中的糖皮质激素浓度升高到一定水平时，即通过长反馈抑制下丘脑 CRH 的释放，同时阻断了腺垂体对 CRH 的反应，于是 ACTH 分泌减少，糖皮质激素分泌也减少。

2. 肾上腺髓质激素

肾上腺髓质能合成肾上腺素（E）和去甲肾上腺素（NE），由于它们共同都含有儿茶酚胺的化学结构，所以总称为儿茶酚胺类激素。肾上腺髓质直接受交感神经节前纤维支配，在机能上相当于交感神经的节后神经元。因此，通常将肾上腺髓质与交感神经系统的联系，看作为交感神经 - 肾上腺髓质系统。

（1）肾上腺髓质激素及其生理作用。髓质激素的总效应是与交感神经系统协同动员机体应对紧急情况。E 和 NE 由于与靶细胞膜上的不同受体起作用，因此其生理功能亦不尽相同。

①对心血管的作用。E 和 NE 都能使心肌收缩增强，心率加快，心输出量增多，从而使血压升高，但 E 对心脏的作用较强。对血管的作用，二者区别较大，E 使皮肤、内脏的小动脉收缩，冠状动脉、骨骼肌小动脉舒张，以保证机体在活动时主要器官的血液供应；NE 除引起冠状动脉舒张外，几乎使全身的小动脉收缩，总外周阻力增大，因此有明显的升压作用。

②对内脏平滑肌的作用。E 和 NE 都能使胃肠管、胆囊壁、支气管平滑肌和膀胱逼尿肌舒张；使胃肠括约肌、膀胱括约肌、扩瞳肌和竖毛肌收缩。

③对代谢的作用。E 和 EN 都能促进代谢，促进肝糖原和脂类分解，增加血糖和血浆游离脂肪酸的浓度，增加组织的耗氧量，提高基础代谢率。不过作用的强度 E 大于 NE。

（2）肾上腺髓质激素分泌的调节。髓质激素的分泌主要受交感神经的控制。当机体受到应激刺激时，通过交感神经 - 肾上腺髓质系统引起髓质激素分泌增加，引起的机体活动变化，称为机体的应激反应。

● **材料准备**

动物常见甲状腺异常的症状及相关资料；常见“甲亢”“甲减”的诊断方法；甲状腺标本：甲状腺组织切片。

● **人员准备**

人员分组，每组 5 人，明确职责分工。

任务角色	任务内容
组长：	任务：
组员 1：	任务：
组员 2：	任务：
组员 3：	任务：
组员 4：	任务：

任务实施

第一步：深入了解内分泌各器官的形态、结构和位置。
第二步：根据病例，查找相关的资料。
第三步：从查找到的资料中找出鉴别诊断关键点。
第四步：为动物医院提出相关诊断意见。

任务评价

班级：________________ 组别：________________ 姓名：______________

<table>
<tr><th>项目</th><th>评分标准</th><th>自我评价</th><th>小组评价</th><th>教师评价</th></tr>
<tr><td rowspan="3">甲状腺位置及功能的总结</td><td>从收集的疾病症状和诊断方法中分析提炼“甲亢”的鉴别诊断要点；甲状腺的位置及功能（4 分）</td><td></td><td></td><td></td></tr>
<tr><td>理解甲状腺激素的分泌路径及作用机理（4 分）</td><td></td><td></td><td></td></tr>
<tr><td>整理分析，对甲状腺位置及功能进行总结（2 分）</td><td></td><td></td><td></td></tr>
<tr><td colspan="2">合计</td><td></td><td></td><td></td></tr>
<tr><td>自我评价与总结</td><td colspan="4"></td></tr>
<tr><td>教师点评</td><td colspan="4"></td></tr>
</table>

课程思政专栏

甲状腺激素：人体不可缺少的“生命之火”

甲状腺，是位于我们脖子中间的一个酷似蝴蝶的器官，它虽然个头很小，却是人体最大的内分泌器官，我们习惯称之为“人体发动机”。甲状腺所生产的甲状腺激素，则是我们“人体发动机”的“生命之火”。

甲状腺激素的主要生理功能是促进我们人类生长发育和机体的新陈代谢，并对全身各个系统（如心血管、消化、神经、造血系统等）发挥重要的调节作用。简单地说，甲状腺激素不足，会导致“甲减”；甲状腺激素过量，导致“甲亢”。

人类在胚胎期，甲状腺激素就能促进神经增殖和神经元骨架的发育。甲状腺激素还能调控幼年期的生长发育，促进骨化中心发育成熟，加速软骨骨化，促进长骨和牙齿的生长。人类成年后，它能增强能量代谢，可调节人体的糖、脂肪、蛋白质的代谢。“生命之火”缺乏时，蛋白质合成障碍，组织间黏蛋白沉积，使水滞留于皮下，会引起黏液性水肿，人会显得虚胖。研究发现，“甲减”常可导致心动过缓和心脏舒张功能下降；轻度“甲减”可增加冠心病风险，而治疗“甲减”则有助于对血清总胆固醇水平的控制，应用左旋甲状腺激素片治疗亚临床“甲减”后，患者的缺血性心脏病事件风险显著下降。此外，甲状腺激素还可以协助肝调节血脂紊乱。

【启示】充分体现了甲状腺这个容易被忽略的激素的重要性，展示了一个机体正常的代谢缺一不可，同时也证明了任何东西存在都有自己的意义和使命，也使学生增强自身的信念感。

项目检测

项目十一检测

项目十二 禽的解剖特征

项目导读

家禽属于脊椎动物的鸟纲，主要包括鸡、鸭、鹅、鸽子、火鸡等。鸟纲动物最重要的特征是飞翔。在漫长的进化过程中，为适应飞翔，形成了其身体构造的特征。虽然家禽经人类长期饲养和驯化已丧失飞翔能力，但其身体的形态、结构、机能以及活动规律，仍保持着适宜飞翔的特点。本项目以鸡为重点，阐述家禽的解剖生理特征。

知识目标

（1）掌握家禽全身的骨骼、关节和肌肉的位置。
（2）掌握家禽消化系统的构造。
（3）了解呼吸系统的组成及其结构。

技能目标

（1）能够识别家禽的心脏、脾脏的位置、结构特点。
（2）能够识别家禽的内脏器官的形态、位置及其功能。
（3）能掌握家禽的骨骼和肌肉的特性以及皮肤的构造。

素质目标

（1）能够适应本专业对应岗位群的工作，有较高的业务素质。
（2）建立能克服困难的坚强意志。
（3）能养成良好的团队意识和协作能力。

思政目标

立足本职岗位专业素养及专业知识，引导学生对生命有敬畏之心，建立良好的职业道德。

任务一　禽的运动系统解剖特征

任务导入

准备一只活鸡，心脏注射空气致死，进行剖检，剖检过程中重点分离骨骼及肌肉并注意其分布。

实训结束，总结所有骨骼及肌肉的名称，并分析骨骼和肌肉的功能。填写解剖图谱。

任务准备

• **知识准备**

一、运动系统

（一）骨骼

禽类骨骼的主要特征是重量轻、强度大（图 12-1）。禽类骨密质非常致密，一些骨相互愈合，形成了牢固的骨架，因而强度大。重量轻是由于气囊扩展到许多骨的内部，取代了骨髓，成为含气骨所致。但幼禽，几乎全部骨都含有骨髓。

家禽的骨骼可以划分为头骨、躯干骨、前肢骨（又叫翼部骨骼）和后肢骨四部分。

1. 头骨

家禽的头骨，呈圆锥形。包括颅骨和面骨两部分。颅骨在早期已愈合为一体，颅腔较小，内有脑和视觉器官。面骨不发达，主要形成禽类特有的喙，无齿。上颌各骨联合形成上喙的支架，与颅骨间有活动性。而下颌骨形成下喙的基础。下颌骨与颞骨之间有特殊的方骨，它通过翼骨、腭骨以及颧弓与上喙相连。当开张或闭合口腔时，可同时升、降上喙，便于吞食较大的食块。

2. 躯干骨

躯干骨包括脊柱骨、肋骨和胸骨。

脊柱骨分为颈椎、胸椎、腰荐椎和尾椎。颈椎的数目多（鸡 13～14 枚，鸭 14～15 枚，鹅 17～18 枚），椎体长，形成“乙”状弯曲，使颈部运动灵活。胸椎（鸡 7 枚，鸭、鹅各 9 枚）大部愈合一起，活动不灵活。腰、荐椎数目较少（11～14 枚）愈合成一块，称综荐骨。尾椎（鸡 5～6 枚，鸭、鹅各 7 枚）末端的部分愈合成尾综骨，支撑羽毛和尾脂腺。

肋骨的对数与胸椎的数目相同。鸡、鸽 7 对，鸭、鹅 9 对。除第 1、第 2 对肋骨外，其余肋骨由椎骨肋和胸骨肋两部分构成。大部分椎肋还具有钩突，连于后一肋骨，以加固胸廓。

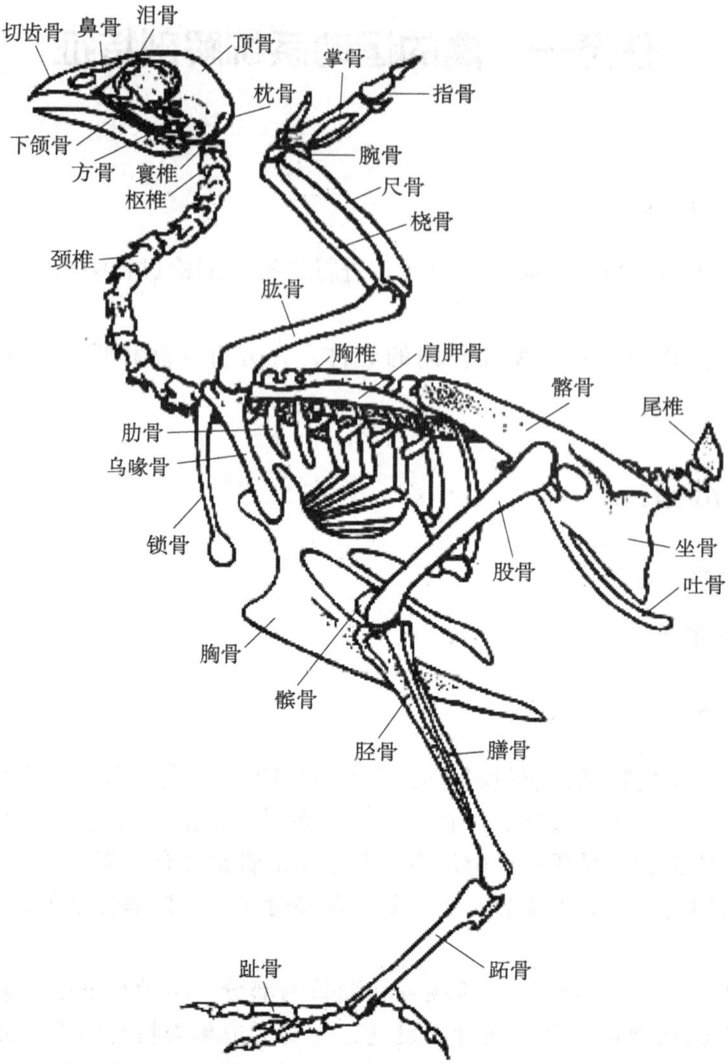

图 12-1 鸡全身骨骼图

胸骨又称龙骨，非常发达，构成胸腔的底壁。背面凹，胸骨腹侧面正中有突出的胸骨嵴，其大小与胸肌的发达程度有关。

3. 前肢骨

家禽前肢演变成翼，分为肩带部和游离部。

（1）肩带部包括肩胛骨、乌喙骨和锁骨。肩胛骨狭长，乌喙骨粗大，锁骨较细，又称叉骨。

（2）游离部。又称翼部，由臂骨、前臂骨（桡骨、尺骨）和前脚骨组成。家禽的臂骨近端有一气孔，通锁骨间气囊，故为含气骨。尺骨比较发达。前臂骨由桡骨和尺骨构成，尺骨发达，两骨间形成较大的间隙。前脚骨由腕骨、掌骨和指骨构成，与掌骨形成碗掌关节。

4. 后肢骨

家禽后肢骨比较发达，支持机体后驱的体重。

盆带骨也包括髂骨、坐骨和耻骨。耻骨细长。骨盆底开放，利于雌禽产卵。游离部骨由股骨、膝盖骨、小腿骨（包括胫骨和腓骨）和后脚骨组成。后脚骨包括跗跖骨和趾骨。家禽的跗骨不独立存在，它分别与胫骨和跖骨相愈合。公鸡跖骨上有发达的距突。趾有 4 个，第 1 趾向后。

（二）肌肉

家禽肌纤维较细，肌肉没有脂肪沉积，肉眼看可分为白肌和红肌。白肌颜色较淡，血液供应较少，肌纤维较粗，收缩快，作用短。红肌呈暗红色，血液供应丰富，肌纤维较细，收缩缓慢，作用较持久。全身肌肉的数量和分布及发达程度，因部位而有不同，与其身体结构以及各部位的功能活动相适应。

禽皮肌薄，分布广泛。在翼部还有前翼膜肌，可紧张翼膜。头部肌的面部肌退化，但咀嚼肌比较发达。家禽颈部活动灵活，具有一系列分节性肌肉。躯干肌中的背腰荐部肌退化，而尾肌较发达，以适应尾部活动的需要。禽没有似哺乳动物一样的膈肌。

禽腹肌也包括 4 层，但薄弱。家禽最发达的肌群在肩带部。在飞禽，该肌群可占全身肌总量的一半以上，主要是胸肌（也称胸大肌）和喙上肌（胸小肌）。翼肌较薄弱。盆带肌不发达。而股部和小腿部肌群则较发达。鸡跖部的趾屈肌腱随年龄增大而常发生骨化。

- **材料准备**

一只活鸡、剪刀、刀片、刀柄、镊子、瓷盘、注射器、水桶等。

- **人员准备**

人员分组，每组 5 人，明确职责分工。

任务角色	任务内容
组长：	任务：
组员 1：	任务：
组员 2：	任务：
组员 3：	任务：
组员 4：	任务：

任务实施

第一步：鸡心脏注射空气致死。

第二步：放入水桶，打湿羽毛。

第三步：开始剖检，识别肌肉；分离骨骼，进行识别。

第四步：深入了解鸡运动系统骨骼和肌肉的分布及位置。

第五步：总结上述步骤要点并应用于实践。

任务评价

班级：________ 组别：________ 姓名：________

项目	评分标准	自我评价	小组评价	教师评价
肌肉、骨骼梳理思维导图	快速准确处死鸡（2分）			
	熟练剖检鸡并进行肌肉骨骼剥离（2分）			
	对照图谱识别主要肌肉与骨骼（2分）			
	分析总结家禽与家畜的肌肉骨骼区别（2分）			
	整理绘制肌肉、骨骼思维导图（2分）			
合计				
自我评价与总结				
教师点评				

课程思政专栏

讲述中国历史人物，塑造学生正确的价值观

古希腊亚里士多德在公元前300多年，认识520多种动物，但在中国《诗经》提及鸟类77次，是最早记载鸟类的古籍。李时珍《本草纲目》列有400多种动物分类及药用价值，早于瑞典发表的《自然系统》近200年。

【启示】通过介绍我国古代、现代优秀学者，让学生感受生命进程的演化，增加社会责任感和科研责任感，树立为国家、为社会、为人类服务的价值观。

任务二　禽的内脏

任务导入

准备一直活鸡，心脏注射空气致死，进行剖检，剖检过程中重点识别内脏系统并加以分析总结。

实训结束，总结所有内脏系统，并分析各器官位置形态。

任务准备

- **知识准备**

一、消化系统

家禽消化系统由消化管（口、咽、食管、嗉囊、腺胃、肌胃、肠、泄殖腔、肛门）和消化腺（唾液腺、胃腺、肠腺、肝、胰）两部分组成。

（一）口和咽

家禽口腔和咽腔直接相通，故称口咽。禽没有唇、齿、软腭，颊不明显。上、下颌形成喙，为采食器官。口腔的顶壁为硬腭，腭的中央是腭裂。硬腭黏膜上有5排横行排列的腭乳头。常将最后一列腭乳头作为口与咽的分界。口腔内有许多小的唾液腺，开口于口腔顶壁和底壁的黏膜上。口咽顶壁中部有一裂隙，为鼻后孔。其后方有咽鼓管口。

1. 喙

喙为包在颌前骨、下颌骨外面有高度角花的皮肤套，分为上喙和下喙。喙因高度钙化而坚硬，含有大量的感觉神经末梢。

2. 舌

鸡、鸽的舌与喙性状相似，舌尖乳头高度角化质，舌体与舌根间有一列乳头。家禽的舌黏膜内味蕾较少，味觉机能较差，但对水的温度敏感。

3. 唾液腺

唾液腺很发达，分布广泛。主要分布于口腔、咽黏膜的固有层内，几乎连成一片，其导管开口于咽黏膜的表面。唾液腺分泌黏液性唾液。

（二）食管

家禽食管较宽，壁薄，富有弹性。最初位于气管的背侧，然后转到气管的右侧，与之并行。在颈的后半段，气管和食管一起转到颈部的右侧面。胸段食管位于两肺之间，心脏的背侧。向后接前胃。鸡食管在胸前口处有一膨大，称为嗉囊。鸽的嗉囊可分泌鸽乳，用以哺乳幼鸽；鸭、鹅没有真正嗉囊，仅扩大成纺锤形结构。

（三）胃

家禽的胃分为两个，前一个是前胃（腺胃），后一个叫肌胃。腺胃位于腹腔的左侧，前以贲门与食管的胸段相接，后以峡与肌胃相接。腺胃呈纺锤形，前面经缩窄的贲门通食管，后接肌胃。

腺胃壁较厚，黏膜层有大量胃腺。黏膜表面的乳头上有腺体导管的开口。分泌盐酸和胃蛋白酶。

肌胃又称砂囊。呈椭圆形厚的双凸镜状。位于腹腔偏左，前部腹侧是肝，后方大部接腹底壁。经前背侧的腺肌胃口接腺胃，由右侧幽门通十二指肠。肌胃的肌层发达，内腔较小。黏膜面被覆一角质膜，鸡的为黄白色，易剥离，中药名为鸡内金。鸭的呈黄白色，不易剥离。

（四）肠

1. 小肠

小肠分十二指肠、空肠和回肠。

（1）十二指肠起始于幽门，向后延伸形成降袢，再折返回来，形成升袢。两袢间为胰。

（2）升袢末段可见胰管、肝管和胆管等入肠腔。此部位以后称空肠。它由多个肠袢组成，被空肠系膜悬吊于腹腔右侧。空肠中部有一小突起叫卵黄囊憩室，是胚胎时期卵黄囊柄的遗迹。

（3）回肠与盲肠等长，两者间有韧带相连。故空、回肠间分界，以展平的盲肠顶端之间连线为标志。

2. 大肠

大肠包括盲肠和直肠。

盲肠一对，开口于直肠和回肠延接部。盲肠基部肠壁内分布有丰富的淋巴组织，形成盲肠扁桃体。禽无结肠，回、盲肠后直接与直肠相接。直肠管腔较大，自回盲口直达泄殖腔。

（五）泄殖腔和肛门

泄殖腔位于直肠后方，为一椭圆囊。它是消化、泌尿和生殖三大系统末端的共同通道。从泄殖腔的内部黏膜面，可将其分为粪道、泄殖道和肛道三部分。前部是粪道，中部是泄殖道，二者间以环形黏膜褶为界。输尿管、输精管和输卵管均开口于泄殖道顶壁。后部为肛道，它与泄殖道之间以半月形褶为界。肛道顶壁有法氏囊的开口。肛道后部通肛门。

（六）肝和胰

1. 肝

家禽肝较大，位于腹腔前下部，分左、右两叶，右叶较大，具有胆囊（鸽无胆囊）。肝门位于脏面横凹内。左叶自肝门发出肝管通向十二指肠，右叶肝管注入胆囊，由胆囊发出胆管开口于十二指肠。成禽肝脏为淡褐色至红褐色。

2. 胰

位于十二指肠升、降袢之间，淡黄色或淡红色，长条分叶状，可分为背叶、腹叶和脾叶。胰管（鸽、鸡有 3 条，鸭、鹅有 2 条）与胆管一起开口于十二指肠的终部。

二、呼吸系统

家禽的呼吸系统由鼻腔、咽、喉、气管、鸣管、支气管、肺、气囊等组成。鸣管和气囊是家禽特有的呼吸器官（图 12-2）。

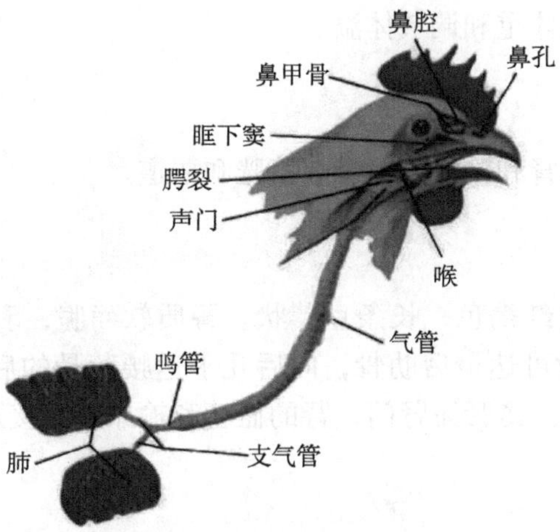

图 12-2 鸡呼吸系统组成图

(一)鼻腔

由鼻中隔分为左、右两半。内有前、中、后三个鼻甲。鸽无后鼻甲。眶下窦是惟一的鼻旁窦，呈三角形，位于眼球的前下方。眼球上方有特殊的鼻腺，有导管开口于鼻腔。水禽的鼻腺可分泌盐分，故又称为盐腺。

(二)喉和气管

喉位于咽底壁，舌根的后方，由环状软骨和杓状软骨构成，与鼻孔相对。喉软骨只有环状和杓状软骨两种，被固有喉肌连接在一起。喉口为一纵向裂缝。禽喉无声带。禽的气管长且粗，由气管环连接而成，沿颈腹侧后行，至心脏背侧分杈，分出左、右两个支气管。分杈处的特殊构造为鸣管，是禽的发声器官。

(三)鸣管

鸣管也称后喉，是禽类特有的发音器官。位于胸前口气管分叉处，它以鸣骨为支架，加上内、外鸣膜共同构成，呼吸时空气振动鸣膜而发声。公鸭有鸣泡。

(四)肺

禽肺较小，呈鲜红色，质地柔软，位于第 1～6 肋之间，左、右各一叶，肺的壁面紧贴在胸壁和脊柱上，肺组织嵌入肋间隙内。肺腹侧面被覆有胸膜。

支气管入肺后纵贯全肺，称为初级支气管，后端出肺，通入气囊。从初级支气管分出次级支气管，再从次级支气管上分出三级支气管。相邻三级支气管间吻合。因此，禽肺内的导管部不像哺乳动物那样形成支气管树，而是互相连通的管道。

(五)气囊

气囊是禽类特有的器官，是肺内支气管黏膜突出形成的，容积是肺的 5～7 倍。禽气囊包括：成对的颈气囊、胸前气囊、胸后气囊、腹气囊和一个锁骨间气囊。气囊的作用是贮存气体、减轻体重和调节体温。

三、泌尿系统

家禽泌尿系统包括肾和输尿管，没有膀胱和尿道。

（一）肾

家禽的肾较大，呈红褐色，长条豆荚状。肾质软而脆，剥离时易碎。位于腰荐骨两旁髂骨的内侧，前段可达最后肋骨，向后几乎达腰荐骨的后端。一对，可据表面浅沟分为前、中、后三叶。禽肾无肾门，肾的血管和输尿管直接从肾表面进出。

（二）输尿管

输尿管是输送尿液的肌质性管道，自肾前、中叶之间内侧缘起始，然后向后伸延，开口于泄殖腔的泄殖道。输尿管管壁薄，常因尿液中含有尿酸盐而显白色。

四、生殖系统

（一）雄禽生殖系统

雄禽生殖系统包括睾丸、附睾、输精管和交配器官，无副性腺。

家禽的睾丸一对，位于腹腔内，以系膜悬挂于肾的前腹侧，卵圆形，表面光滑。其大小随年龄和季节变化。幼禽睾丸米粒大，淡黄色；成年时长大，在生殖季节可大如鸡蛋，呈白色。鸡睾丸从体表看在最后两肋骨上端。禽附睾长纺锤形，附于睾丸背内缘。输精管自附睾后端发出，白色、高度曲折。沿脊柱两侧，肾腹侧面与输尿管并行，末端开口于泄殖道顶壁的射精管乳头。雄禽的交配器官随品种不同而异，但均由阴茎体、淋巴褶和输精管乳头附近的泄殖腔旁血管体等组成，公鸡交配器不发达。公鸭和公鹅阴茎较发达。刚出壳的雏鸡阴茎体较明显，可用以鉴别雌雄。鸽无交配器。

（二）雌禽生殖系统

雌禽生殖系统包括卵巢和输卵管。

雌禽类生殖系统在胚胎期两侧同时发生，但只有左侧发育成熟，而右侧退化。

1. 卵巢

左卵巢位于左肾前半部的腹侧。幼龄时小，呈长椭圆形，成年时发育成熟，可见不同发育阶段的卵泡，内集卵黄。成熟者以一细柄连于卵巢，停产期卵巢回缩。禽卵泡无卵泡腔及卵泡液，排卵后不形成黄体。

2. 输卵管

禽类的输卵管不仅输送卵子，而且还具有形成蛋的各种成分的功能。此外，还是受精和暂时贮存精子的场所。

五、心血管系统

心血管系统由心脏、血管和血液构成。

（一）心脏

心脏和体重的相对比例较大，占 4%～8%。禽心脏位于胸腔的腹侧，心基部朝向前背侧，与第 1 肋相对，长轴几乎与体轴平行，故心尖斜向后，正对第 5 肋骨，呈圆锥形。禽心脏构造也与哺乳动物相似。其特点是右心房有一静脉窦；右房室口上不是三尖瓣，而是一个肌瓣，也无腱索。

（二）血管

禽的血管系统也包括动脉和静脉。

1. 动脉

其主动脉弓偏右，颈总动脉位于颈椎腹侧中线肌肉深部。坐骨动脉一对，较粗，是供应后肢的主要动脉。肾动脉有前、中、后三支。肾前动脉直接发自主动脉，肾中、后动脉发自坐骨动脉。

2. 静脉

家禽的静脉特点是两条颈静脉位于皮下，沿气管两侧延伸，右颈静脉较粗。前腔静脉 1 对。两髂内静脉间有一短的吻合支，由此向前延为肾后静脉。其向前与由股静脉延续而来的髂外静脉汇合成髂总静脉。两侧髂总静脉合成后腔静脉。肾门静脉在髂总静脉注入处有肾门静脉瓣。其开闭可调节肾的血液注入量。禽静脉的另一特点是肝门静脉有左、右两支。在两髂内静脉吻合处有一肠系膜后静脉，它也是肝门静脉的一个属支。通过肠系膜后静脉，体壁静脉与内脏静脉联系一起。

（三）血液

家禽的血液由血细胞和血浆组成。血细胞有红血胞、白细胞、凝血细胞三种。红细胞有核，呈卵圆形，体积比家畜大，数量比家畜的少。白细胞有异嗜性粒细胞、嗜碱性粒细胞、淋巴细胞、单核细胞，数量比家畜的多。无血小板，有凝血细胞。凝血细胞呈卵圆形，有核，较小，多为三五个聚集在一起，参与血液凝固过程。

六、内分泌

家禽的内分泌系统包括脑垂体、肾上腺、松果腺、甲状腺、甲状旁腺、鳃后腺等内分泌器官。

（一）甲状腺

禽甲状腺位于胸部，颈总动脉背侧，为椭圆形球状，棕红色。大小可因家禽的品种、年龄、季节、饲料中的碘量而发生变化，一般都呈黄豆粒大小。甲状腺的主要机能是分泌甲状腺激素和降钙素，对机体的新陈代谢、生长发育和钙的代谢起调节作用。

（二）甲状旁腺

甲状旁腺呈黄色和淡褐色，很小，位于其甲状腺后背侧，有 2 对（有的鸡有

3 对），常融合成一个腺团，其中有 1 对位于腮后腺内。

（三）鳃后腺

腮后腺位于甲状旁腺之后，成对，呈球形，淡红色。能分泌降钙素，参与机体内钙的代谢。母禽在产蛋期间降钙素分泌减少，血钙增加。

（四）其他内分泌器官

其他内分泌器官与哺乳动物的位置相似。

七、神经系统

家禽的神经系统由中枢神经和外周神经组成，与家畜有较大差异。

（一）中枢神经系统

1. 脊髓

脊髓延伸于椎管全长，无马尾。腰膨大的背侧有一菱形窦，内充满胶质。

2. 脑

大脑半球不发达，无沟回。纹状体明显。小脑蚓部明显，缺半球，有一对绒球。脑两侧有发达的视顶盖（中脑丘）。

（二）外周神经

1. 脊神经

臂神经丛由自颈膨大发出的四对脊神经的腹侧支形成。其分枝到前肢和胸部肌肉。腰荐部八对脊神经的腹侧支形成腰荐神经丛，分布于后肢和盆部。

2. 脑神经

12 对。三叉神经最发达。副神经有明显的根，但无独立分枝。

3. 植物性神经

（1）交感神经系统有交感干一对。颈部交感干位于横突管内，与椎动脉伴行，与每个颈神经交叉处均有一神经节。胸部交感干为双节间支。沿肠的系膜缘有肠神经。

（2）副交感神经也分为头、荐两部。但以迷走神经为主。

- **材料准备**

一只活鸡、剪刀、刀片、刀柄、镊子、瓷盘、注射器、水桶等。

- **人员准备**

人员分组，每组 5 人，明确职责分工。

任务角色	任务内容
组长：	任务：
组员 1：	任务：
组员 2：	任务：
组员 3：	任务：
组员 4：	任务：

任务实施

第一步：鸡心脏注射空气致死。
第二步：放入水桶，打湿羽毛。
第三步：开始剖检，对消化系统、呼吸系统、泌尿系统、生殖系统等进行识别。
第四步：深入了解识别消化系统、呼吸系统、泌尿系统、生殖系统的分布及位置。
第五步：总结上述步骤要点并应用于实践。

任务评价

班级：__________　　组别：__________　　姓名：__________

项目	评分标准	自我评价	小组评价	教师评价
内脏思维导图	快速准确处死鸡（2 分）			
	熟练剖检鸡并进行消化系统、呼吸系统、泌尿系统、生殖系统剥离（2 分）			
	对照图谱识别消化系统、呼吸系统、泌尿系统、生殖系统主要器官（2 分）			
	分析总结家禽与家畜的消化系统、呼吸系统、泌尿系统、生殖系统区别（2 分）			
	整理绘制内脏思维导图（2 分）			
合计				
自我评价与总结				
教师点评				

课程思政专栏

杀鸡焉用牛刀

春秋末期，孔子的学生子游在鲁国武城县做县官。有一次，孔丘来到武城，听见弹琴唱歌的声音，他微笑了一下，对子游说：治理武城这个小地方，根本用不着礼乐。比如杀鸡，何必用宰牛的大刀（原文是割鸡焉用牛刀）！

子游引用孔丘以前讲过的话来反驳他：以前我听老师讲过，君子学了礼乐就能相亲相爱，小人学了礼乐就易于驱使。我照你的话去做，为什么又取笑我？孔丘听了子游的辩驳，连忙改口说：子游这话讲得对，我刚才说的那句话，不过是开个玩笑罢了！

【启示】人们引用杀鸡焉用牛刀或割鸡焉用牛刀这个成语，来比喻办小事情，何必花费大力气，也就是不要小题大做。

项目检测

项目十二检测

参考文献

陈守良，2012. 动物生理学 [M]. 4 版 . 北京：北京大学出版社 .

董常生，2001. 家畜解剖学 [M]. 3 版 . 北京：中国农业出版社 .

范作良，2001. 家畜生理 [M]. 北京：中国农业出版社 .

范作良，2005. 家畜解剖 [M]. 北京：中国农业出版社 .

马仲华，2010. 家畜解剖学及组织胚胎学 [M]. 3 版 . 北京：中国农业出版社 .

青海畜牧兽医职业技术学院，2002. 养牛与牛病防治 [M]. 西宁：青海人民出版社 .

曲强，2007. 动物生理 [M]. 北京：中国农业出版社 .

沈霞芬，卿素珠，2015. 家畜组织学与胚胎学 [M]. 北京：中国农业出版社 .

肖向红，杨秀平，2005. 动物生理学学习指南 [M]. 北京：高等教育出版社 .

杨银凤，2011. 家畜解剖学及组织胚胎学 [M]. 4 版 . 北京：中国农业出版社 .

张平，白彩霞，杨惠超，2017. 动物解剖生理 [M]. 北京：中国轻工业出版社 .

周其虎，2015. 动物解剖生理 [M]. 2 版 . 北京：中国农业出版社 .